U0353579

国家康居住宅示范工程方案精选

（第四集）

住房和城乡建设部
科技与产业化发展中心（住宅产业化促进中心） 编
同济大学

中国建筑工业出版社

图书在版编目（CIP）数据

国家康居住宅示范工程方案精选（第四集）/ 住房和城乡建设部科技与产业化发展中心（住宅产业化促进中心），同济大学编. —— 北京：中国建筑工业出版社，2014.5
ISBN 978-7-112-16552-0

Ⅰ. ①国… Ⅱ. ①住… ②同… Ⅲ. ① 住宅—建筑设计—设计方案—中国—图集 Ⅳ. ①TU241-64

中国版本图书馆CIP数据核字（2014）第047222号

责任编辑：李春敏　曾　威
责任校对：李美娜　关　健

国家康居住宅示范工程方案精选
（第四集）
住房和城乡建设部
科技与产业化发展中心（住宅产业化促进中心）　编
同济大学
*
中国建筑工业出版社出版、发行（北京西郊百万庄）
各地新华书店、建筑书店经销
北京圣彩虹制版印刷技术有限公司制版
北京圣彩虹制版印刷技术有限公司印刷
*
开本：880×1230毫米　1/16　印张：15　字数：470千字
2014年9月第一版　2014年9月第一次印刷
定价：168.00元
ISBN 978-7-112-16552-0
（25394）

编委会

主编单位： 住房和城乡建设部
科技与产业化发展中心（住宅产业化促进中心）

参编单位： 同济大学

主　　编： 梁小青　田灵江

参编人员： 尹伯悦　唐　亮　姜　娜　张　旭　周　翔
高　军　徐正忠　刘德涵　赵士绮　成志国
张树君　吴英凡　董少宇　秦　铮　杜有禄
王振清　郑义博　魏永祺　于青山　徐荫培
单立中　史福生　林建平　曾　雁　刘巍荣
王　庆　李浩杰　姜兆黎　冯金秋

关于印发《国家康居示范工程实施大纲》的通知

各省、自治区、直辖市建委（建设厅），计划单列市建委：

为了推进住宅产业现代化，不断提高住宅建设水平和质量，创建二十一世纪文明的居住环境，我部决定实施“国家康居示范工程”。现将“国家康居示范工程实施大纲”印发给你们，请结合本地实际贯彻执行。

已批准的小区建设试点和小康住宅示范工程项目继续抓紧实施，在建项目应在2000年前基本完成。

中华人民共和国建设部

一九九九年四月一日

国家康居示范工程实施大纲

为了依靠科技进步，推进住宅产业现代化，进一步提高住宅质量，促进国民经济增长，建设部决定实施国家康居示范工程（以下简称“康居示范工程”）。

一、实施康居示范工程的指导思想及目标

（一）国家康居示范工程以住宅小区为载体，以推进住宅产业现代化为总体目标，通过示范工程小区引路，提高住宅建设总体水平，带动相关产业发展，拉动国民经济增长。

（二）以经济适用住房为重点，全面提高住宅质量，提供有效供给，满足不同层次的社会需求。

（三）以科技为先导，建立住宅产业技术创新机制，加速科技成果转化为生产力，提高住宅科技贡献率及住宅生产企业的劳动生产率，促进住宅产业由计划经济体制向社会主义市场经济体制的转变、由粗放型的增长方式向集约型的增长方式转变。

（四）开发、推广应用住宅新技术、新工艺、新产品、新设备，逐步形成符合市场需求及产业化发展方向的住宅建筑体系，推进住宅产品的系列化开发、集约化生产、商品化配套供应。

（五）在康居示范工程中，开展住宅性能认定，为全国推广实行住宅性能认定制度、建立和完善多层次住房供应体系创造经验。

（六）总结、推广小区建设试点、小康住宅示范工程的成功经验，进一步提高康居示范工程小区的规范设计及建设水平，做到有所创新，有所突破，实现社会、环境、经济效益的统一。

（七）康居示范工程的近期目标是：

1. 今后2～3年内，建设1至2个体现住宅产业化总体水平的综合、集成式示范小区。

2. 在今后4～5年内，在全国建设10个左右，以住宅产品生产企业集团（企业群）为实施主体，具有主导产品且重点突出的示范小区。

3. 在今后4～5年内，在具有条件的地方建成数十个符合地方住宅产业化发展方向，能带动地方经济发展，并能在地方起到先进示范作用的示范工程小区。

二、康居示范工程小区类型

康居示范工程小区分为部门型、企业集团型、地方型三种类型。

（一）部门型示范工程小区，由建设部组织实施，建设成为在住宅产业现代化方面具有集成技术、集成体系、集成产品、集成管理系统的综合式示范小区，达到国家各类科技项目指标的要求，在国内具有领先水平，起到引导下世纪我国实现住宅产业化的作用。

（二）企业集团型示范工程，要求计划指标落实，用地落实，资金基本落实，产业现代化目标明确。由企业集团或开发建设单位自愿申请，填写《国家康居示范工程申报表》（见“附件一”），经本省、自治区、直辖市建委（建设厅）同意，报建设部住宅产业化办公室。

（三）地方型的示范工程小区，以发展住宅产业现代化多项技术或单项成套技术的示范，以带动地区经济及住宅建设的发展。

三、康居示范工程管理

（一）康居示范工程由建设部统一指导和管理。建设部住宅产业化办公室负责全国康居示范工程的日常管理工作，以及技术指导、技术服务工作。

（二）各省、自治区、直辖市建委（建设厅）负责示范工程项目的选择确定，组织管理及协调等工作。要有相应机构负责康居示范工程的工作，要制定具体的政策措施，以保证康居示范工程项目顺利实施。

（三）申报康居工程项目，要求计划指标落实，用地落实，资金基本落实，产业现代化目标明确。由企业集团或开发建设单位自愿申请，填写《国家康居示范工程申报表》（编写内容建“附件二”），经本省、自治区、直辖市(建设厅）同意，报建设部住宅产业办公室。

（四）经批准申报的项目，应编写《国家康居示范工程住宅产业技术可行性研究报告》（编写内容见“附件二”），由建设部住宅产业化办公室统一组织对申报项目的技术可行性研究报告进行评审，评审通过后，由建设部列入康居示范工程项目实施计划。

（五）凡经批准实施的康居示范工程项目，由建设部住宅产业化办公室统一规划设计方案的评审、技术指导、建设中期检查、综合考核验收等有关工作（具体办法另行制定），以保证康居示范工程项目按要求进行建设，达到预期目标。

附件一：国家康居示范工程申请表（略）

附件二：《国家康居示范工程住宅产业技术可行性研究报告》编写格式（略）

目录

聊城金柱水城华府

规划设计单位：聊城市规划建筑设计院

开发建设单位：山东聊城金柱建设集团有限公司

专家评审意见

总体评价

1. 小区位于城市中心地带，周边配套设施齐全，市政道路完善，选址得当，与城市环境及景观相协调。
2. 小区规划的功能布局结构清晰、简明、便捷。
3. 以高层住宅为基本形式,充分节约用地。住宅群体形态有层次，板塔结合有变化。
4. 采用一梯两户单元南北向布局的方式，满足日照、通风等要求，保证室内外环境质量。
5. 小区道路结构清晰，出入口设置与城市道路结合较好，居民出行方便。
6. 小区设有中心绿地，绿化景观系统层次清晰。
7. 公共建筑配套设施（商店、幼儿园等）规模、位置设置适当。

几点意见

1. 地下车库分散、出入口多，应予整合。建议整合成东西两个地下车库,每个车库分别只设一组出入口，并与小区入口接近。
2. 小区南部的东出入口建议取消，与南部西侧出入口整合为一个出入口。
3. 原 14 号楼可增加一个不超过18 层并满足日照要求的单元。
4. 小区景观水系统规模应予压缩和简化，并不要与城市水系统连接。
5. 生化垃圾处理站、中水站等设备用房应予准确合理定位。
6. 消防通道及消防登高面应满足规范要求。

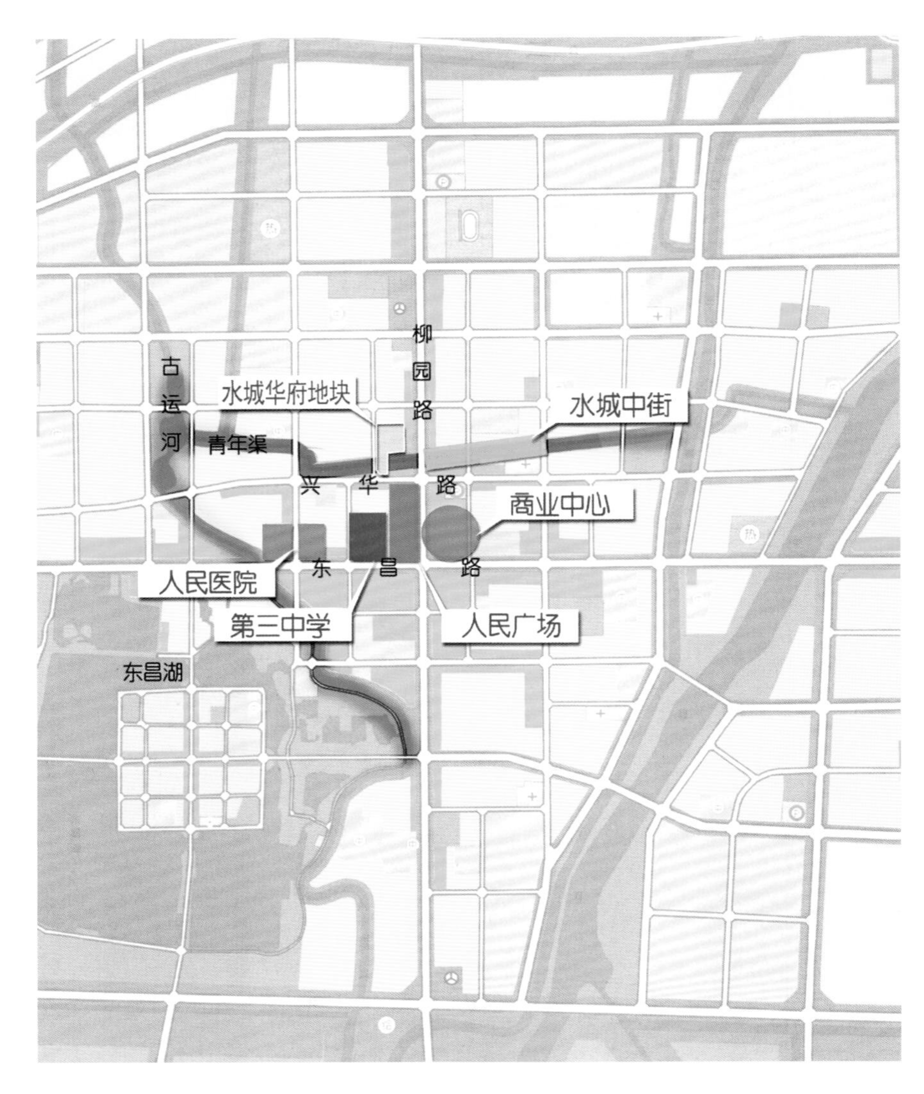

区位分析图

综合技术经济指标系列一览表

用地名称	单位	数值	比例（%）	人均（m^2/人）
居住区规划总用地	hm^2	7.478		
1.居住区用地	hm^2	7.478	100	15.61
①住宅用地	hm^2	5.41	72.3	11.29
②公建用地	hm^2	0.753	10.1	1.57
③道路绿地	hm^2	0.68	9.1	1.42
④公共绿地	hm^2	0.635	8.5	1.33
2.其他用地	hm^2	0		
居住户数	户	1453		
居住人数	公顷	4649		
户均人数	公顷	3.2		
总建筑面积	万m^2	21.6		
1.居住区内建筑总面积	万m^2	21.6	100	47.1
①住宅建筑面积	万m^2	20.3	100	44.27

用地名称	单位	数值	比例（%）	人均（m^2/人）
②公建面积	万m^2	1.3	5.9	2.79
2.其他建筑面积	万m^2	0		
住宅平均层数	层	14.8		
高层住宅比例	%			
中高层住宅比例	%			
容积率		2.88		
停车率	%	100		
停车位	辆	1453		
地下停车率	%	93		
地下停车位	辆	1351		
建筑密度	%	23.8		
绿地率	%	45		

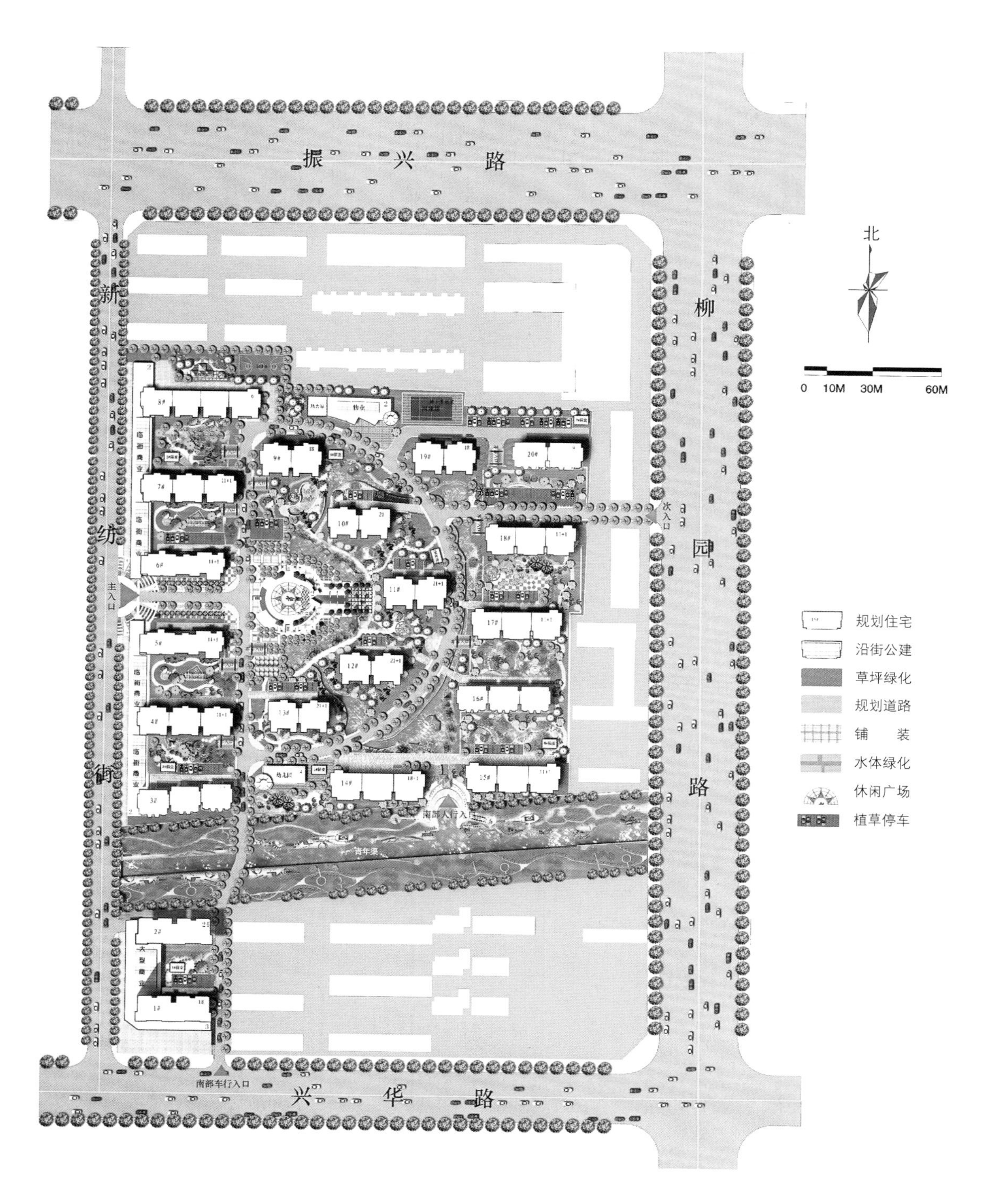
振 兴 路
新 纺 街
柳 园 路
兴 华 路
北
0 10M 30M 60M
规划住宅
沿街公建
草坪绿化
规划道路
铺 装
水体绿化
休闲广场
植草停车
主入口
次入口
南部车行入口

总平面图

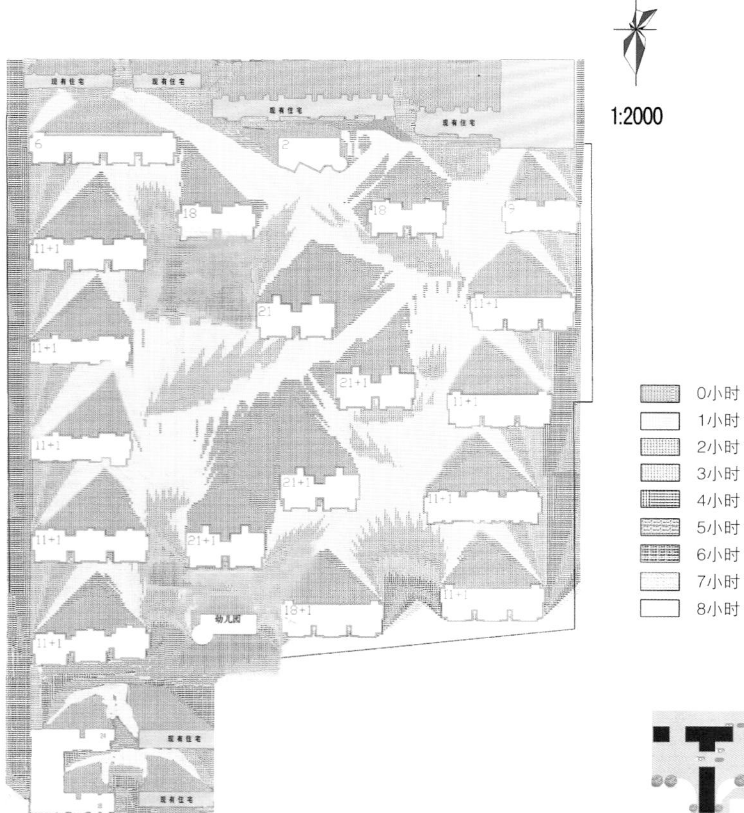
北
1:2000
现有住宅
0小时
1小时
2小时
3小时
4小时
5小时
6小时
7小时
8小时

日照分析图

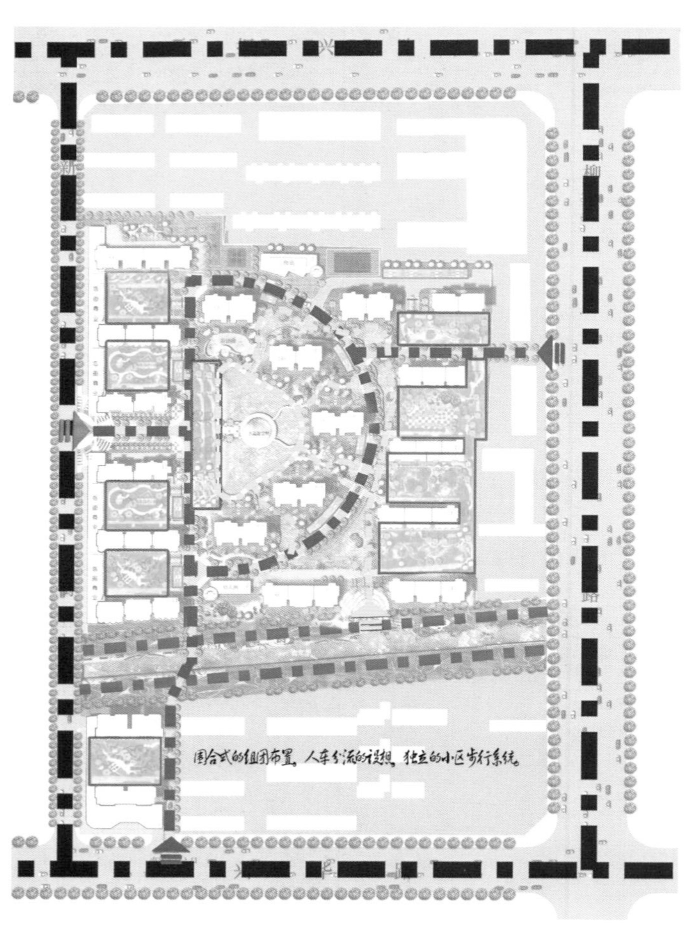
城市道路
小区主路
步行道
小区主入口
小区次入口
小区步行入口
地下车库
临时停车场
围合式的组团布置，人车分流的设想，独立的小区步行系统。

交通分析图

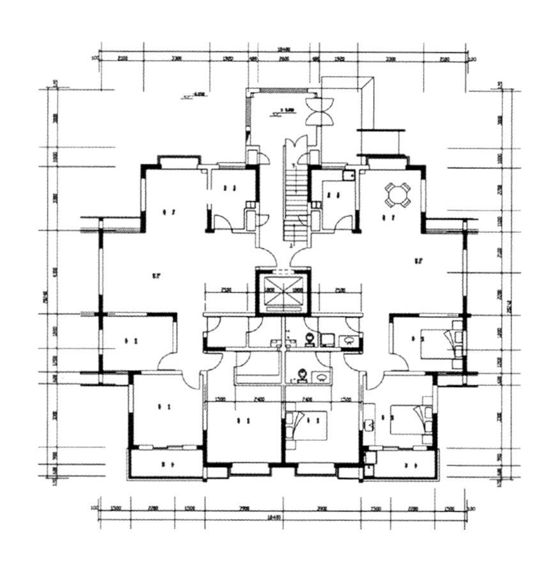

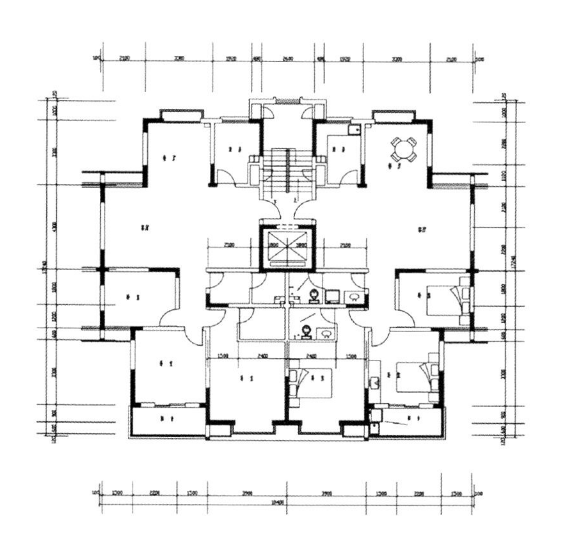

3号楼A－1户型底层单元平面图　　　　**3号楼A－1户型标准层单元平面图**

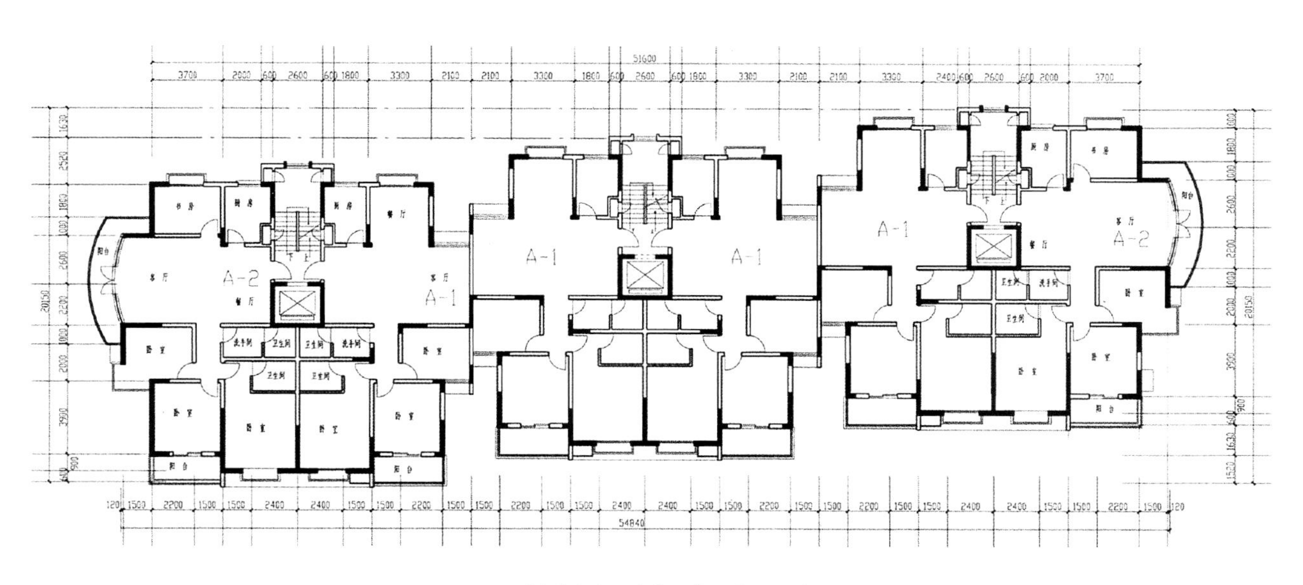

3号楼标准层组合平面图

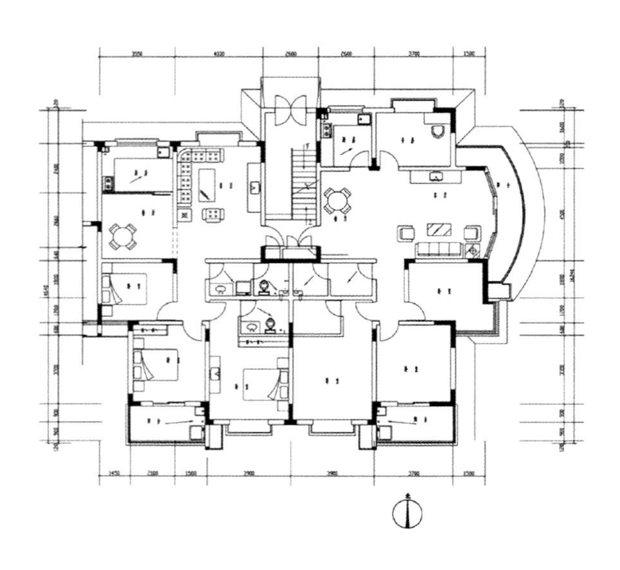

8号楼E、G户型底层单元平面图

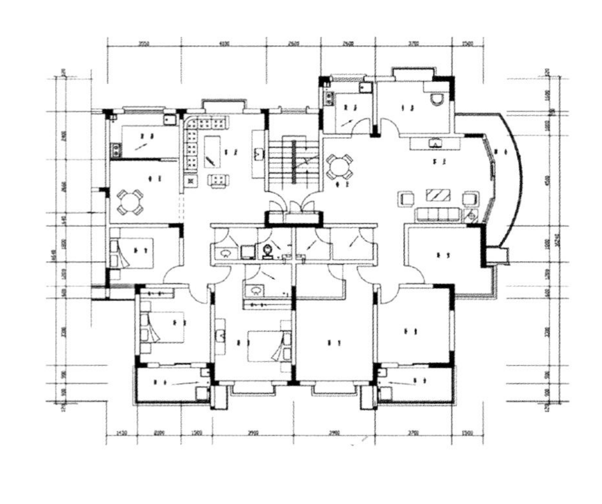

8号楼E、G户型标准层单元平面图

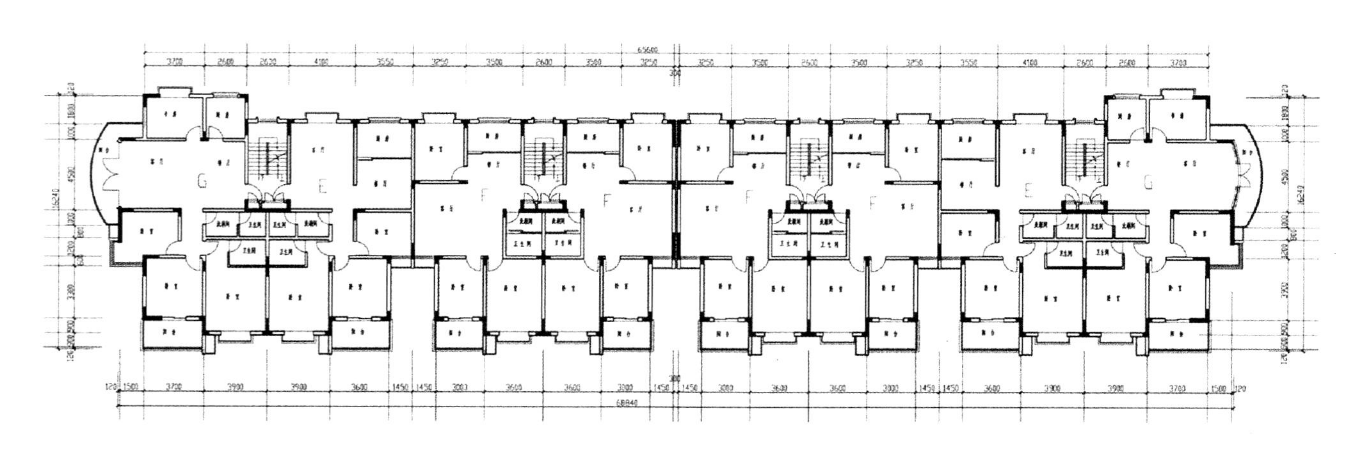

8号楼标准层组合平面图

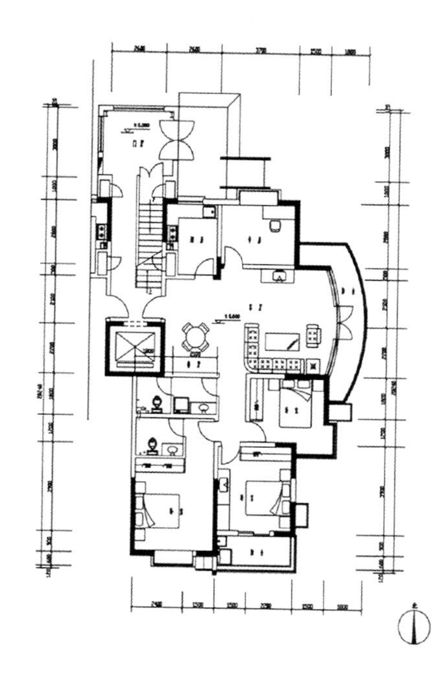

3号楼A-2户型底层单元平面图

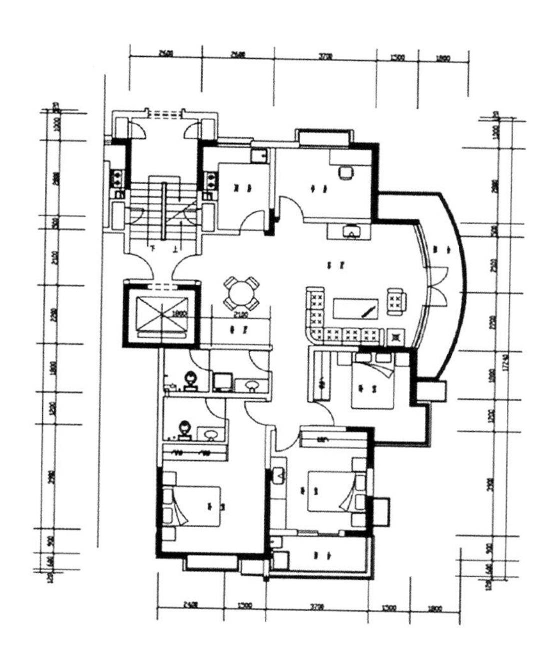

3号楼A-2户型标准层单元平面图

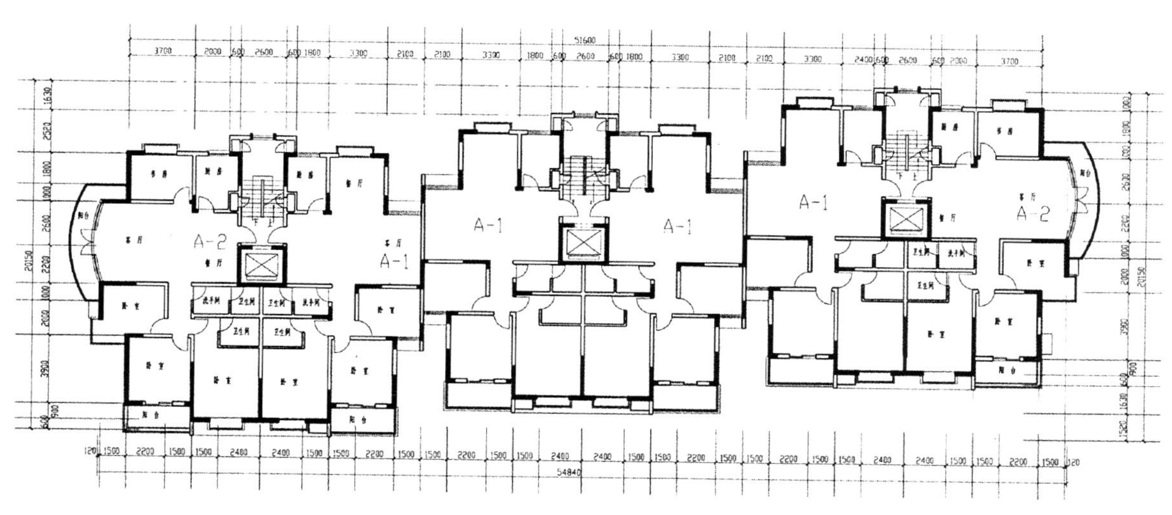

3号楼标准层组合平面图

包头万郡·大都城

规划设计单位：汉嘉设计集团股份有限公司

开发建设单位：万郡地产（包头）有限公司
浙江杭萧钢构股份有限公司

专家评审意见

总体评价

1. 项目所处位置环境优势明显，总体规划充分利用占地的特点，空间变化有序，通过中间带状景观通廊和环路，将空间有机地联系在一起，错落有致，通过借景和渗透手法，使视线丰富而有趣。
2. 交通系统布局合理，减少了对居住的影响，步行系统与小区环境结合紧密。
3. 景观设计丰富而有变化，点、线、面相互结合，利用地形，形成台地景观和微地形变化，实用性、观赏性、趣味性同在。
4. 配套设施齐全，位置恰当，与院落空间、景观系统有较好的联系。

几点意见

1. 减少中心带状景观通廊环路上环岛的数量，提高通达性。
2. 复核日照分析，挖掘潜力，尽量拉大小区内东西向车行道两侧建筑物的间距。
3. 住宅建筑形态方面，对多单元组合体要在统一中通过色彩和造型变化丰富建筑立面效果。

总平面图

居住小区用地平衡表

项目	面积（公顷）	所占比例（%）	人均面积（m^2／人）
居住区用地	27.6766	100	15.62
住宅用地	18.4266	66.6	10.40
公建用地	2.02	7.3	1.04
道路用地	3.55	12.8	2.00
公共绿地用地	3.60	13.3	2.08

主要经济技术指标

序号	指标		单位	数值	备注
1	总用地面积		m^2	27677	
2	规划总户数		户	5536	
3	规划总人口		人	17715	每户按3、2人计
4	总建筑面积		m^2	972153	
5	地上建筑面积		m^2	827013	
	其中	住宅	m^2	788496	
		商铺、公建配套	m^2	38517	
6	地下建筑面积		m^2	145140	
7	总建筑占地面积		m^2	63656	
8	容积率			3.0	
9	总建筑密度		%	23.0	
10	绿地面积		m^2	96868	
11	绿地率		%	35	
12	停车位		辆	3010	
13	其中				
	室外停车			150	
	地下停车			2860	

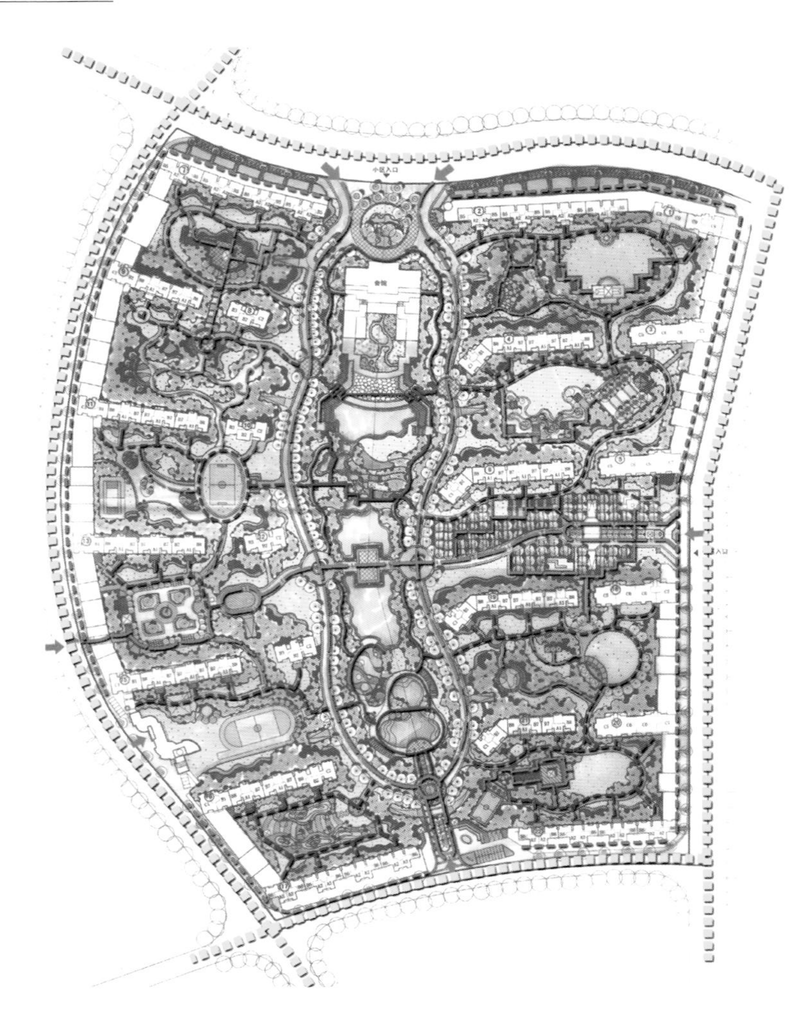

城市交通干线

小区主车行道

商业街步行道

住宅入户道路

中央景观游步街

组团休闲游步街

小区车行入口

交通分析图

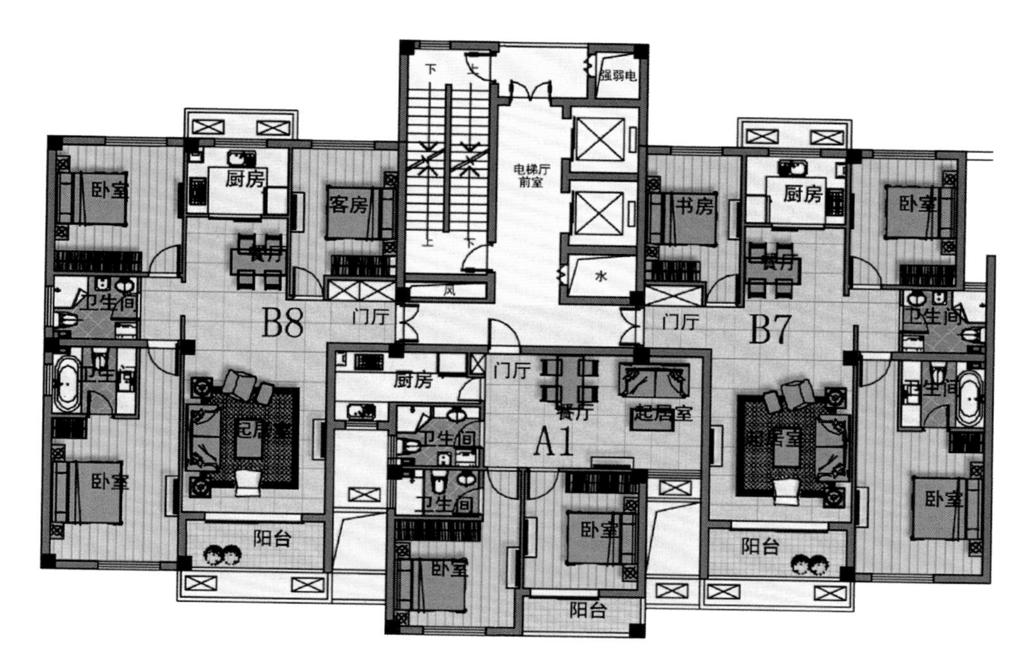

一梯三户平面图

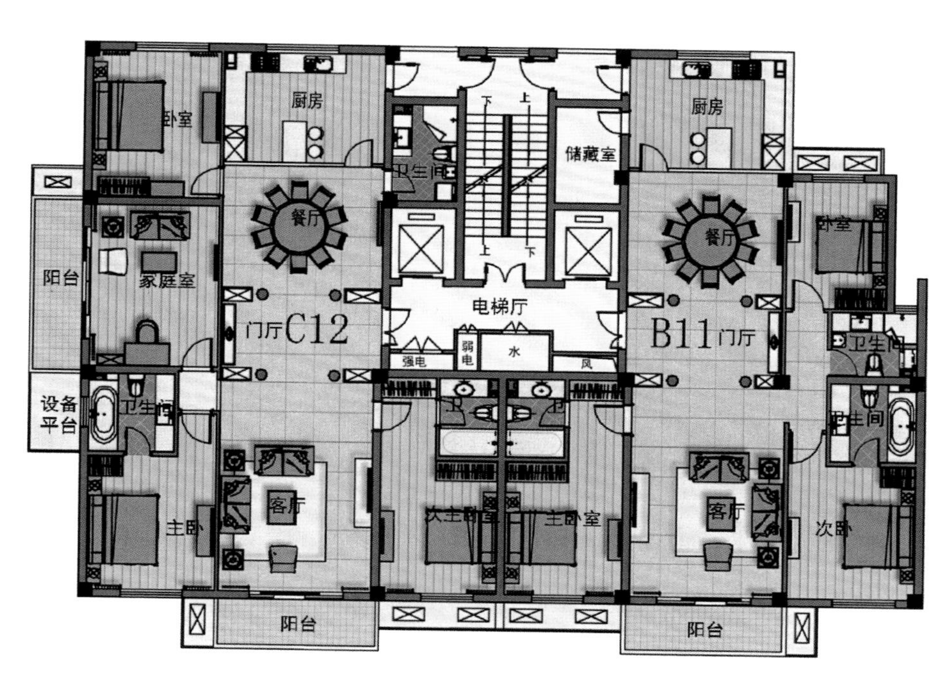

一梯二户平面图

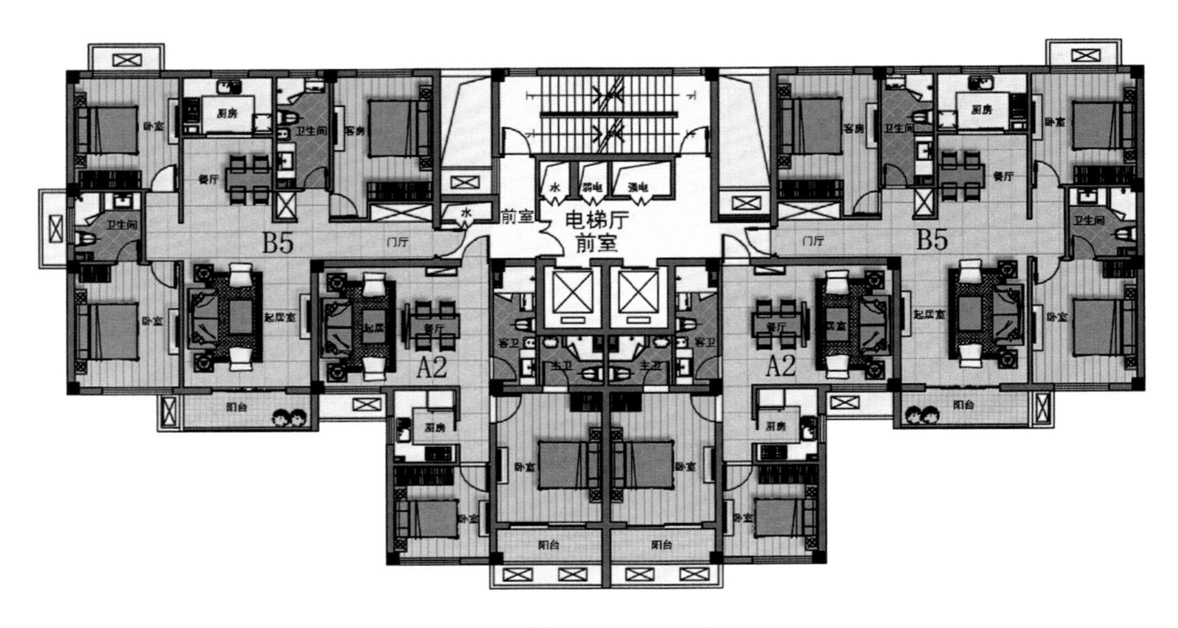

一梯四户平面图

沿河透视图

台州华欧·中央花园

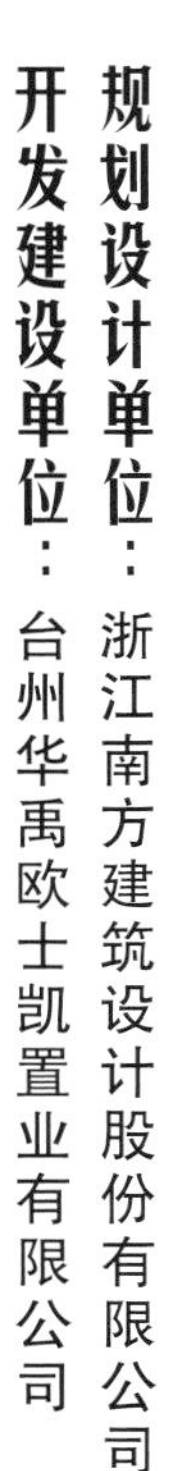

规划设计单位：浙江南方建筑设计股份有限公司
开发建设单位：台州华禹欧士凯置业有限公司

专家评审意见

总体评价

1. 项目环境条件好，选址恰当。
2. 规划采用低层院落与高层结合，点式板式搭配，布局合理，土地利用充分。
3. 规划采用小区主干路和宅前路、停车系统构建小区道路交通系统，通达性较好，小区停车位充足且以地下为主，基本实现人车分流，为住户提供安全、安静的环境，小区按规划条件要求设三个出入口与市政道路连接，满足要求。
4. 小区绿地率30%，符合相关规范要求。
5. 小区配套设施基本满足居民日常生活需求。

几点意见

1. 中心板式高层对中心绿地及小区空间景观影响较大，建议用拆分式、局部透空方式进行调整，改善中心绿地日照条件，丰富小区空间。
2. 地下车库出入口太偏至西北部，东南住户使用不便。建议与规划管理部门协商，在五路靠南增设地下车库出入口。
3. 建议地下车库增设自然采光。
4. 地面临时停车位应适当均匀分布，方便使用。
5. 进一步明确道路系统，建议采用小区主环路加宅前路二级道路系统，宅前消防车道应严格按相关防火规范进行设计。

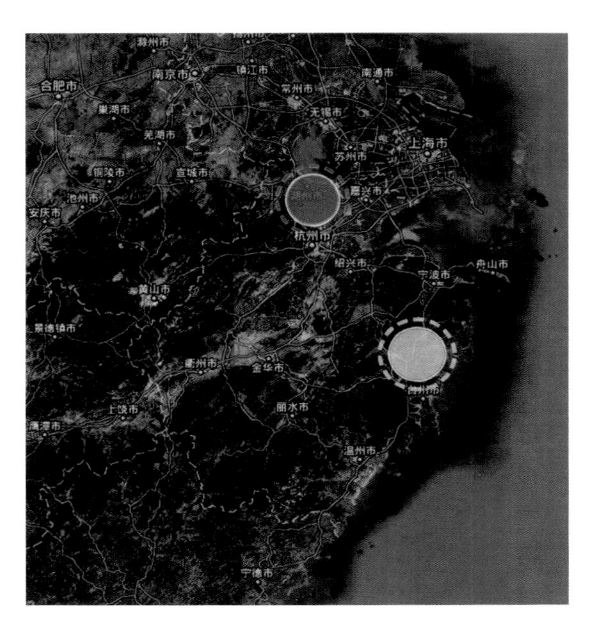

区位分析图

主要经济技术指标

名称	数值	单位	备注
总用地面积	93379	m^2	
总建筑面积	209234	m^2	
计入容积率面积	205434	m^2	
住宅面积	188515.5	m^2	其中拆迁安置房430套，每套150m^2，共64500m^2
商业面积	13172	m^2	其中拆迁安置公建12000m^2
回迁商业	12000	m^2	
物业经营	822	m^2	集体设置在西面入口
其他	350	m^2	
会所	2480	m^2	集体设置在5号楼底层
物业管理	616.5	m^2	集体设置在11号楼裙层
社区用房	500	m^2	设在11号楼南面
开闭所	150	m^2	
架空层面积	3800	m^2	
地下室面积	76800	m^2	
容积率	2.2		
建筑密度	30.0	%	
绿地率	30.0	%	
总户数	1092	户	其中低层102户
停车位数	1511	辆	
地下停车	1487	辆	
地上停车	24	辆	
非机动车停车位数	1979	辆	

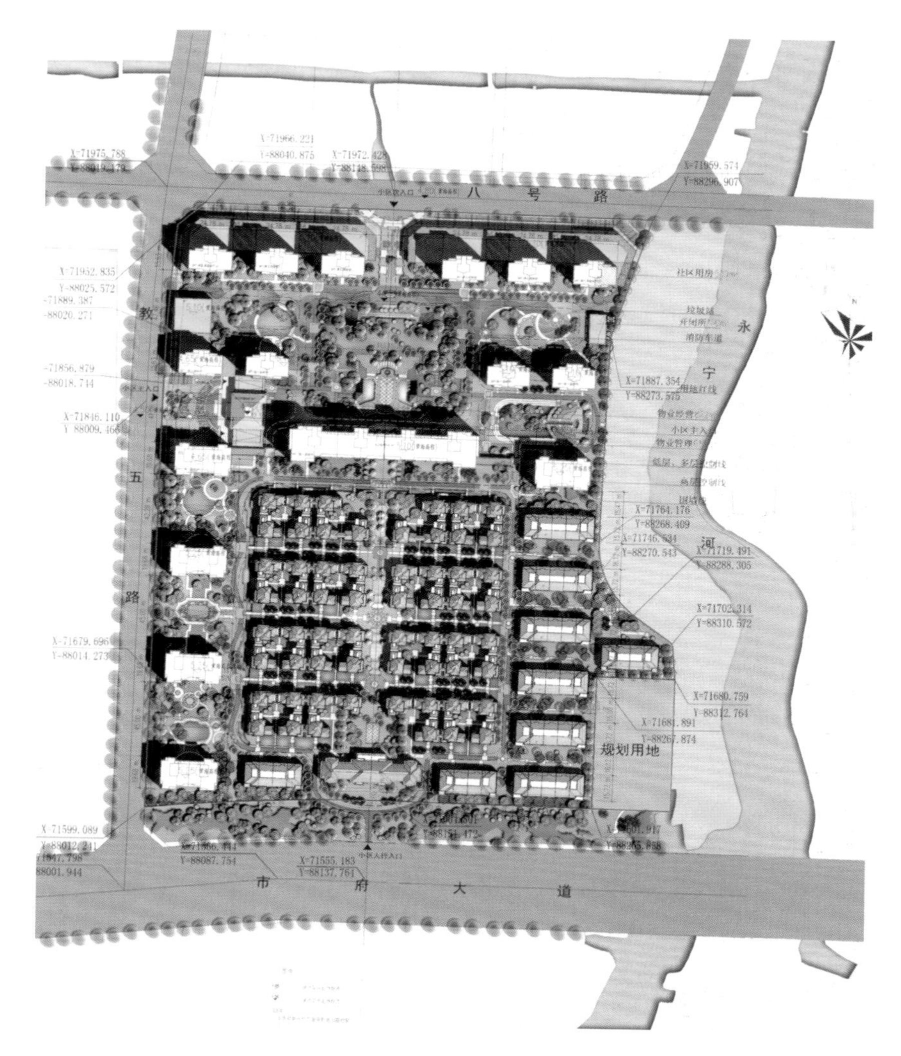

总平面图

中心区透视图

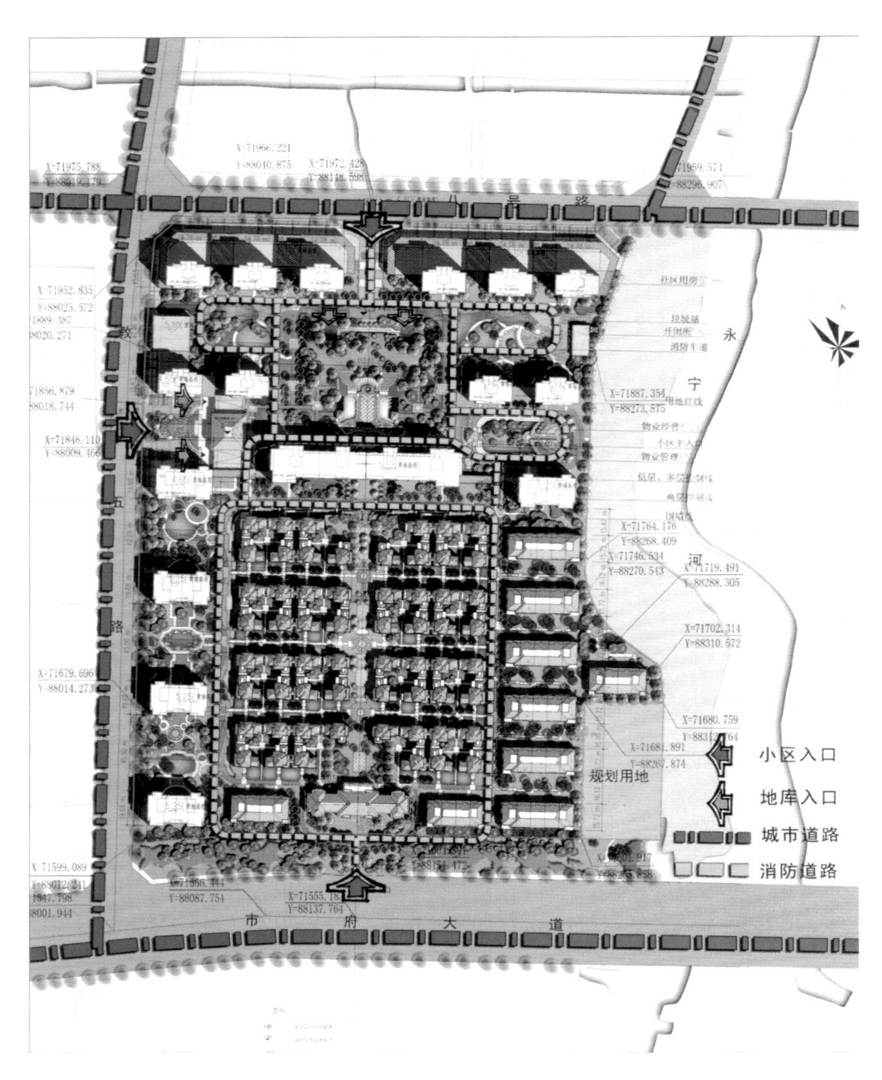

道路分析图

机动分析	户数	机动车	实际车位	非机动车	实际车位
户均建筑面积≥250m^2，排屋，叠排	146	2	292	0	0
200m^2≤户均建筑面积＜250m^2	20	1.5	30	0	0
144m^2≤户均建筑面积＜200m^2	586	1.2	703.2	1.5	879
90m^2≤户均建筑面积＜144m^2	340	1	340	2	680
户均建筑面积＜90m^2	0	0.3	0	3	0
商业面积	14000	0.8/100m^2	112	3.0/100m^2	420
访客车位	1092.00	3/百户	32.97		
总计			1511		1979

组团北面透视图

组团内鸟瞰图

组团平面图

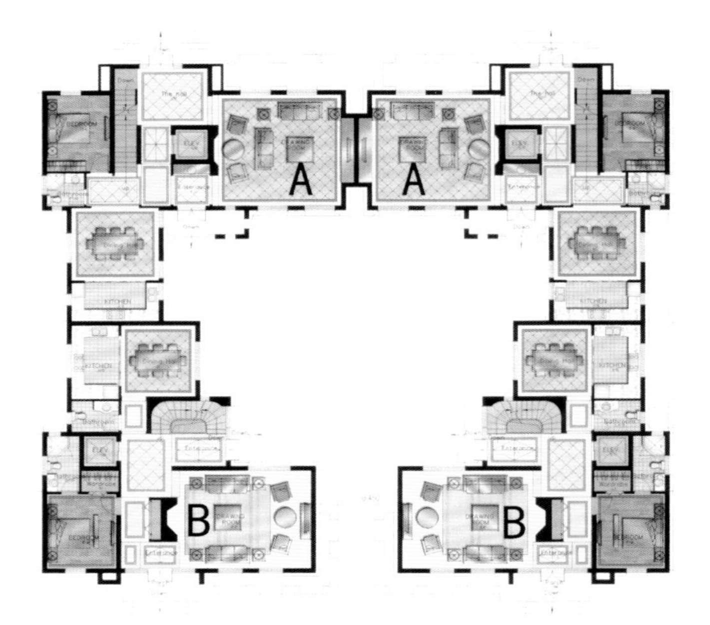

一层平面

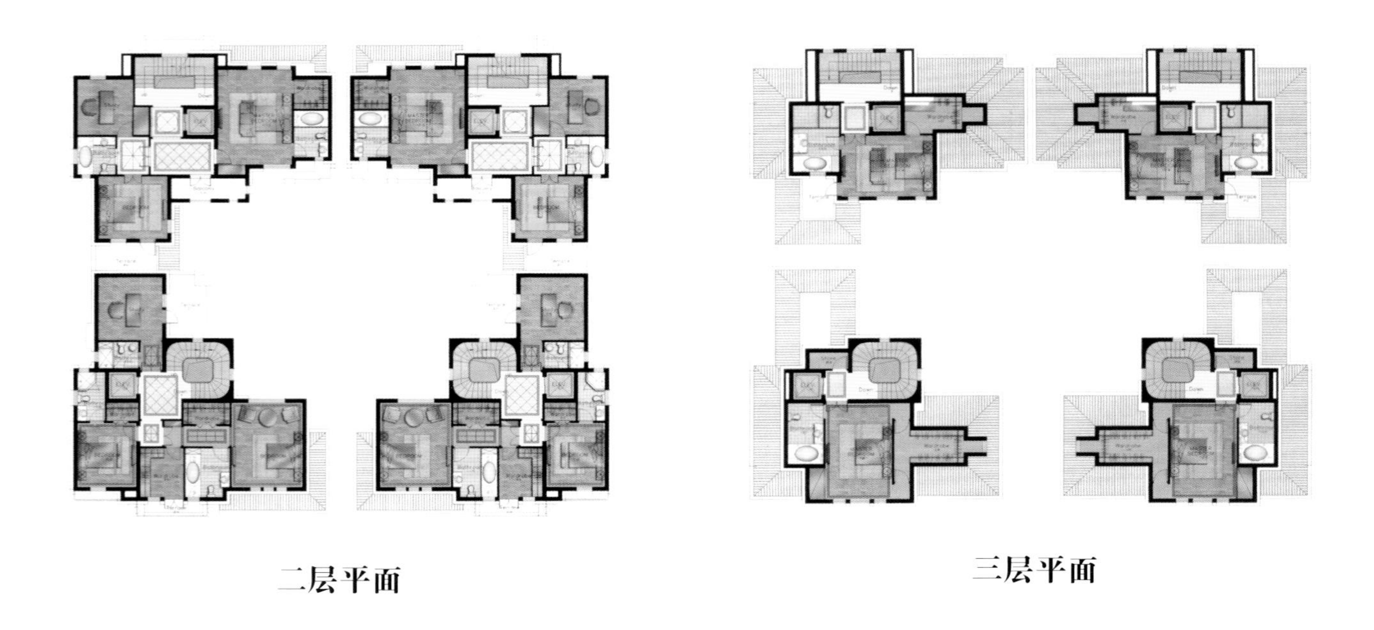

二层平面

三层平面

排屋平面图

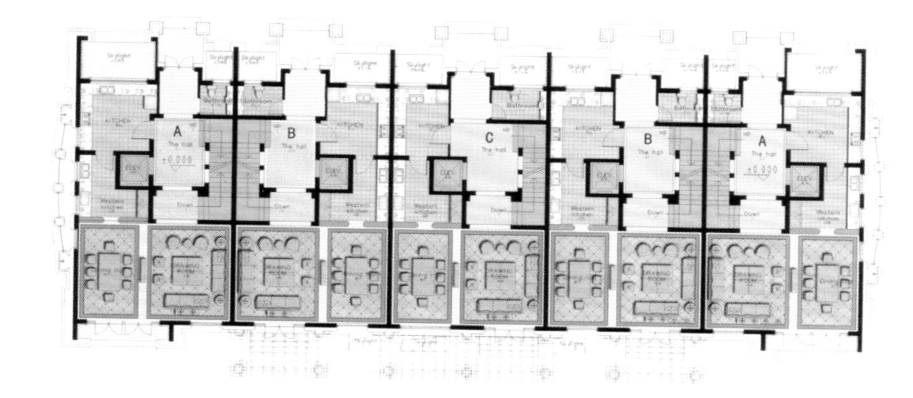

一层平面

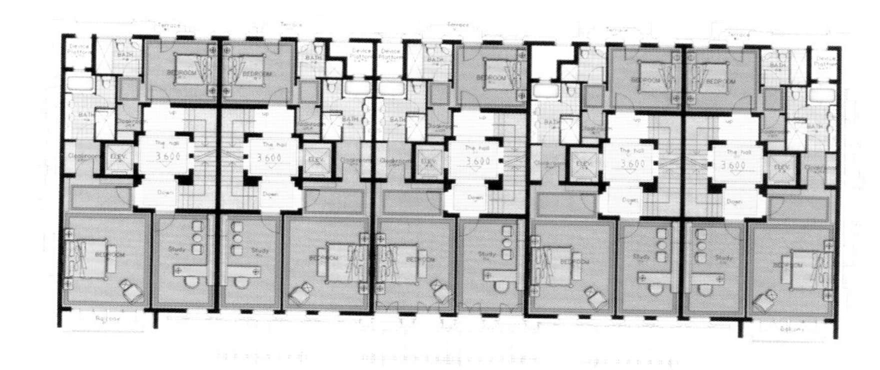

二层平面

三层平面

居住小区用地平衡表

户型	A	B	C	B	A
一层面积	112.74	109.4	100.33	109.4	112.74
二层面积	119.97	114.96	115.86	114.96	119.97
三层面积	94.72	100.14	99.26	100.14	94.72
总面积	327.43	324.5	324.15	324.5	327.43

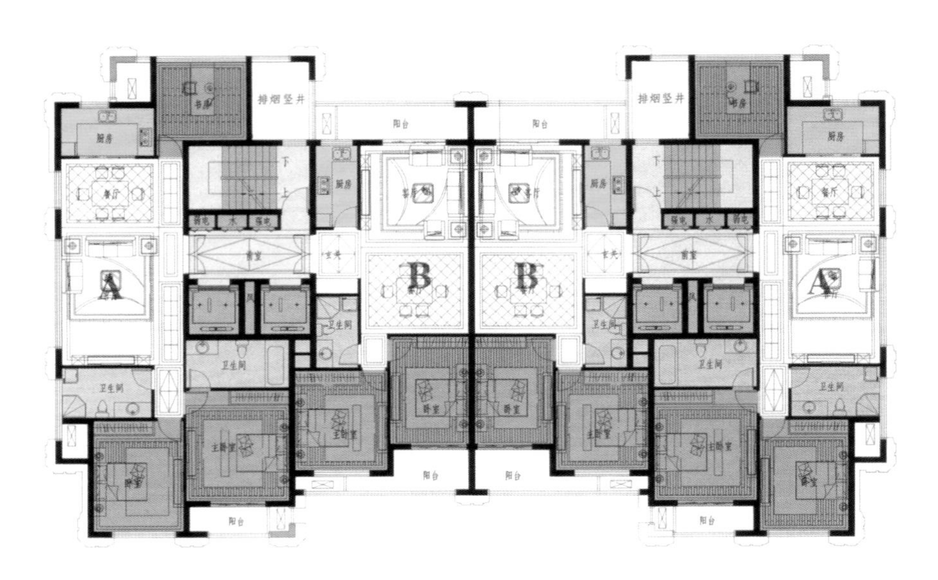

2-3 室户型单元平面

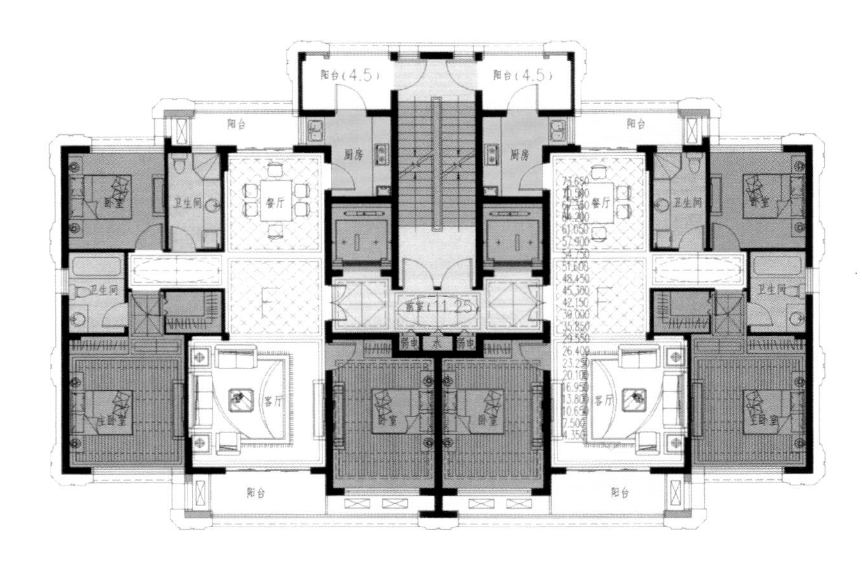

3-3 室户型单元平面

威海海映山庄

规划设计单位： 北京龙安华诚建筑设计有限公司

开发建设单位： 荣成丰荟房地产开发有限公司

专家评审意见

总体评价

1. 规划用地地形比较复杂，给规划设计带来一定困难，设计能充分利用地形、地貌，保留小区地块内已有环境，最大程度避免原有地貌的改变。
2. 规划设计充分利用地形条件，规划结构布局合理。
3. 以板楼(多层、中高层)为主，适当布置少量一梯四户塔楼，户户能得到朝南房间，通风、采光良好。
4. 绿化覆盖率达到43.7%，人均绿地1.35 m^2/人，且结合组团布置集中绿地，充分体现“以人为本”的设计原则。

几点意见

1. 将狭长段中间道路移至塔楼西侧，减少道路行车时对住户的干扰，原道路应做垂直绿化带，增加景观效果。
2. 扩大西侧入口分量，作为车行主要出入口，调整正东侧入口位置，理顺道路系统。
3. 建议将中间环路之间的两幢多层板楼改做双拼，保证住户性能一致性，增加双拼楼之间的距离，增加景观通道，增加周围住户对中心绿地的景观视觉。

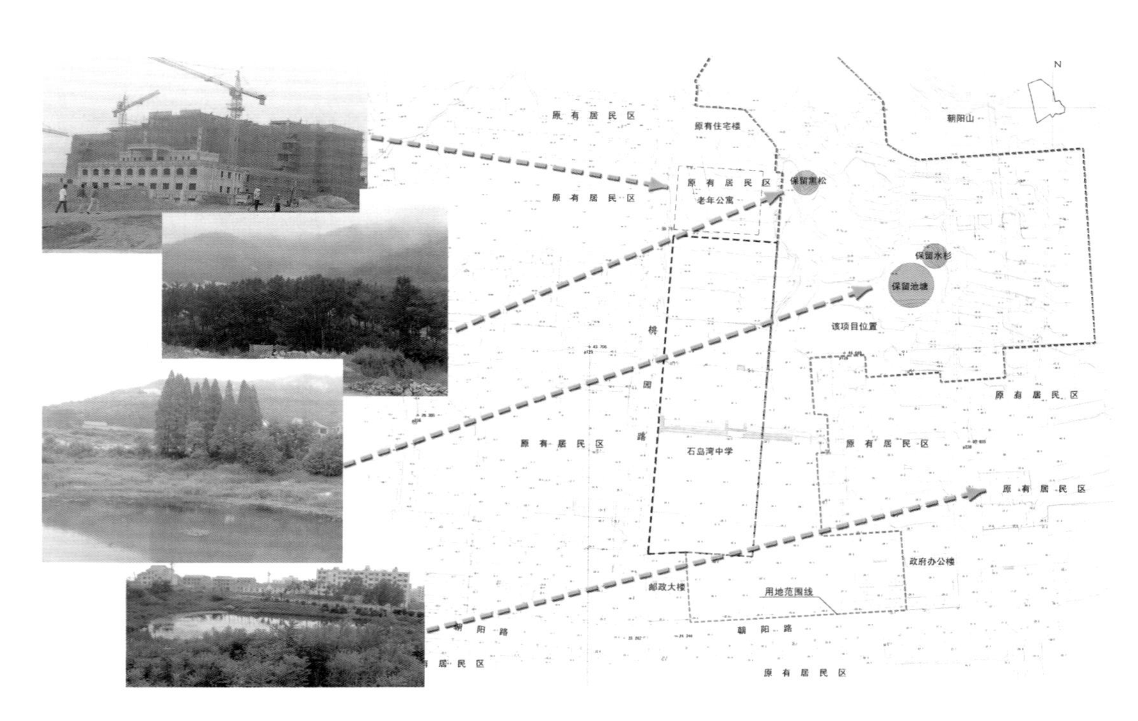
N
原有居民区
原有住宅楼
朝阳山
原有居民区
老年公寓
保留黑松
原有居民区
保留水杉
保留池塘
该项目位置
桃
园
路
原有居民区
原有居民区
原有居民区
石岛湾中学
原有居民区
政府办公楼
邮政大楼
用地范围线
朝阳路
朝阳路
原有居民区

区位分析图

沿街立面图

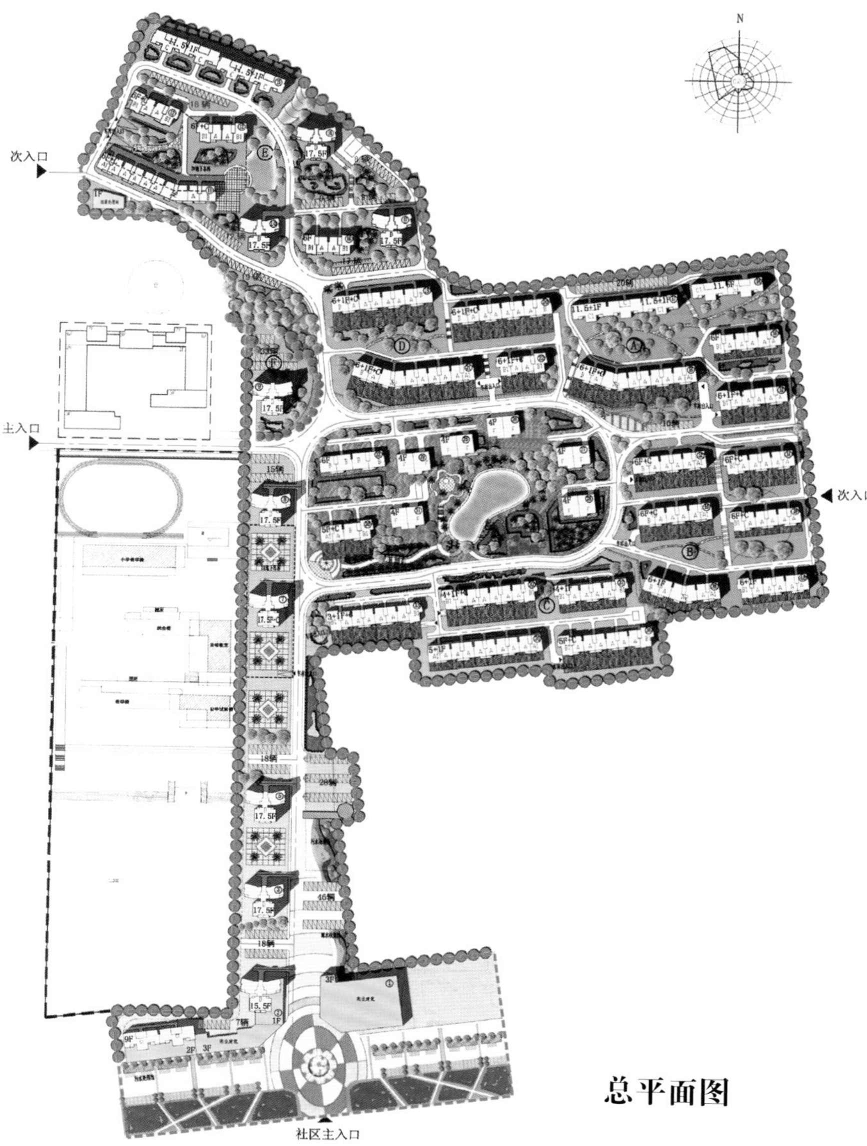

总平面图

主要经济技术指标

项目		单位	数量	备注
规划用地面积		hm^2	15.45	
代征用地面积		hm^2	1.58	
建设用地面积		hm^2	13.87	
总建筑面积		m^2	224697.06	
其	地上总建筑面积	m^2	191665.77	
中	地下总建筑面积	m^2	33031.29	设备用房　库房　车库
居住建筑面积		m^2	212633.24	
其	地上总建筑面积	m^2	179601.95	
中	地下总建筑面积	m^2	33031.29	设备用房　库房　车库
公建建筑面积		m^2	12063.82	
其	商业总建筑面积	m^2	11083.82	
中	其他建筑面积	m^2	980.00	
居住总户（套）数		户（套）	1982	
容积率		万m^2／hm^2	1.382	
建筑密度		%	26	
机动车地上停车数	小区内	辆	249	
	入口处	辆	54	
机动车地下停车数		辆	580	
硬化地面		m^2	41711	
其	主干道面积	m^2	10698.6	
	组团道路面积	m^2	10415.8	
	铺装面积	m^2	13918.6	
中	停车场面积	m^2	7849	
绿化面积		m^2	63516	
水面积		m^2	4000	
绿化覆盖率		%	43.7	

项目	组团	户数	A户型	A-1户型	A2-1户型	A2-2户型	B户型	B1户型	C户型	C1户型	C2户型	CI户型	Cly户型	D1户型	D2户型	Diy户型	E户型	F户型
住宅建筑各项指标	A组团：　28220.29m^2	322户	107户	7户	7户	7户	7户	13户	53户	53户	58户	5户	5户					
	B组团：　19456.89m^2	288户	157户	26户	7户	7户	12户	19户										
	C组团：　16250.08m^2	196户	148户	12户				36户										
	D组团：　19984.1m^2	234户	140户	7户	7户	7户	59户	14户										
	E组团：板楼：19168.11m^2	276户	72户	6户	6户	6户	6户	36户	44户	44户	48户	4户	4户	96户	102户	6户		
	E组团：塔楼：19168.11m^2	204户																
	F组团：　塔楼：6389.37m^2	68户							14户	14户	14户			154户	164户	2户		
	单列塔：　34215.69m^2	370户																
	双拼住宅：7856.30m^2	24户															24户	
	样板住宅：2606.67m^2	20户	5户	5户			5户	5户										
	公寓：　3187.38m^2	40户																40户
住宅建筑合计	179601.95m^2	1982户	629户	63户	27户	27户	89户	123户	111户	111户	120户	9户	9户	282户	300户	18户	24户	40户
公建建筑合计	12063.82m^2																	
地上总建筑面积	191665.77m^2																	
地下总建筑面积	33031.29m^2																	
总建筑面积	224697.06m^2																	
容积率	规划容积率（地上总建筑面积／规划用地面积）：1.241																	
	占地容积率（地上总建筑面积／建设用地面积）：1.382																	

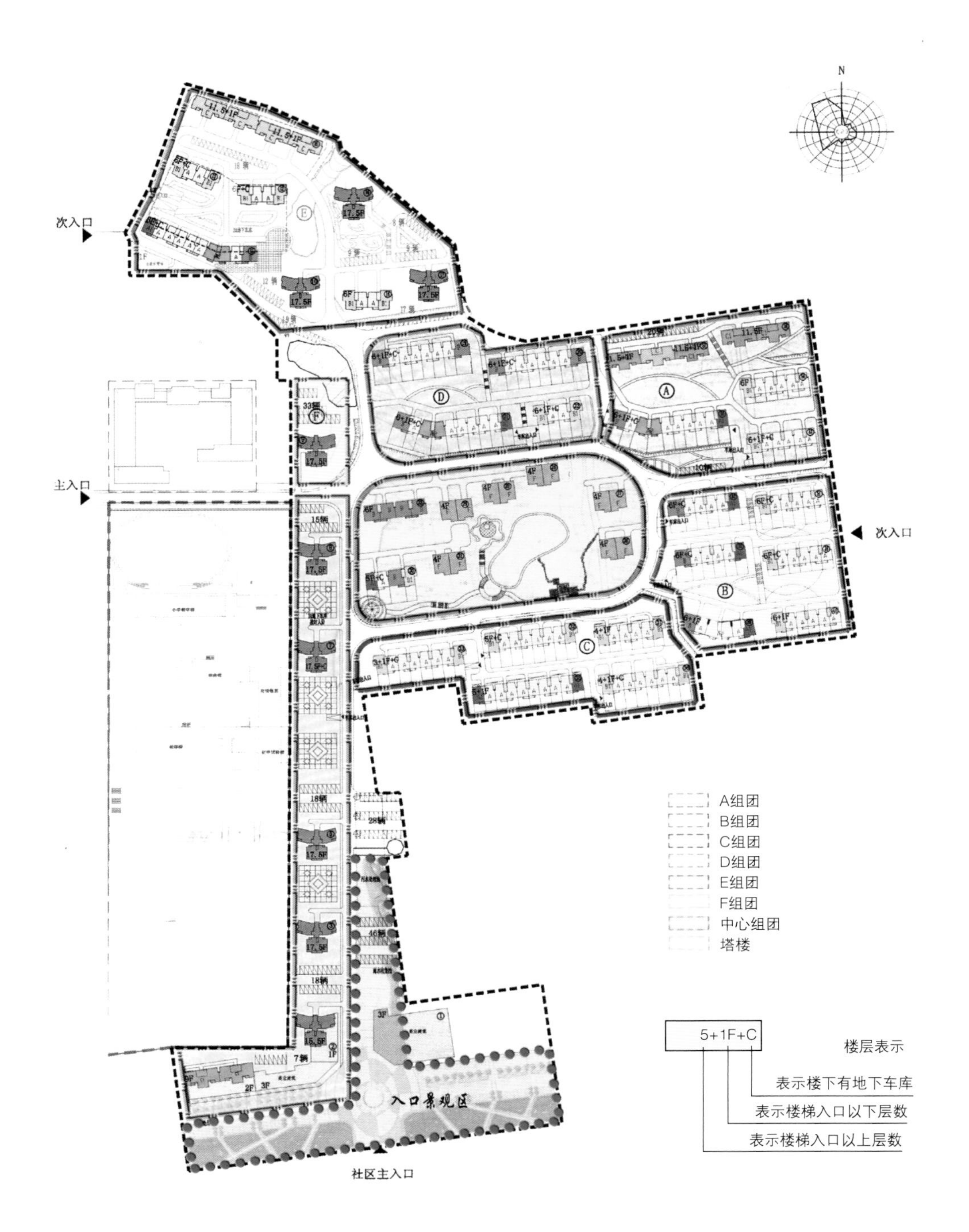
N
次入口
主入口
次入口
社区主入口
入口景观区
A组团
B组团
C组团
D组团
E组团
F组团
中心组团
塔楼
5+1F+C
楼层表示
表示楼下有地下车库
表示楼梯入口以下层数
表示楼梯入口以上层数

功能结构图

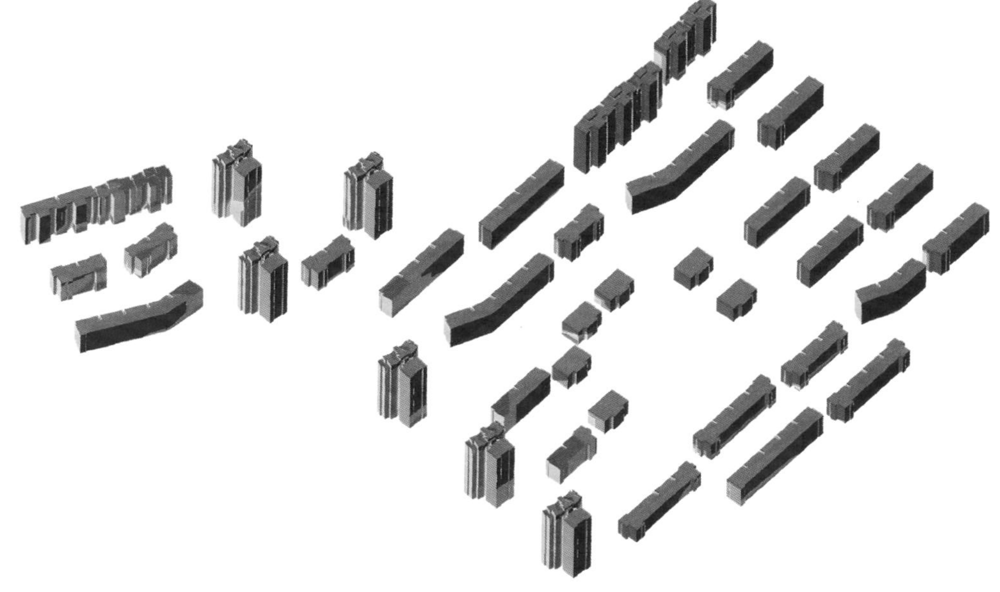

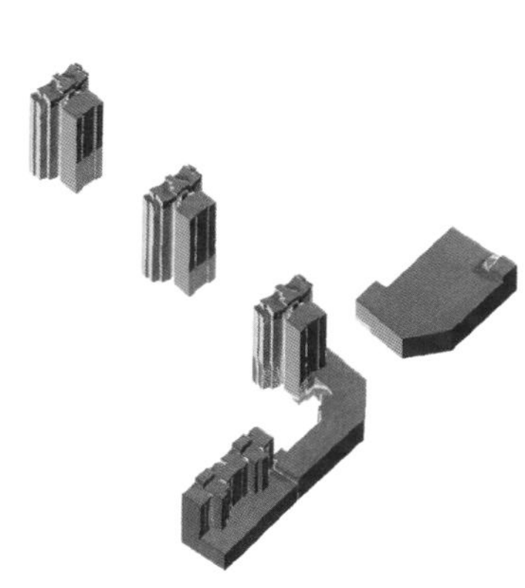

8.0h
7.0h
6.0h
5.0h
4.0h
3.0h
2.0h
1.0h

日照分析说明

日照分析软件：Sunshine Ver2.1

本小区对大寒日进行日照分析计算，

分析结果如下：

1.本小区99.3%的住宅有两个主要活动居室大寒日满窗日照时间大于3小时。

2.全部小区住宅均满足“每套住宅至少有一个居室满足大寒日满窗日照时间大于3小时，四居室以上户型至少有两间达到日照标准”的要求。

日照分析图

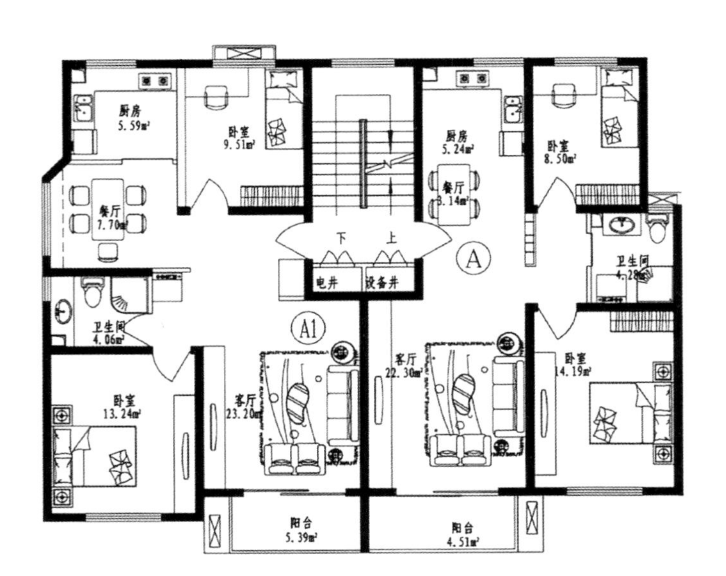

户型	建筑面积	使用面积	使用面积系数
A户型	81.0	63.8	78.8%
A1户型	87.8	6.7	76.0%

户型	总户数	比例（%）
A1	1982	3.18
A	1982	31.74

2-2 室户多层单元平面图

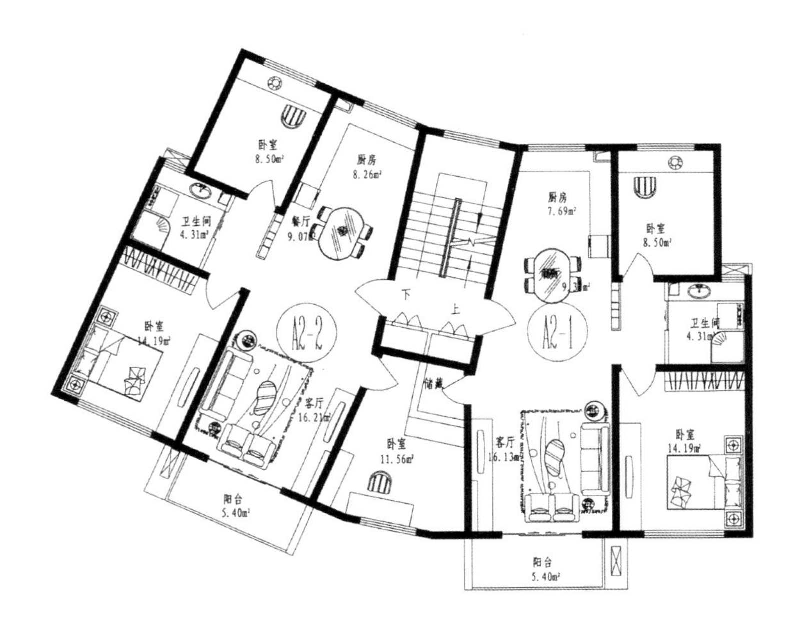

户型	建筑面积	使用面积	使用面积系数
A2－1户型	87.5	68.5	78.3%
A2－2户型	101.6	78.3	77.1%

户型	总户数	比例（%）
A2－2	1982	1.36
A2－1	1982	1.36

2-2 室户多层转角单元平面图

户型	建筑面积	使用面积	使用面积系数
A户型	81.0	63.8	78.8%
B户型	116.1	92.5	79.7%

户型	总户数	比例（%）
B	1982	4.49
A	1982	31.74

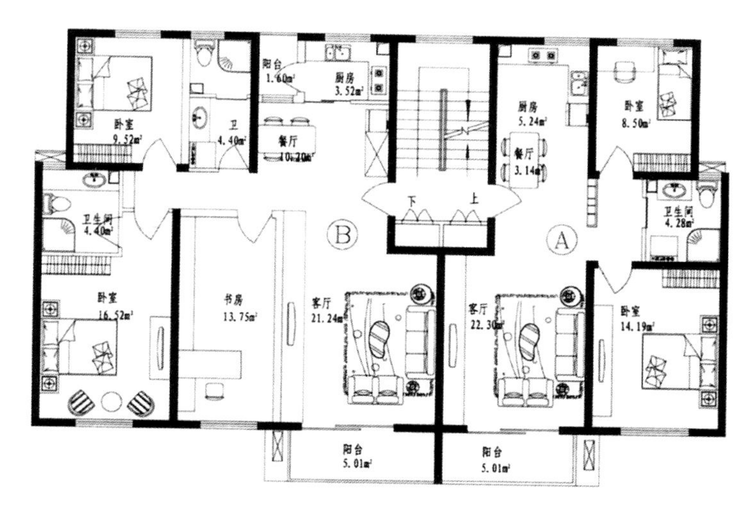

3-2 室户多层单元平面图

户型	建筑面积	使用面积	使用面积系数
A户型	81.0	63.8	78.8%
B1户型	102.0	81.8	80.2%

户型	总户数	比例（%）
B1	1982	6.21
A	1982	31.74

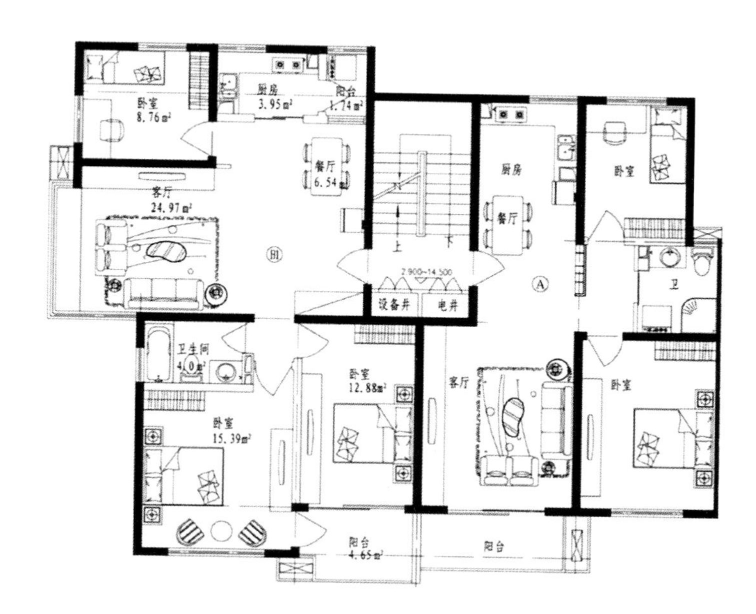

3-2 室户边单元平面图

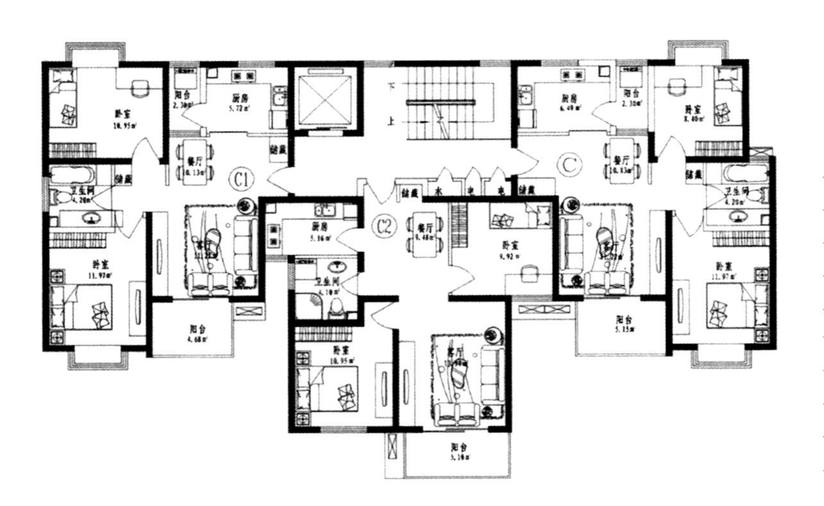

户型	建筑面积	使用面积	使用面积系数
C	80.1	57.6	71.9%
C1	83.0	59.9	72.2%
C2	75.3	55.0	73.0%

户型	总户数	比例（%）
C	1982	5.60
C1	1982	5.60
C2	1982	6.05

2-2-2 单元中高层平面图

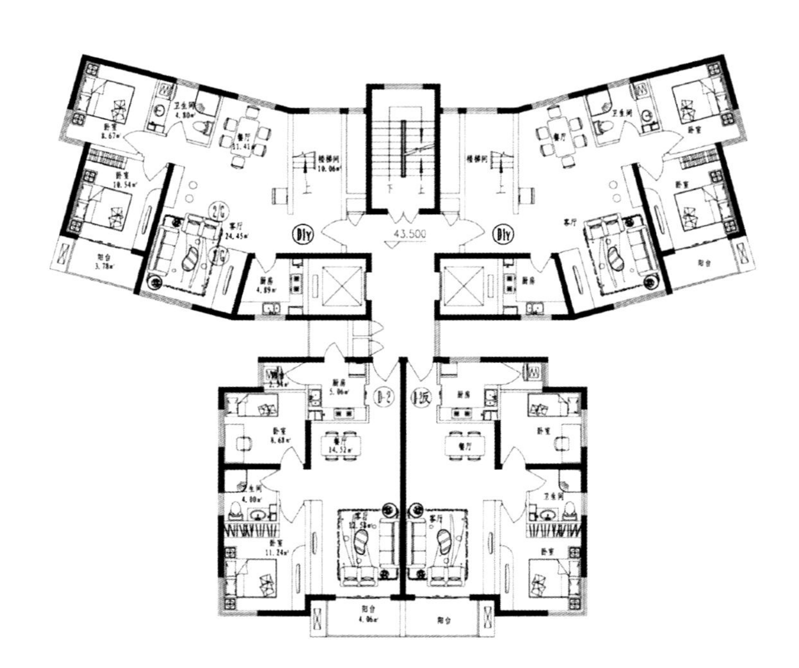

户型	建筑面积	使用面积	使用面积系数
D1Y	165.1	131.2	79.5%

户型	总户数	比例（%）
D1Y	1982	0.91

2-2-2-2 塔式住宅平面图

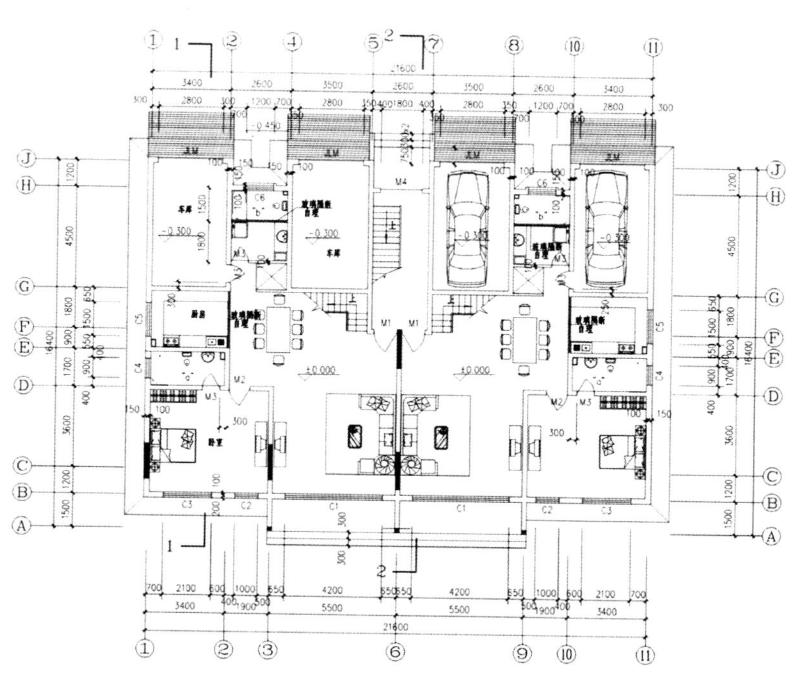

叠拼别墅首层平面图

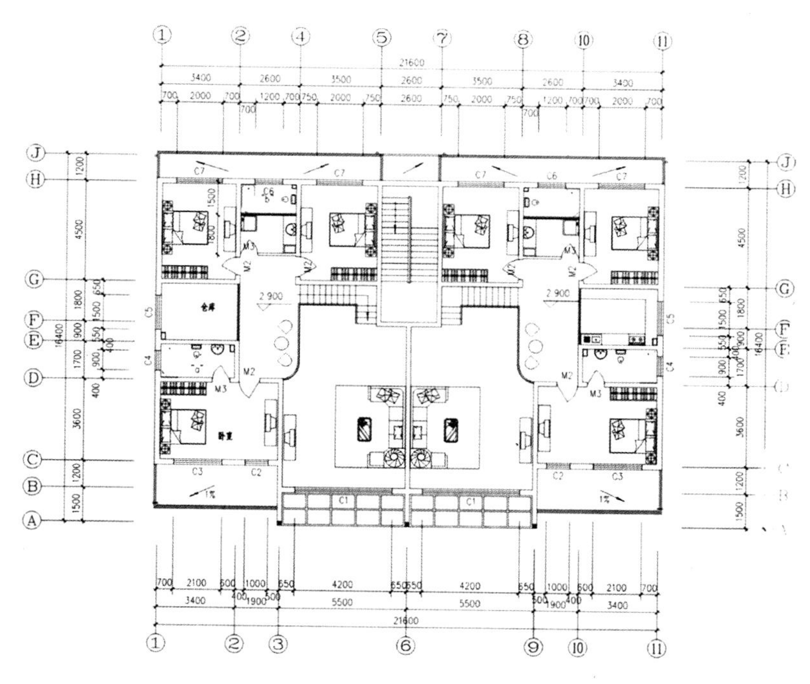

叠拼别墅二层平面图

户型＼房间	客厅	餐厅	卧房一	卧房二	卧房三	卧房四	厨房
	1：2.37	1：3.18	1：1.05	1：5.04	1：1.29	1：5.17	1：5.10

户型	建筑面积	使用面积	使用面积系数
	285.1	217.22	76.2%

户型	总户数	比例（%）
F	1982	1.21

体形系数	窗墙比				公共楼梯间的窗地面积比
	东	南	西	北	
0.24	0.08	0.08	0.53	0.36	1：6.51

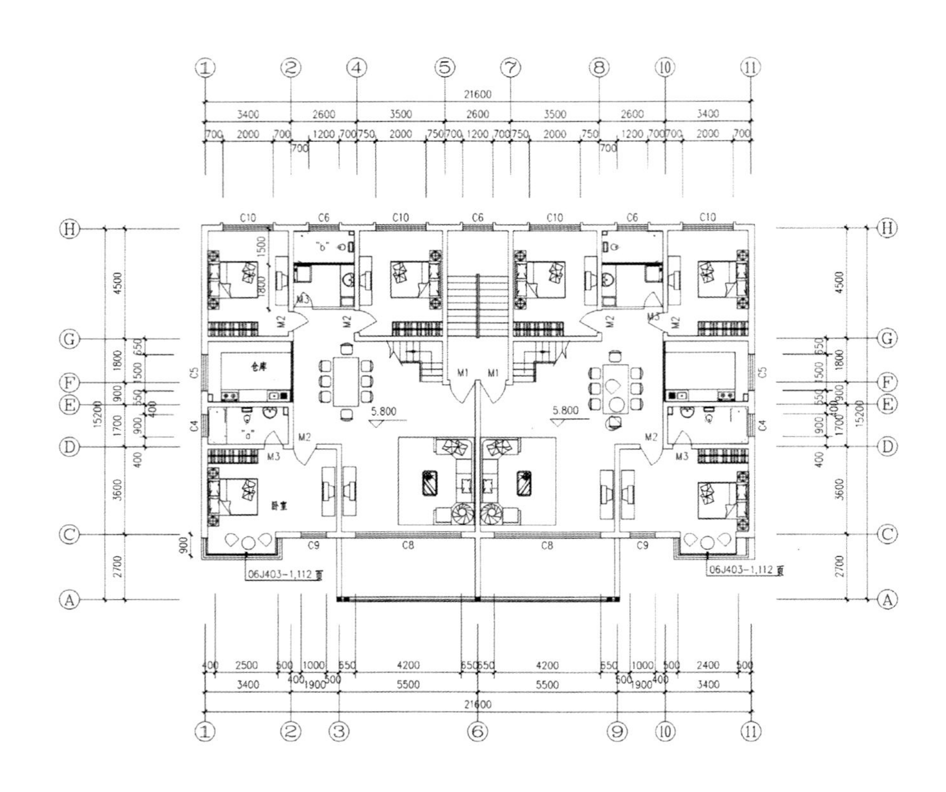

叠拼别墅三层平面图

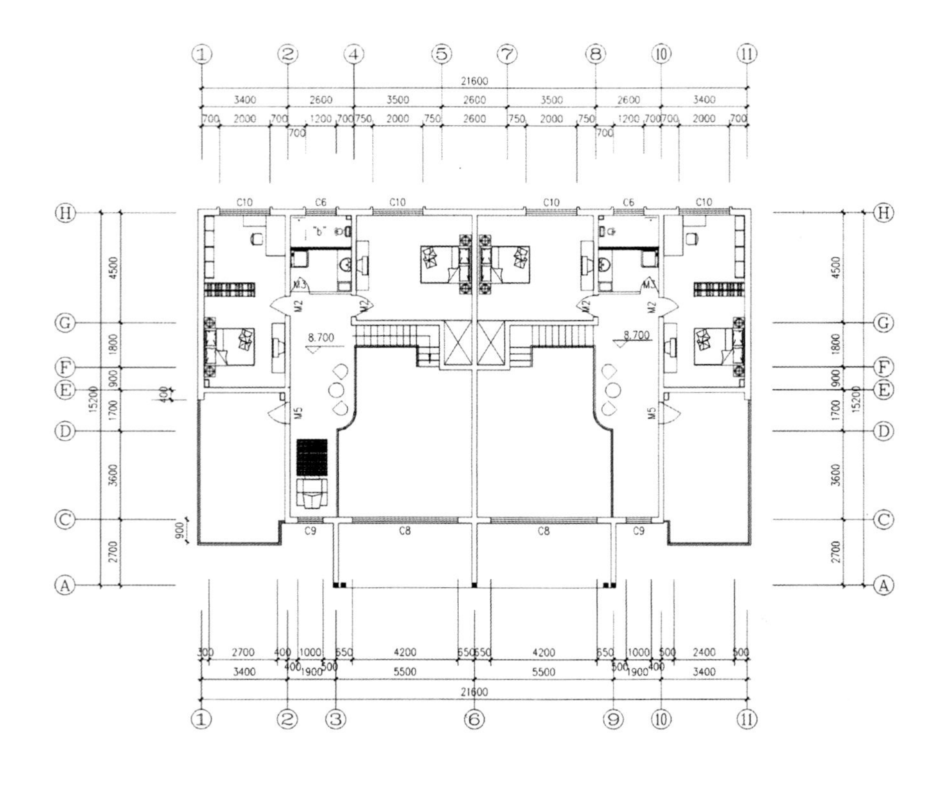

叠拼别墅四层平面图

康华新海湾住宅小区

规划设计单位：浙江佳境规划建筑设计研究院

开发建设单位：江苏康华房地产有限公司

专家评审意见

总体评价

1. 小区规划按南北朝向、排列式布局，建筑按联排多层、中高层、高层相结合，空间尚有变化，朝向好，通风好。
2. 小区设会所、商业等公共服务建筑，并相对独立布置于北面沿街地段，既方便本小区居民，又能对外经营。
3. 小区设全地下机动车停车库，停车率达64%，较好地解决了居民机动车的停车问题。规划中同时较充分地设置了非机动车停车位。

几点意见

1. 小区规划布局结构不清晰，中心公共绿地面积严重不足，建议应调整规划布局。
2. 小区道路交通未成系统，即使机动车完全地下停放，地上道路交通也应成三级交通系统，以满足消防急救、搬家及短时间回家之需。
3. 高层住宅消防车道的规划应严格按照《高层民用建筑设计防火规范》要求规划。
4. 建议应按《居住区规划设计规范》要求的技术经济指标内容及用地平衡表，内容提供齐全，指标应符合国家规范要求。
5. 建议再复核一下日照分析，并应符合大寒日2小时满窗日照要求。

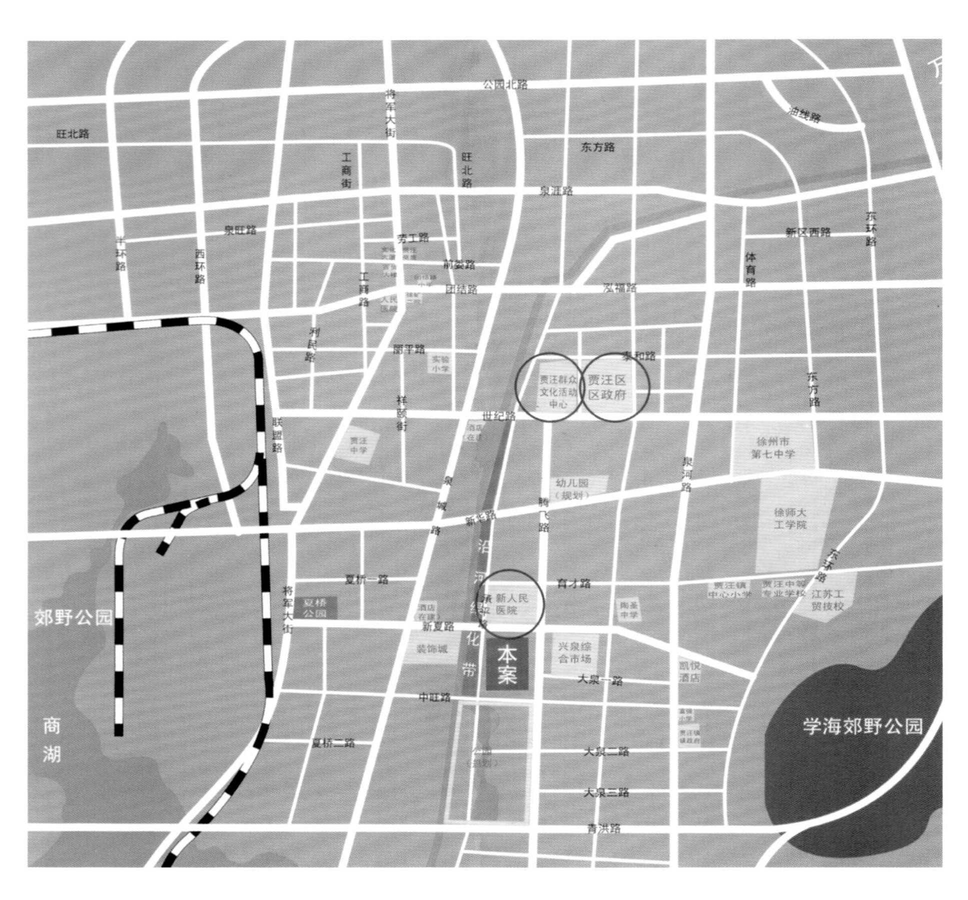

区位分析图

小区入口透视图

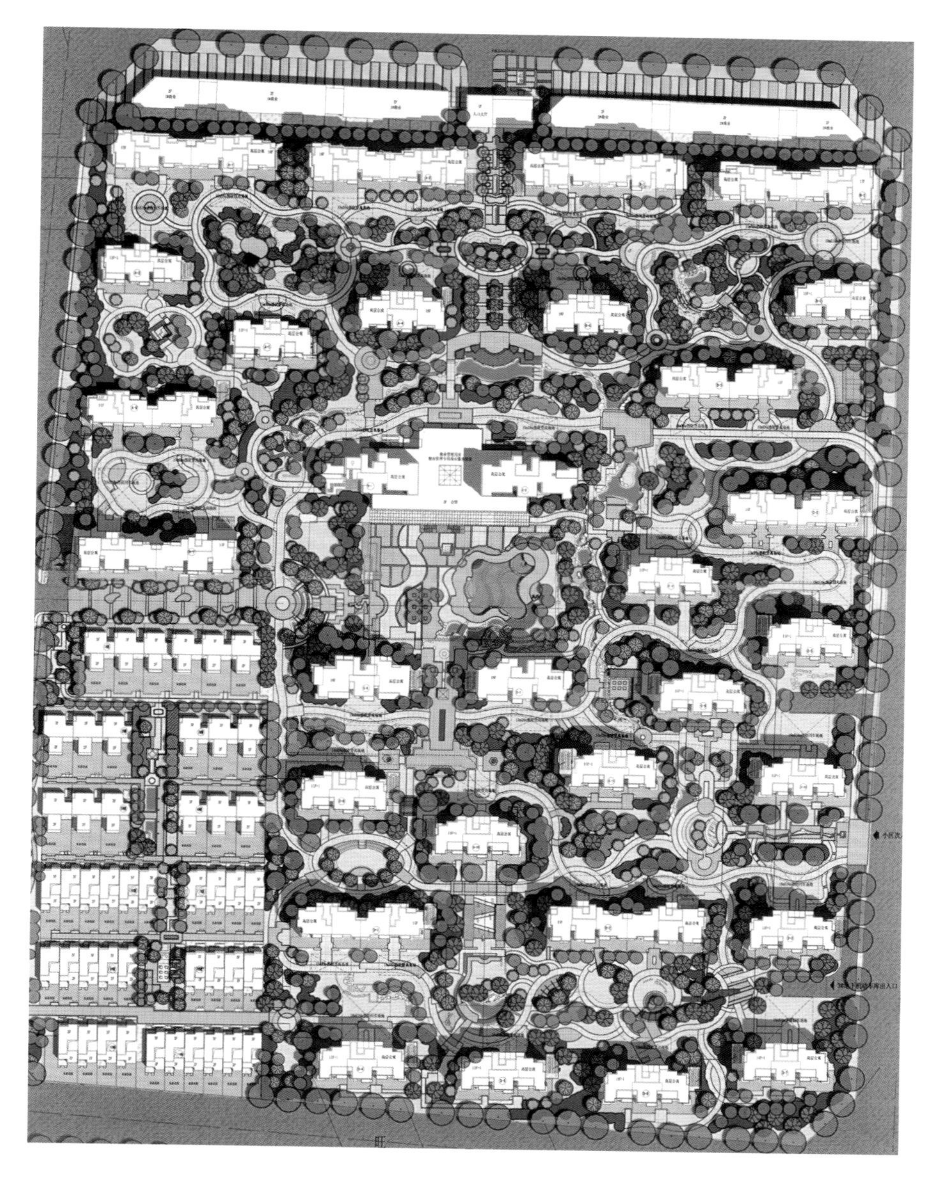

总平面图

主要经济技术指标

<table>
<tr><td colspan="4">规划用地面积</td><td>133588m^2</td></tr>
<tr><td colspan="4">总建筑面积</td><td>218324.62 m^2</td></tr>
<tr><td rowspan="12">其中</td><td colspan="3">高层建筑面积</td><td>195906.68m^2</td></tr>
<tr><td colspan="3">联体排屋建筑面积</td><td>13509.95m^2</td></tr>
<tr><td colspan="3">商业建筑面积</td><td>5809.12m^2</td></tr>
<tr><td colspan="3">会所建筑面积</td><td>29813.31m^2</td></tr>
<tr><td rowspan="8">其中</td><td colspan="2">待定商业建筑面积</td><td>267.36m^2</td></tr>
<tr><td colspan="2">配套公共服务设施</td><td>2645.95m^2</td></tr>
<tr><td rowspan="6">其中</td><td>医疗卫生站</td><td>54.64m^2</td></tr>
<tr><td>文体活动站</td><td>519.37m^2</td></tr>
<tr><td>物业管理专用商业服务用房</td><td>654.98m^2</td></tr>
<tr><td>社区居民委员会</td><td>314.45m^2</td></tr>
<tr><td>物业管理用房</td><td>873.30m^2</td></tr>
<tr><td>公共厕所</td><td>229.21m^2</td></tr>
</table>

<table>
<tr><td colspan="2">入口门厅</td><td>185.56m^2</td></tr>
<tr><td colspan="2">地下室建筑面积（不计容积率）</td><td>80000m^2（暂定）</td></tr>
<tr><td colspan="2">建筑占地</td><td>24495.14m^2</td></tr>
<tr><td colspan="2">容积率</td><td>1.63</td></tr>
<tr><td colspan="2">建筑密度</td><td>18.4%</td></tr>
<tr><td colspan="2">绿地率</td><td>30.3%</td></tr>
<tr><td colspan="2">户数（套）</td><td>1564</td></tr>
<tr><td rowspan="2">其中</td><td>高层情景公寓</td><td>1517</td></tr>
<tr><td>联体排屋</td><td>47</td></tr>
<tr><td colspan="2">地下机动车位（含车库）</td><td>1000</td></tr>
<tr><td colspan="2">非机动车位（辆）</td><td>3652</td></tr>
</table>

城市主干道
小区道路（兼消防车道）
小区游步道
城地下车库
小区入口
消防登高场地

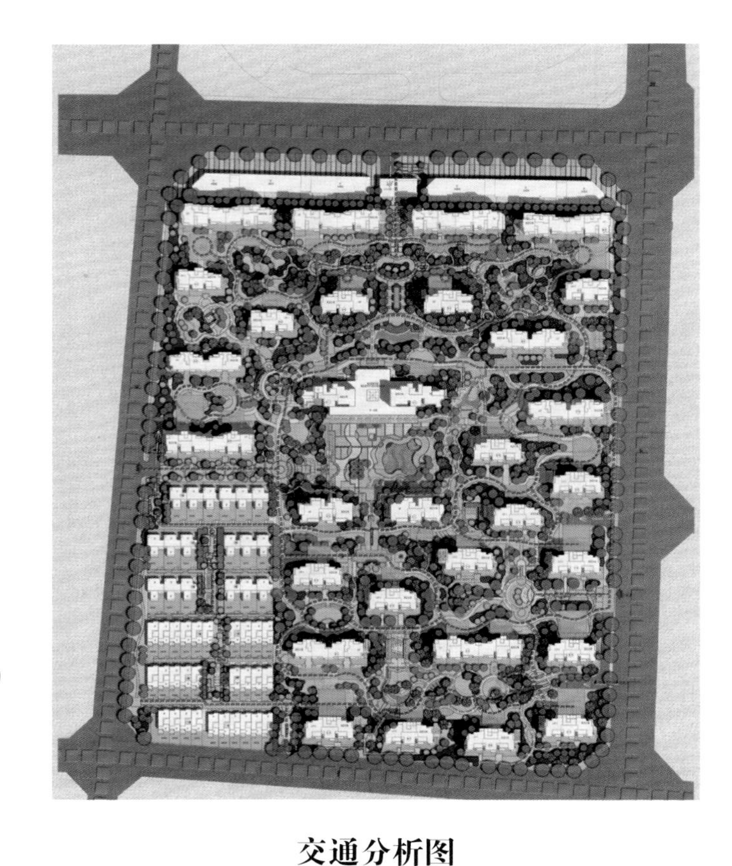

交通分析图

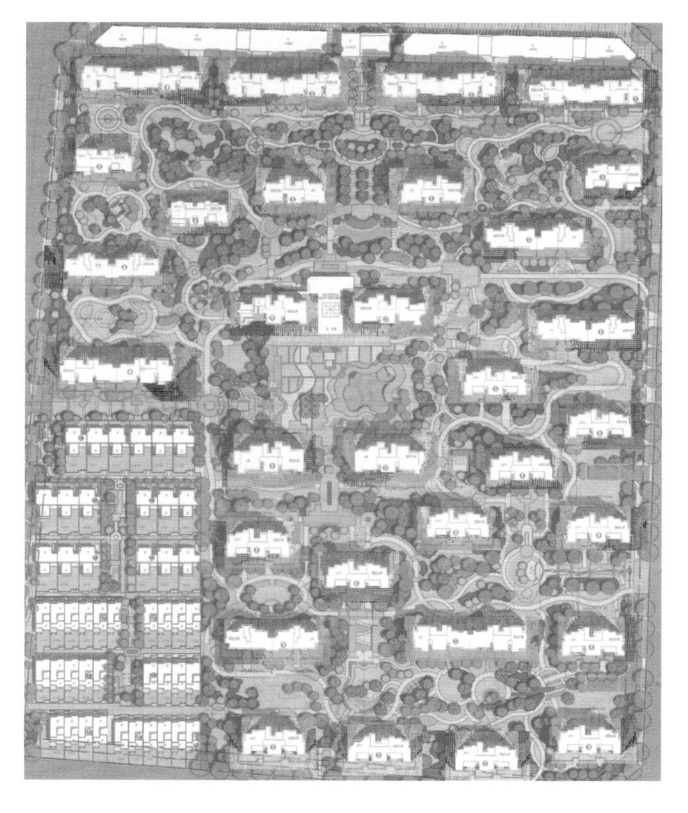

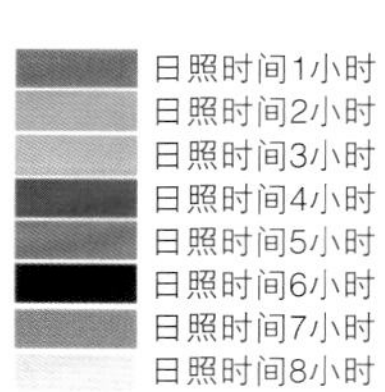

日照分析图

说明：

一、分析软件：众智日照分析软件8.2

二、分析设置：

1. 日照标准：总有效日照分析

2. 计算时间：大寒日8：00 ～ 16：00（真太阳时）

3. 计算精度：5分钟（取最大三段时间累计）

4. 采样间距：600mm

5. 计算高度：小高层受影面高度900mm，架空高层住宅5300mm，多层按照《江苏省城市规划管理技术规定》满足退让距离要求

6. 地点：江苏省徐州市，位于北纬34度17分，东经117度17分

7. 分析方式：多点分析

8. 分析范围：全部

三、结论：住宅满足国家标准《城市居住区规划设计规范》二类气候区，大城市大寒日满窗累计日照3小时要求（四居室以下一个空间满足要求，四居室以上有二个空间满足），对周围小区无日照影响。

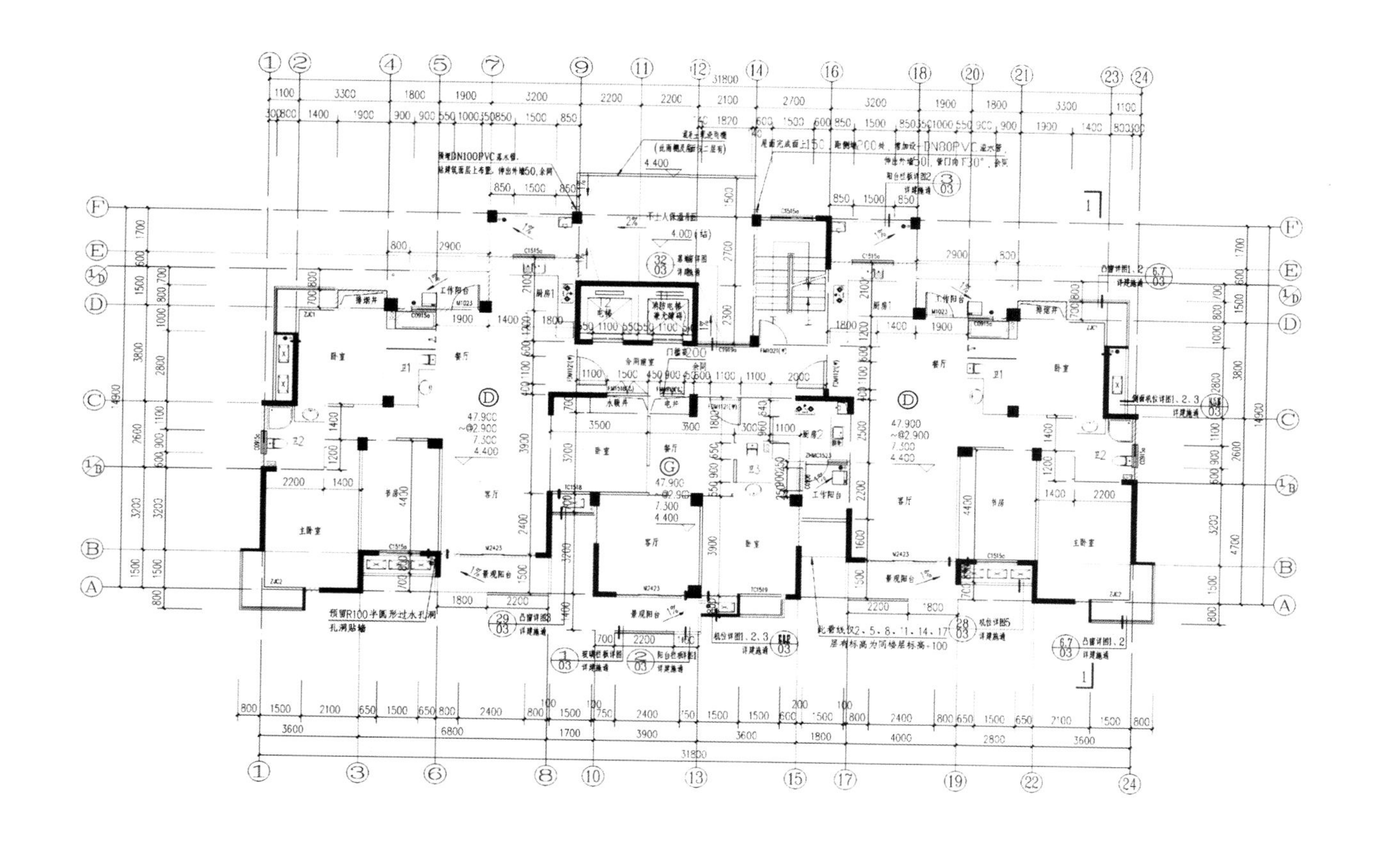

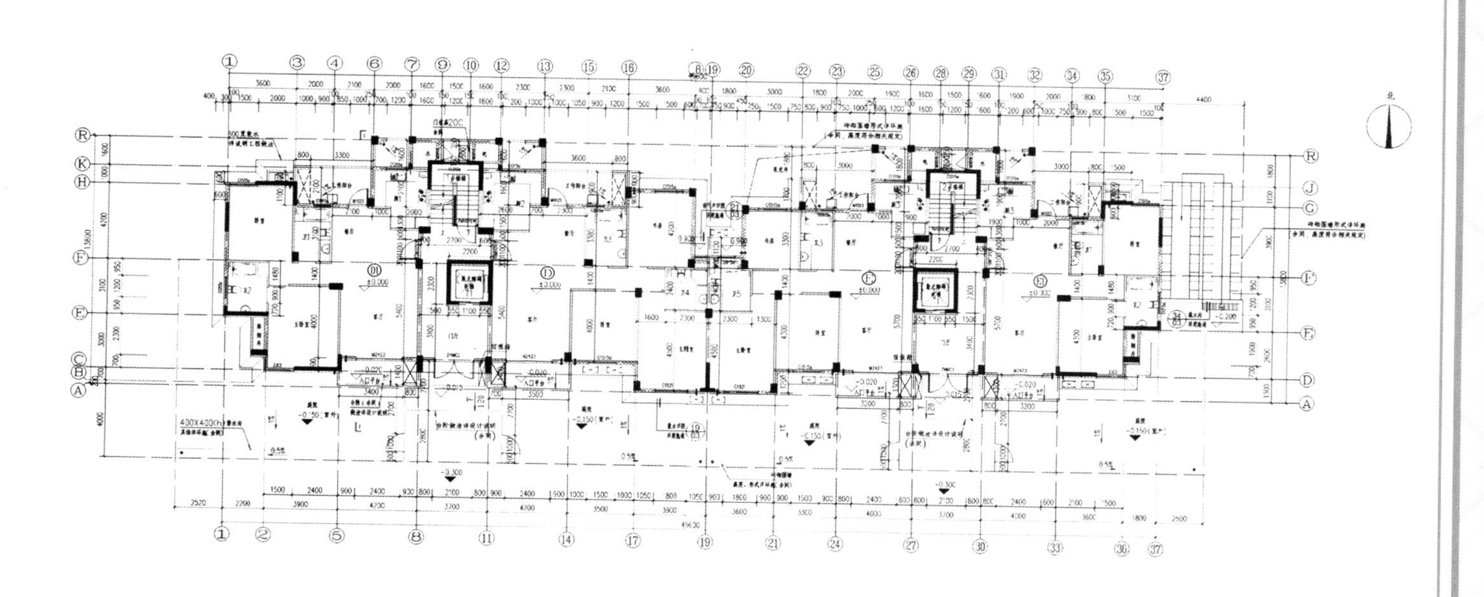

中高层单元平面图

广信新城居住区

规划设计单位： 中国建筑上海设计研究有限公司
哈尔滨市松北新城城市规划设计院有限公司

开发建设单位： 黑龙江亚为房地产开发有限公司

专家评审意见

总体评价

1. 社区规模有 58 公顷，规划了四个大组团及一个南北中心公共绿轴，建筑朝向及道路走向做了适当变动，并设计了较好的庭院组合，结构清晰，空间丰富。
2. 住区设有较大的中心公共绿地，庭院绿化为居民创造了一个较好的绿色环境。
3. 四个较大的组团均设置了相对独立的交通系统，都规划了一个环形主路，三个出入口与城市道路相连，居民出入交通方便。住区停车以地下停车为主、地上为辅，较好地解决了居民机动车的停车问题。
4. 住区服务设施配套齐全。

几点意见

1. 建议住区应重新复核一下日照分析，应满足大寒日2小时的规范要求。
2. 建议整个住区分为南北两个相对独立的小区，使两小区中间的城市道路能发挥道路功能。
3. 幼儿园户外活动场地不足，建议应适当调整。
4. 高层住宅的宅前路应兼消防车道，消防车道可到达建筑的周边长度应严格按国家规范执行。

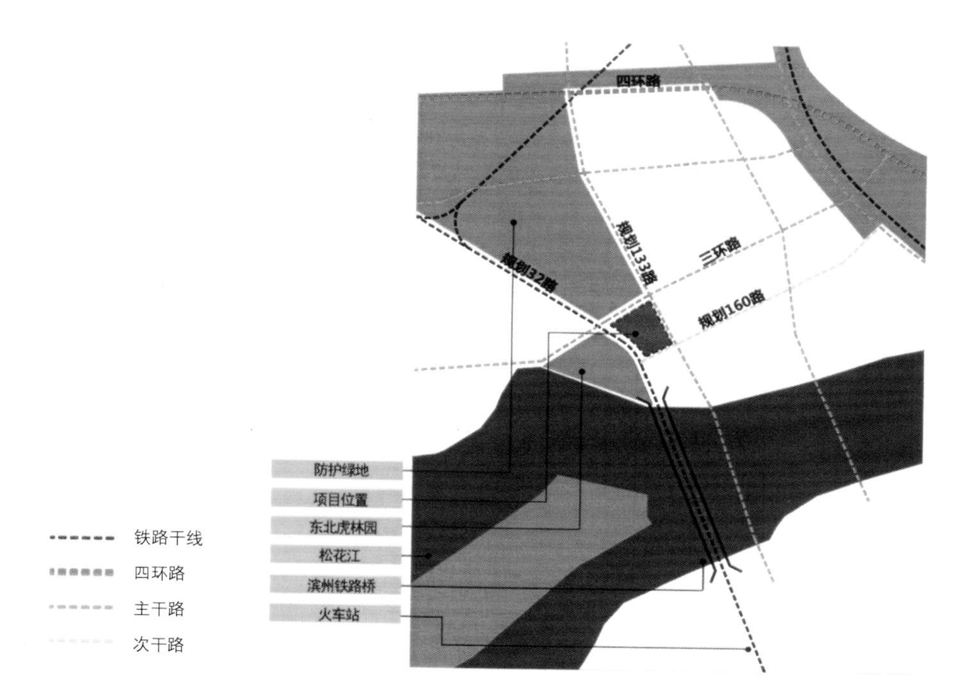
四环路
规划133路
三环路
规划32路
规划160路
防护绿地
项目位置
东北虎林园
松花江
滨州铁路桥
火车站
铁路干线
四环路
主干路
次干路

项目位置图

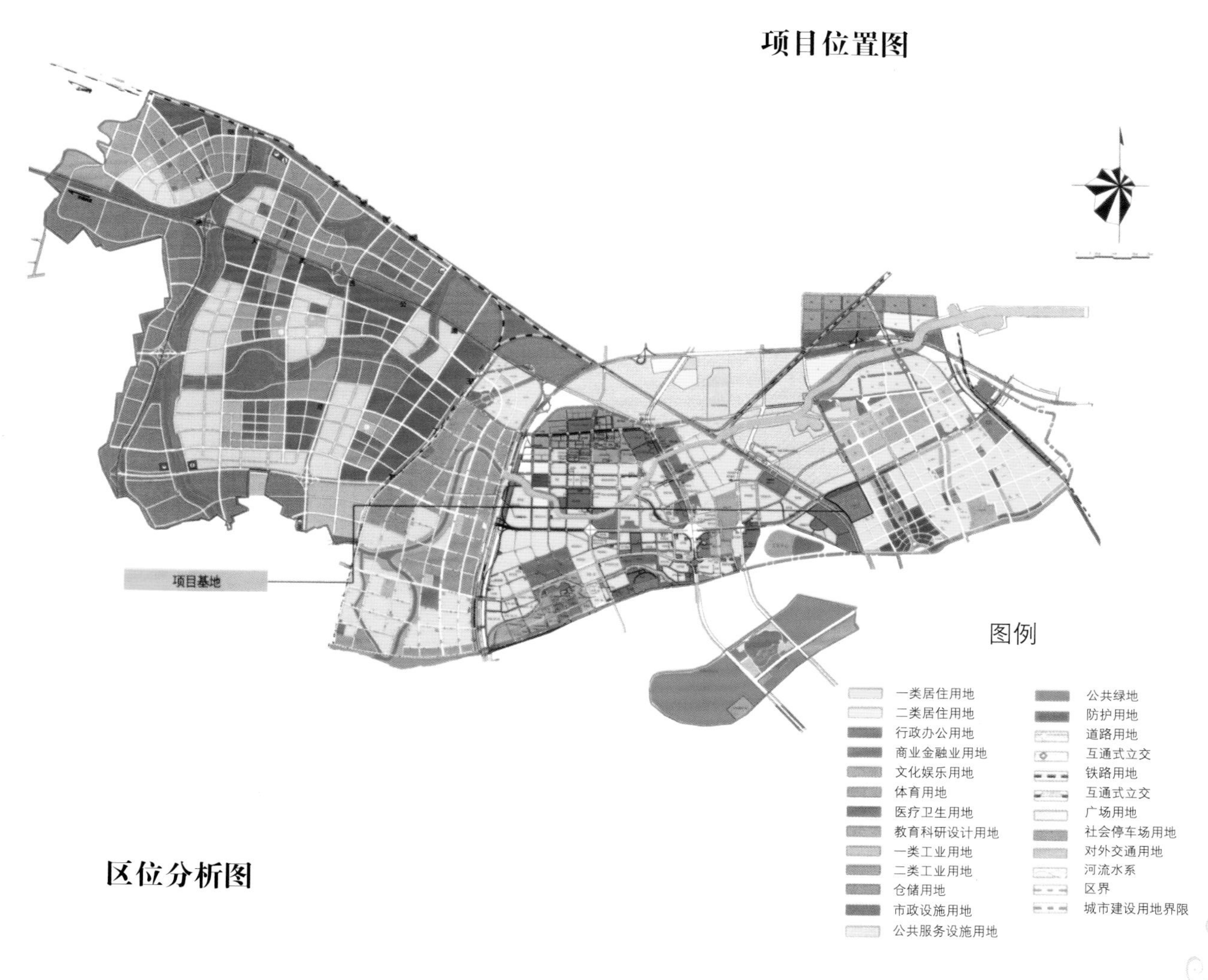
项目基地
图例
一类居住用地
二类居住用地
行政办公用地
商业金融业用地
文化娱乐用地
体育用地
医疗卫生用地
教育科研设计用地
一类工业用地
二类工业用地
仓储用地
市政设施用地
公共服务设施用地
公共绿地
防护用地
道路用地
互通式立交
铁路用地
互通式立交
广场用地
社会停车场用地
对外交通用地
河流水系
区界
城市建设用地界限

区位分析图

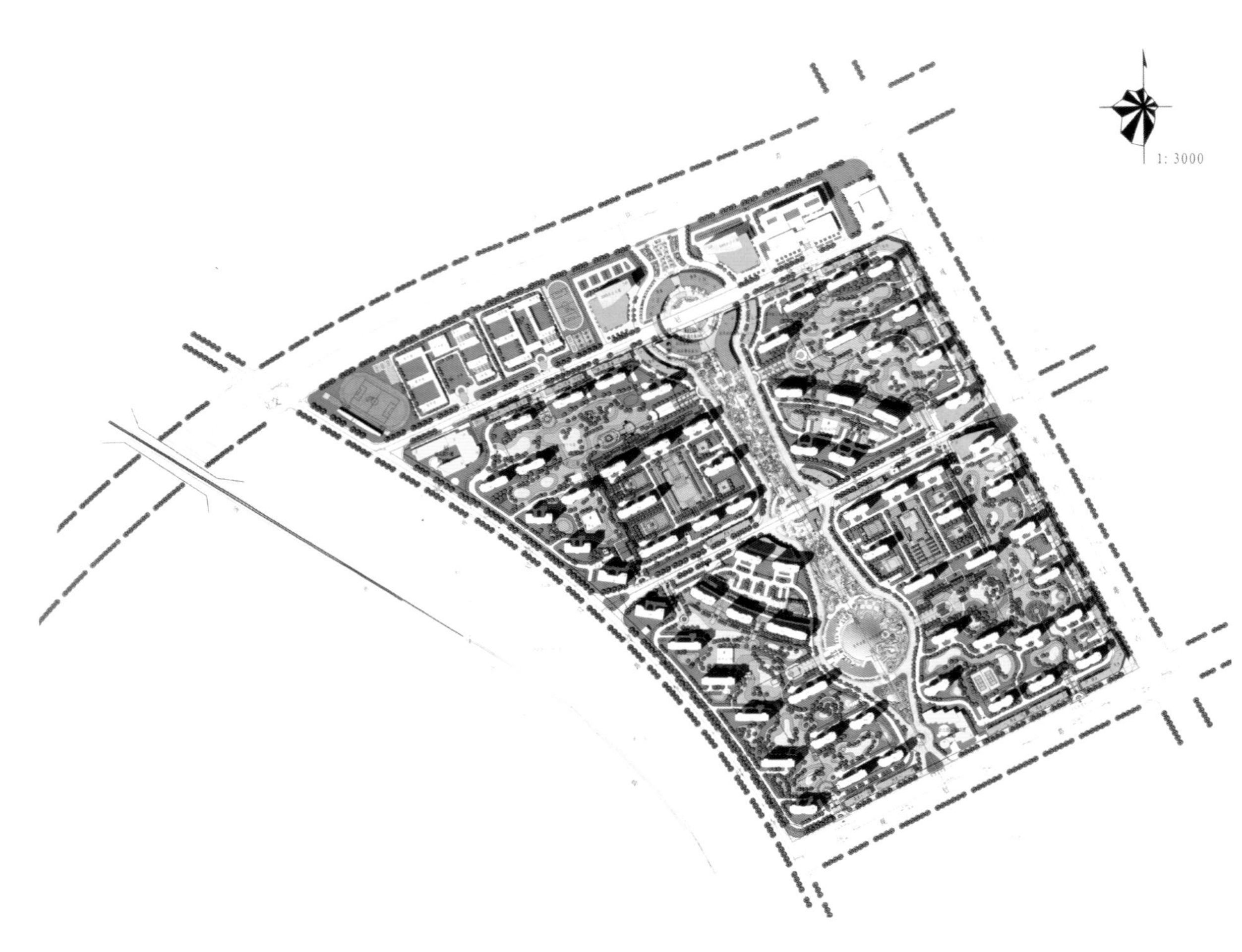

总平面图

主要经济技术指标

<table>
<tr><td colspan="4">名称</td><td>单位</td><td>数值</td></tr>
<tr><td colspan="4">总建筑用地面积</td><td>m^2</td><td>585301.6</td></tr>
<tr><td colspan="4">总建筑面积</td><td>m^2</td><td>1457927</td></tr>
<tr><td rowspan="7">其中</td><td colspan="3">计容积率总建筑面积</td><td>m^2</td><td>1251676</td></tr>
<tr><td colspan="3">高层住宅建筑面积</td><td>m^2</td><td>1162286</td></tr>
<tr><td rowspan="3">公建面积</td><td rowspan="3">其中</td><td>商业面积</td><td>m^2</td><td>72080</td></tr>
<tr><td>配套公建面积</td><td>m^2</td><td>5430</td></tr>
<tr><td>幼儿园面积</td><td>m^2</td><td>11880</td></tr>
<tr><td colspan="3">地下室建筑面积</td><td>m^2</td><td>206251</td></tr>
<tr><td colspan="3">其中含地下人防面积</td><td>m^2</td><td>44364.45</td></tr>
<tr><td colspan="4">建筑占地面积</td><td>m^2</td><td>85097</td></tr>
</table>

<table>
<tr><td colspan="2">名称</td><td>单位</td><td>数值</td></tr>
<tr><td colspan="2">容积率</td><td></td><td>2.14</td></tr>
<tr><td colspan="2">建筑密度</td><td>%</td><td>14.54</td></tr>
<tr><td colspan="2">绿化率</td><td>%</td><td>40.6</td></tr>
<tr><td colspan="2">规划总户数</td><td>户</td><td>16580</td></tr>
<tr><td colspan="2">规划总人数(按每户2.8人计算)</td><td>人</td><td>46424</td></tr>
<tr><td colspan="2">机动车停车（辆）
含商业停车409辆</td><td>辆</td><td>9201</td></tr>
<tr><td rowspan="2">其中</td><td>地面停车</td><td>辆</td><td>2630</td></tr>
<tr><td>地下停车</td><td>辆</td><td>6571</td></tr>
<tr><td colspan="4">其中地下机械车位：1848辆</td></tr>
</table>

用地平衡表

项目计量	单位	数值	所占比重（%）	人均面积（m^2/人）
居住区用地（R）	hm^2	8.53	100	12.6
住宅用地	hm^2	30.6	52.3	6.59
公建面积	hm^2	10.6	18.1	2.28
道路用地	hm^2	8.8	15.0	1.9
公共绿地	hm^2	8.53	14.6	1.83

交通分析图

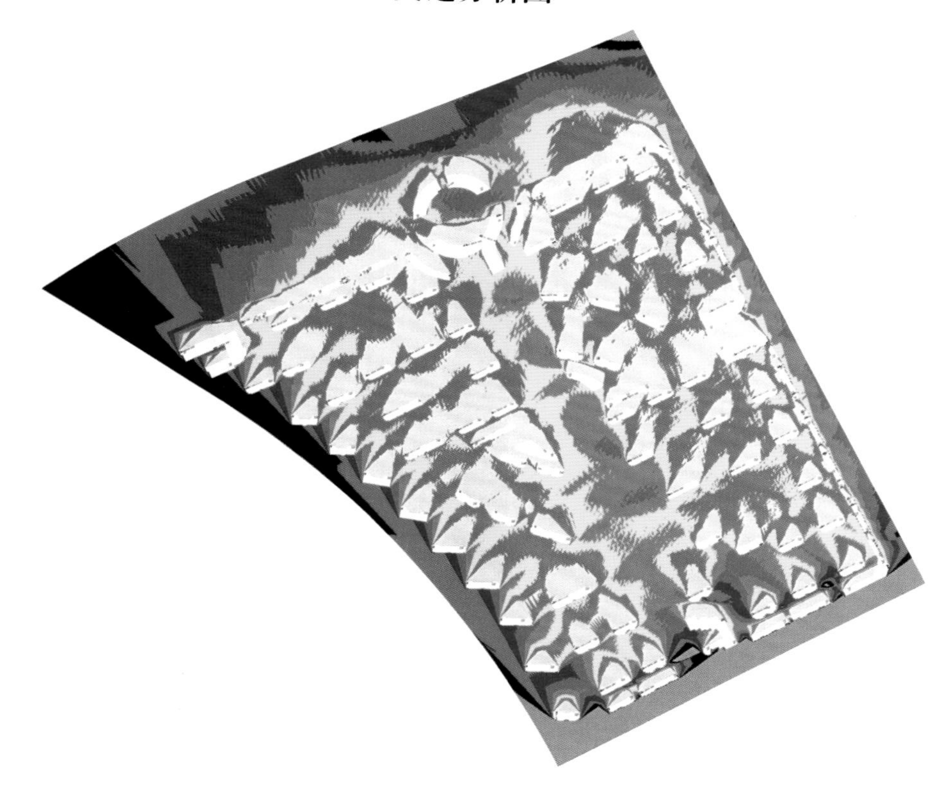

日照分析图

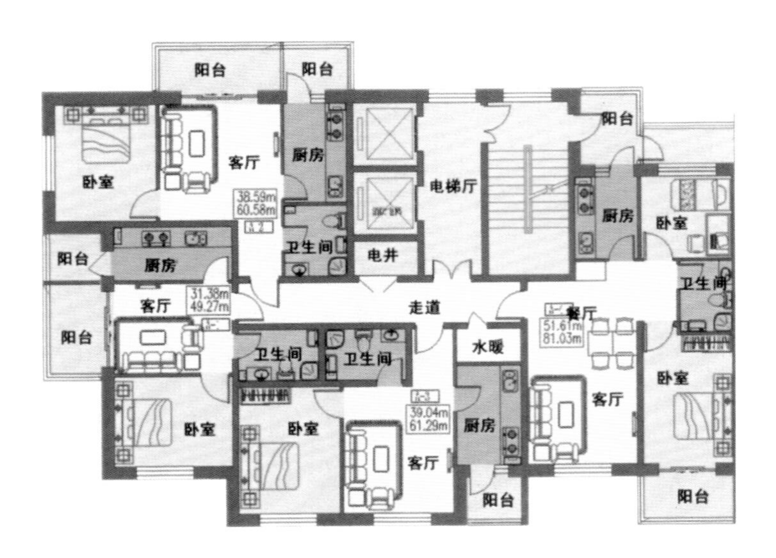

A单元标准层方案图

一楼南北向端单元	A单元		A-1	A-2	A-3	A-4
套型			一室一厅一卫	一室一厅一卫	一室一厅一卫	二室一厅一卫
套型回迁面积（m^2）	50；60；80	其	30	60	60	80
标准层建筑面积（m^2）	251.37		49.27	60.58	61.29	81.03
标准层使用面积（m^2）	160.62	中	31.38	38.59	39.01	51.61
套型阳台面积（m^2）	30.78／2＝15.39		4.18	4.73	1.27	5.21
标准层建筑面积系数	1.57					

B单元标准层方案图

一楼南北向端单元	B单元		B-1	B-2	B-3	B-4
套型			一室一厅一卫	一室一厅一卫	一室一厅一卫	二室一厅一卫
套型回迁面积（m^2）	60；90	其	60	70	70	70
标准层建筑面积（m^2）	296.02		60.17	69.43	69.43	69.94
标准层使用面积（m^2）	195.13	中	39.50	45.68	45.68	45.76
套型阳台面积（m^2）	26.94／2＝13.47		4.6	1.94	1.94	3.40
标准层建筑面积系数	1.529					

F单元标准层方案图

一楼南北向端单元	F单元	其中	F-1	F-2	F-3
套型			一室一厅一卫	一室一厅一卫	一室一厅一卫
套型回迁面积（m²）	60；80		60	80	150
标准层建筑面积（m²）	285.95		59.31	78.55	152.06
标准层使用面积（m²）	188.13		39.04	51.68	100.05
套型阳台面积（m²）	21.6／2＝10.8		4.73	1.35	4.72
标准层建筑面积系数	1.52				

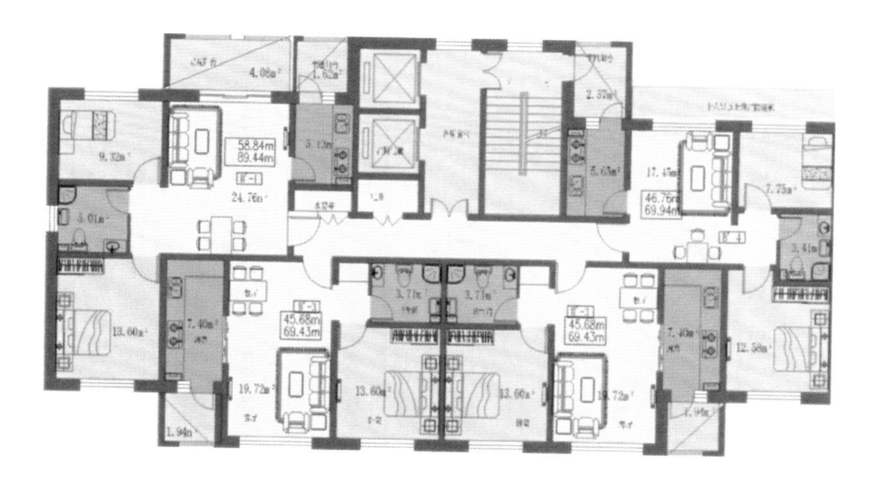

G单元标准层方案图

一楼南北向端单元	G单元	其中	G-1	G-2	G-3	G-4
套型			二室一厅一卫	一室一厅一卫	一室一厅一卫	二室一厅一卫
套型回迁面积（m²）	60；90		90	70	70	70
标准层建筑面积（m²）	296.02		89.96	70.10	69.43	69.94
标准层使用面积（m²）	195.13		58.81	15.85	15.68	45.76
套型阳台面积（m²）	26.94／2＝13.47		5.7	3.26	1.94	2.57
标准层建筑面积系数	1.529					

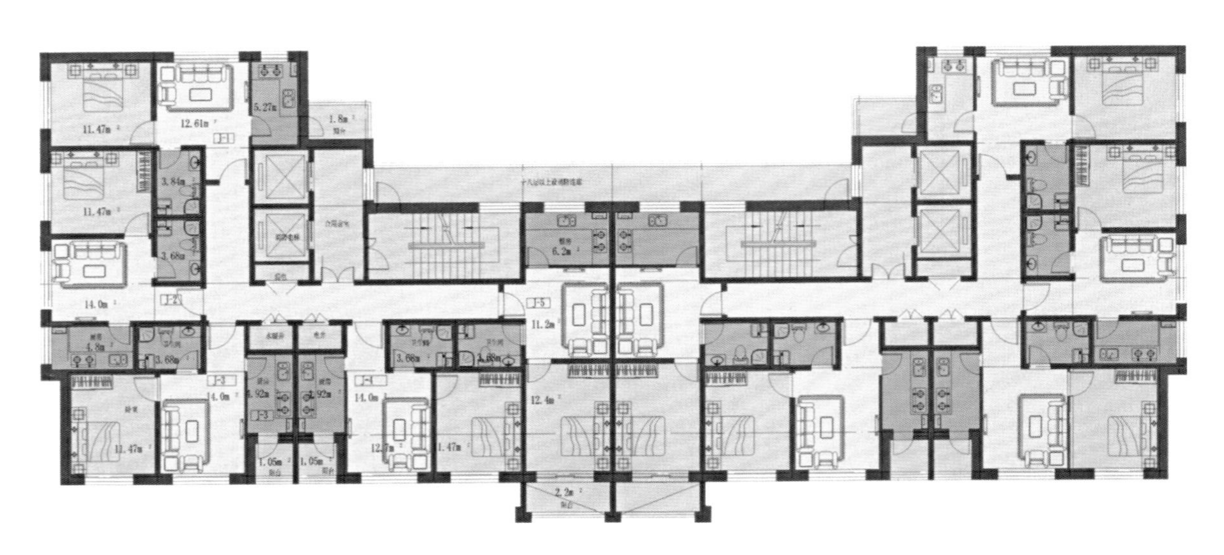

公租房标准层方案图

一楼南北向端单元	J单元		J-1	J-2	J-3	J-4	J-5
套型			一室一厅一卫	一室一厅一卫	一室一厅一卫	一室一厅一卫	一室一厅一卫
套型回迁面积（m^2）	58	其	58	58	58	58	58
标准层建筑面积（m^2）	276.8		54.20	56.73	55.62	55.62	54.65
标准层使用面积（m^2）	169.57	中	33.20	34.75	34.07	34.07	33.48
套型阳台面积（m^2）	12.2／2＝6.1		1.8		1.05	1.05	2.2
标准层建筑面积系数	1.67						

沿街立面图

连云港苍梧河滨花园

规划设计单位： 连云港市建筑设计研究院有限责任公司

开发建设单位： 连云港市苍梧房地产开发有限公司

专家评审意见

总体评价

1. 苍梧河滨花园位于连云港市东区行政中心南侧，是未来城市发展的中心区域。本地块东临百米景观大道，西侧为东盐河风景带，周边规划建设公共服务设施，配套比较齐全，地理位置优越，环境优美，交通便利，是一块适宜居住的地区，本项目选址得当。
2. 规划结构方面，苍梧河滨花园依据控制性规划要点确定的原则、要求和地域气候特点，以南北向为主导朝向，较充分地整合周边资源，规划布局结构清晰，功能分区明确，用地配置基本合理，本项目的开发建设将为融入中心城区、有效提升现代生活品质做出尝试。
3. 道路与交通方面，小区道路框架清楚，规划采用适度人车分流，以外环为主干，车行通达便捷，动静交通组织基本合理，主次入口选择适当，与城市交通有较好的衔接，规划合理，利用地下、半地下空间设置停车场地，方便居民就近使用。
4. 群体空间注重多样化的景观塑造与住宅的有机结合，形成庭院、交往、公共活动层次分明的空间规划结构体系，基本满足日照、采光、通风要求，群体空间变化有序。

5. 绿地与景观环境方面，规划有效利用城市景观资源，采用结合自然地形、地貌的手法，通过以中心开敞空间贯穿组团、庭院绿化使小区融于城市景观环境，小区结合水景以庭院、架空层、竹林、小桥等内容丰富的规划，为居民营造良好的邻里交往的户外活动空间，较好地体现了居住环境的宜居性、均好性。

几点意见

1. 建议深化景观环境设计，在景观设计和小品设置上要赋予地方文化内涵，强化绿化景观的功能性和实用性，适当增设户外健身、儿童游戏设施和场地。
2. 小区人工水景和广场硬铺装地面面积偏大，要适当减小。
3. 建议补充完善无障碍设施的通达性。
4. 建议合理确定生活垃圾、中水处理设施的位置。
5. 建议增加建筑屋顶绿化和垂直绿化。

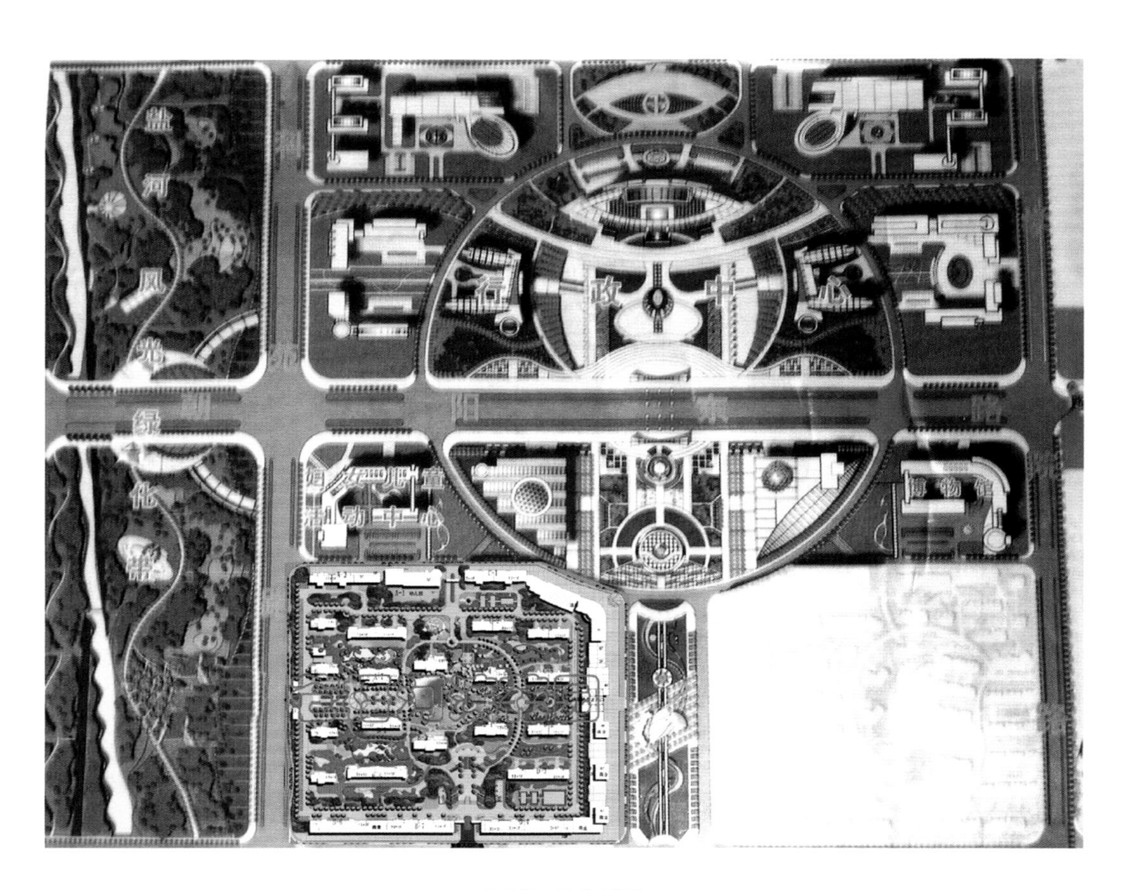

区位分析图

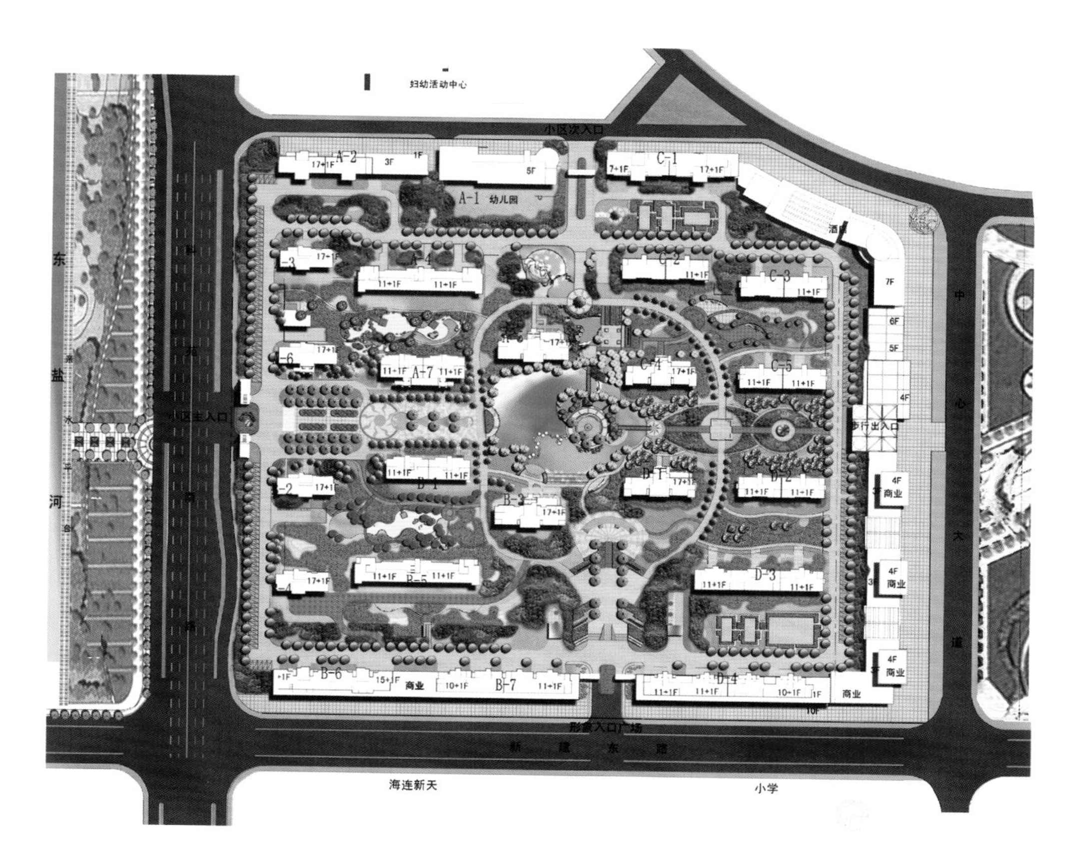

总平面图

中心透视图

西入口透视图

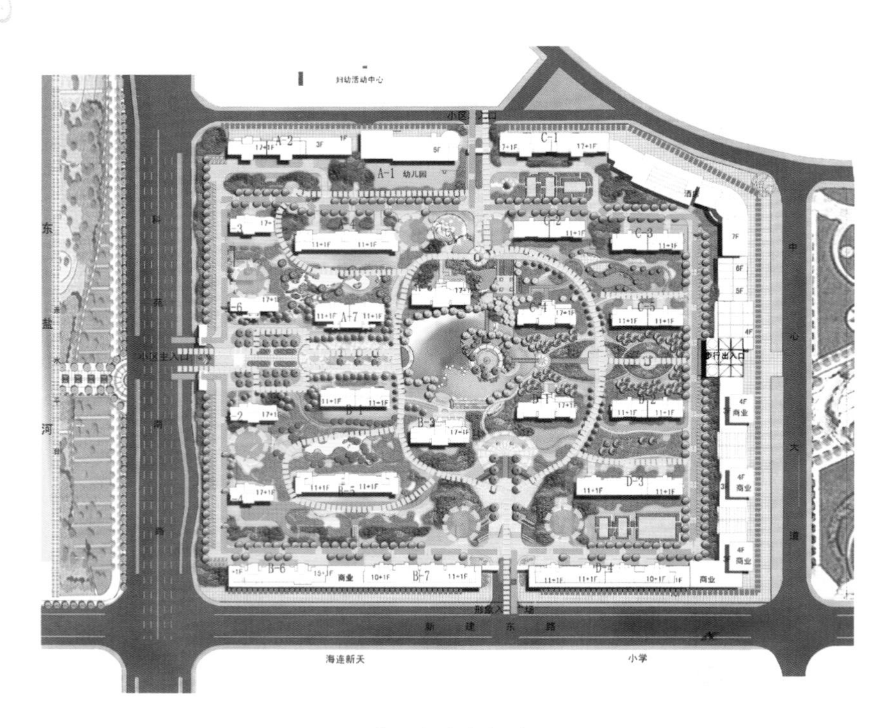

交通分析图

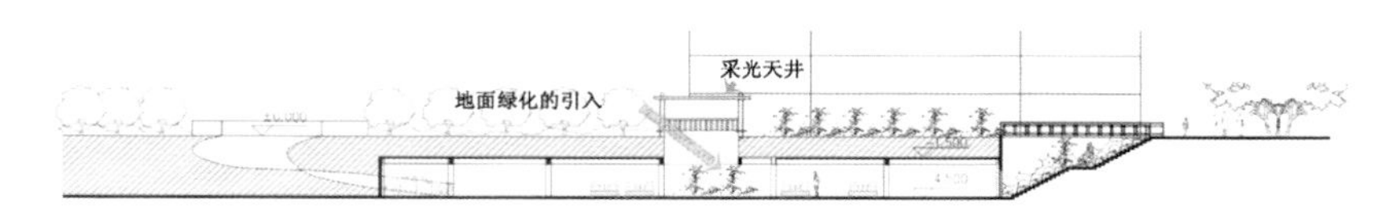

地下停车库剖面

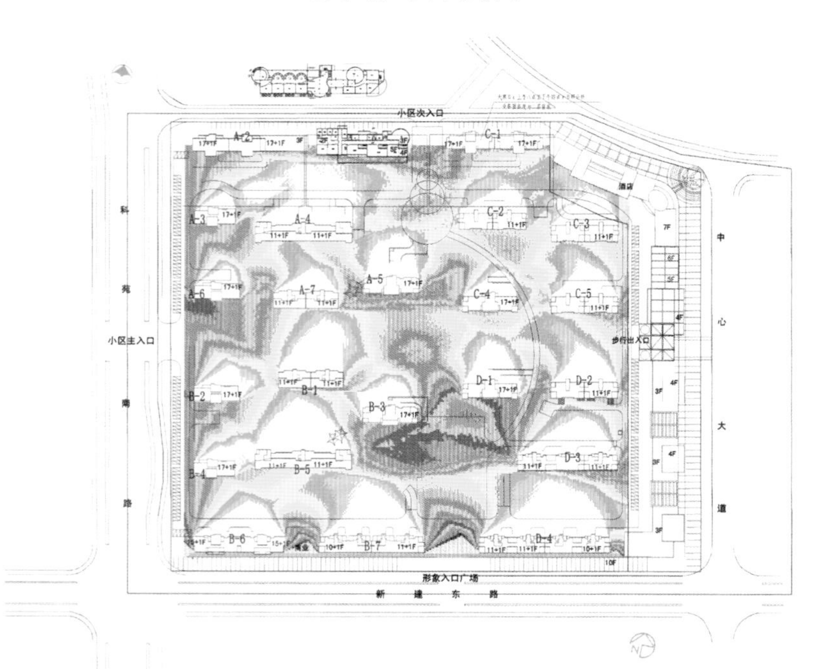

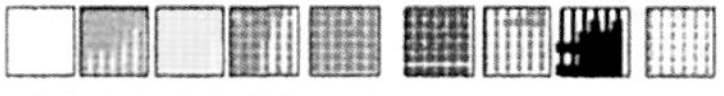

日照分析图

主要经济技术指标

总建筑用地面积				114374.0	m^2
住宅用地面积				96904.0	m^2
总建筑面积				236493	m^2
	计入容积率面积			180940	m^2
		住宅建筑面积		169052	m^2
	住宅	住宅总户数		1284	户
	住宅	其中	一室一厅户型	58	户
	住宅	其中	一室一厅户型	236	户
	住宅	其中	一室一厅户型	752	户
	住宅	其中	四室一厅以上户型	234	户
	公建	其中	会所建筑面积	2000	m^2
	公建	其中	商业建筑面积	5706	m^2
	公建	其中	幼儿园建筑面积（9班）	4182	m^2
	不计入容积面积			55553	m^2
	其中		阳台	15194	m^2
	其中		架空层＋屋顶机房建筑面积	2414	m^2
	其中		汽车库建筑面积	12449	m^2
	其中		自行车建筑面积	10320	m^2
	其中		人防建筑面积	15176	m^2
⊙建筑基底面积				17630.0	m^2
⊙建筑密度				18.2%	
⊙容积率				1.87	
⊙绿化率				39.5%	
⊙停车位				758	
			地上临时停车位	128	
			半地下车库停车位	327	
			人防地下车库停车位	303	

公建区经济技术指标

公建用地面积	17470.0 m^2
总建筑面积	33892.0 m^2
⊙建筑基底面积	5975.0 m^2
⊙建筑密度	34.2%
⊙容积率	1.94
⊙绿化率	24.6%
⊙停车位（每0.3／100m^2停车位）	758

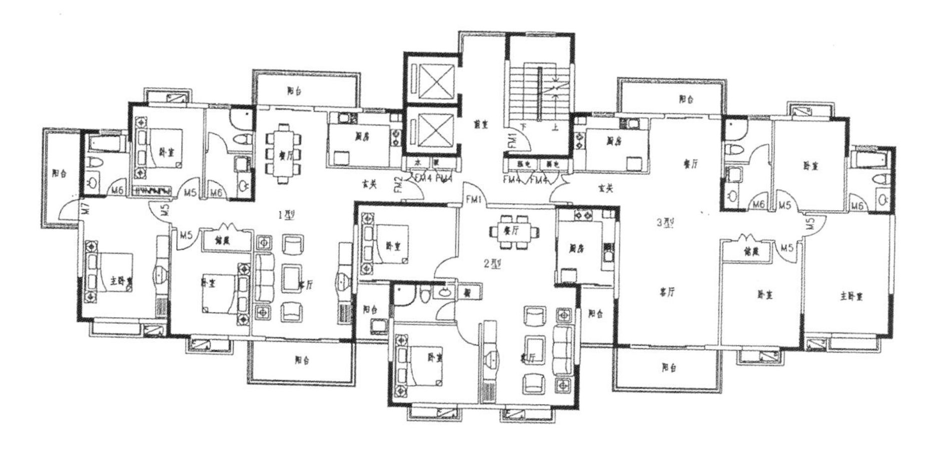

3-2-3 室组合单元平面图

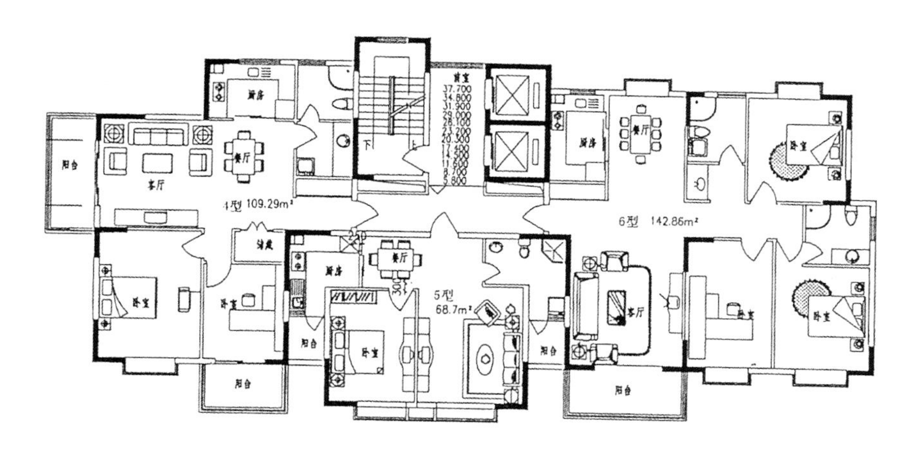

3-1-2 室组合单元平面图

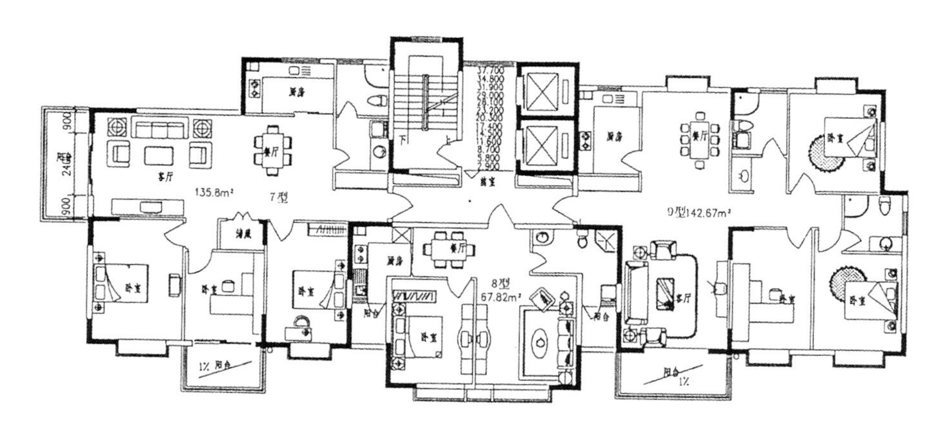

3-1-3 室组合单元平面图

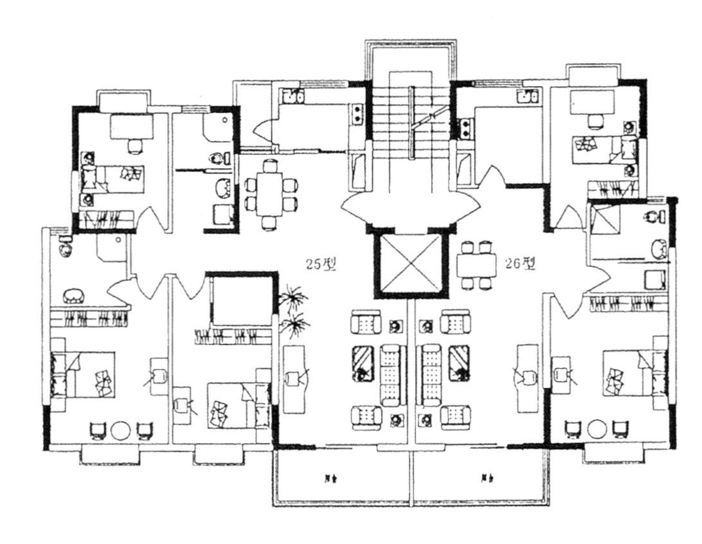

3-2 室组合单元平面图

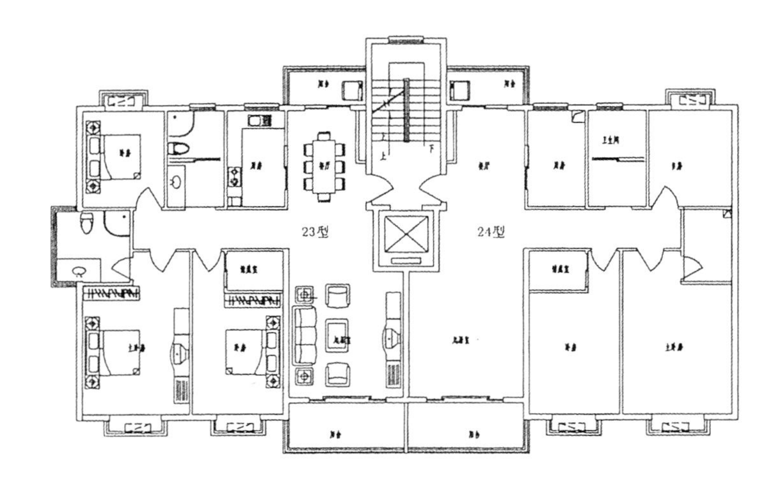

3-3 组合单元平面图

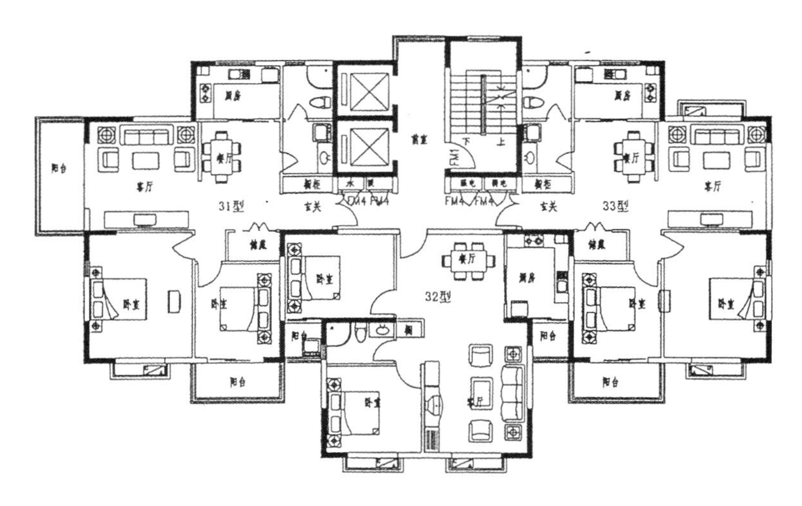

2-2-2 室组合单元平面图

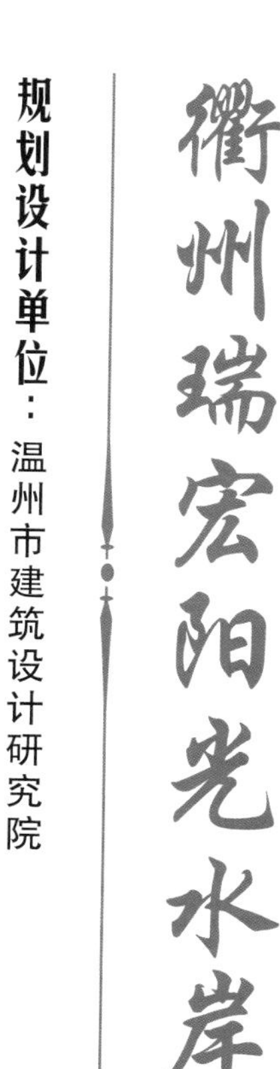

衢州瑞宏阳光水岸

规划设计单位： 温州市建筑设计研究院

开发建设单位： 衢州瑞宏置业有限公司

专家评审意见

总体评价

1. 小区规划布局采用组团院落的办法，并适当闭合，高低错落，布局结构清晰合理,空间丰富，朝向好，通风好，日照满足规定要求。
2. 小区道路采用了一个外环的主要交通系统，三个出入口与城市道路相连，分布均衡，居民出行方便。小区机动车停车以地下停车为主、地上为辅，平常宅前不进车，停车率高达100% 以上，很好地解决了机动车的停车问题及对居民居住安静、安全的干扰。
3. 小区规划了一个较大的中心公共绿地，并形成中心景观轴，加之宅前用地的充分绿化，绿地率达35%以上，为居民创造了一个很好的绿色居住环境。
4. 小区公共服务设施设置相对独立，位置适当，布置合理，居民使用方便。
5. 小区技术经济指标符合国家及地方相关规定。

几点意见

1. 小区公共绿地水面过大，且占据公共绿地最好的位置，很影响公共绿地的功能设置，同时小区地面硬铺装偏多，应适当减少。
2. 小区道路宜安排主路及宅前路两级即可，建议宅前路兼消防车道，消防车道可到达建筑长度建议按国家规范规定执行。
3. 小区公共服务设施未设置托幼，且公共服务设施面积偏小，建议最好增加托幼设施及适当增加公共服务设施面积。
4. 建议补充小区用地平衡表，并应符合国家规范要求。
5. 建议小区会所适当后退。

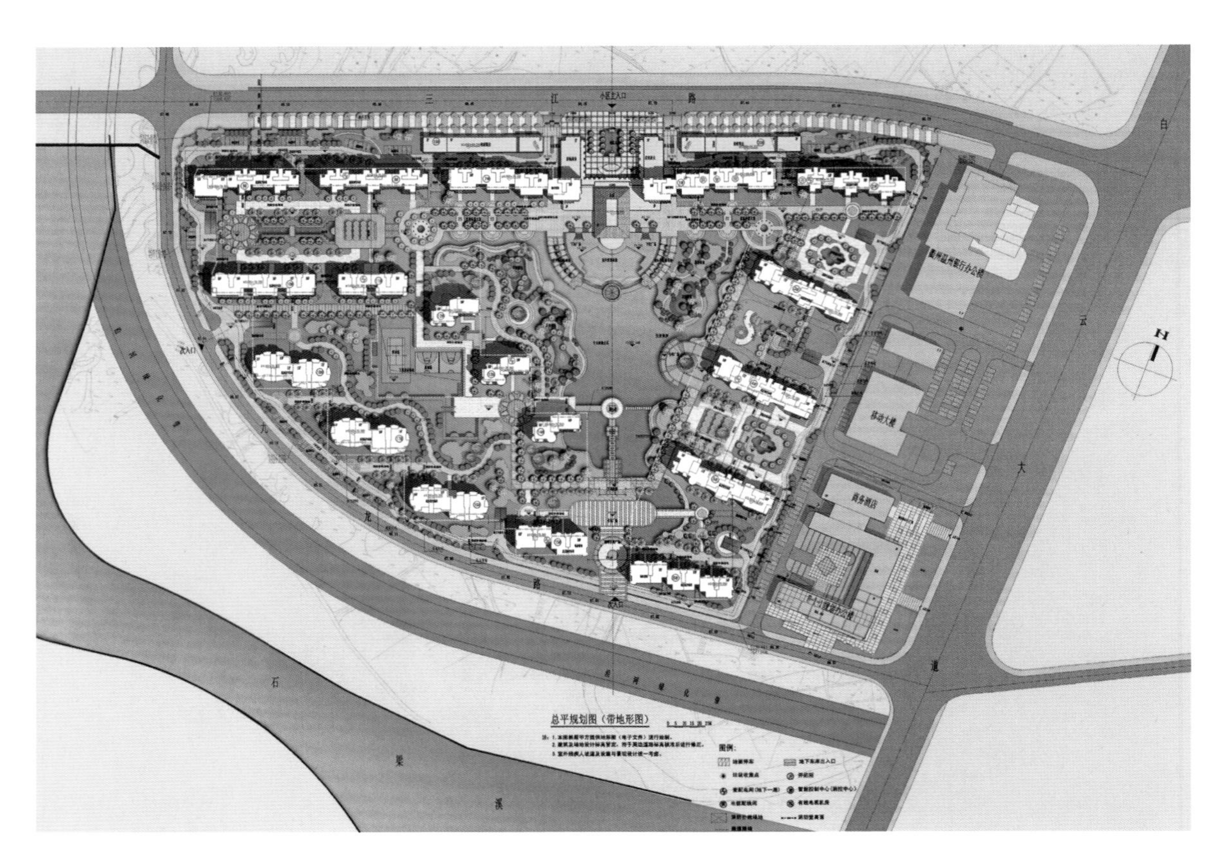

总平面图

主要经济技术指标

项目			数值	单位	备注
总用地面积			118559.2	m^2	
其	建筑占地面积		18453.2	m^2	
	其	住宅建筑占地面积	14503.2	m^2	
	中	商业及会所建筑占地面积	3950	m^2	
中	道路广场面积		58611	m^2	
	绿地面积		41495	m^2	
总建筑面积			295448.3	m^2	含地上及地下建筑面积
地上建筑面积（计入容积率部分）			213395	m^2	不含阳台、屋顶机房及公建配套用房建筑面积
其	住宅建筑面积		205835	m^2	不含阳台、屋顶机房
	其中 $90m^2$以下住宅总建筑面积		52850	m^2	共600户，面积占比25.7%
	商业建筑面积		3300	m^2	
中	会所建筑面积		2650	m^2	
	物业用房		1610	m^2	
地上建筑面积（不计入容积率部分）			16853.3	m^2	
其	住宅阳台建筑面积		2769.5	m^2	
	住宅双层阳台建筑面积		5051.8	m^2	
	住宅屋顶机房建筑面积		2650	m^2	
中	智能控制中心（消防中心）		150	m^2	
	电信配线间		16	m^2	

项目		数值	单位	备注
	有线电视机房	16	m^2	
	住宅底层架空建筑面积	6200	m^2	
地下建筑面积		65200	m^2	
	机动车库建筑面积	55800	m^2	
其	非机动车库建筑面积	6150	m^2	非机动车位3050个
	会所地下室建筑面积	1540	m^2	
	变配电间建筑面积	710	m^2	
中	运动场地休闲厅建筑面积	500	m^2	
	住宅地下室建筑面积	500	m^2	
人防建筑面积		17500	m^2	
绿地率		35	%	
居住户数		1491	户	
居住人数		4771	人	按户均3.2人计算
住宅建筑面积净密度		1.78		
容积率		1.80		
建筑密度		15.6	%	
停车数		1510	辆	
其	地面停车	79	辆	
中	地下停车	1431	辆	含无障碍车位34个

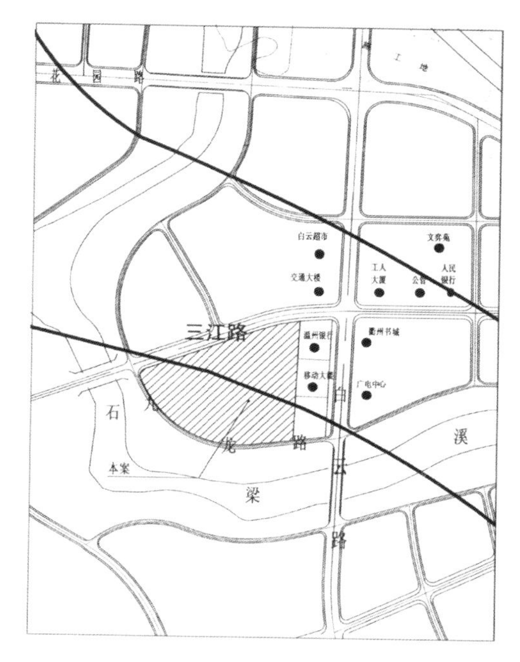

区位分析图

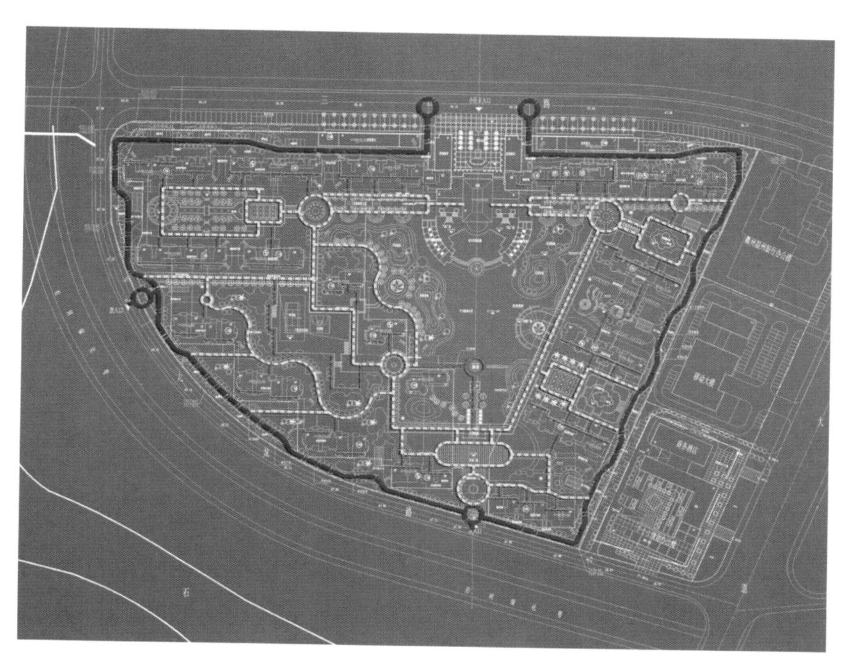

交通分析图

内庭透视图

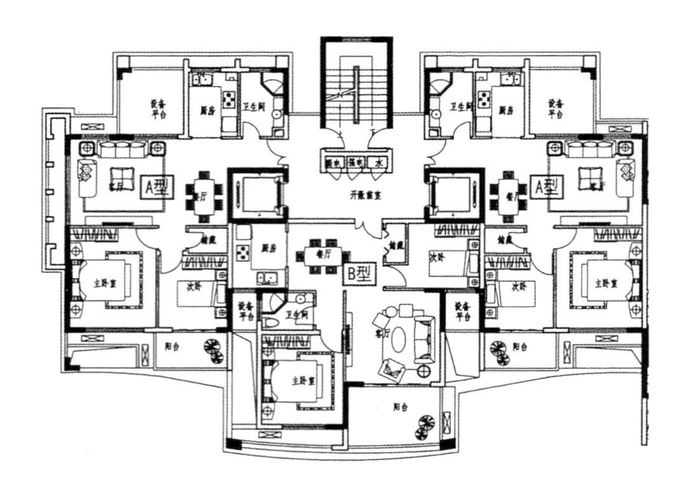

2-2-2 室户型单元平面图

户型	A型	B型
户型布局	二室二厅一卫	二室二厅一卫
建筑面积	86.32m²	87.5m²
套内面积	72.48m²	73.66m²
阳台面积	0m²	0m²
不计产权阳台面积	2.5m²	4.99m²

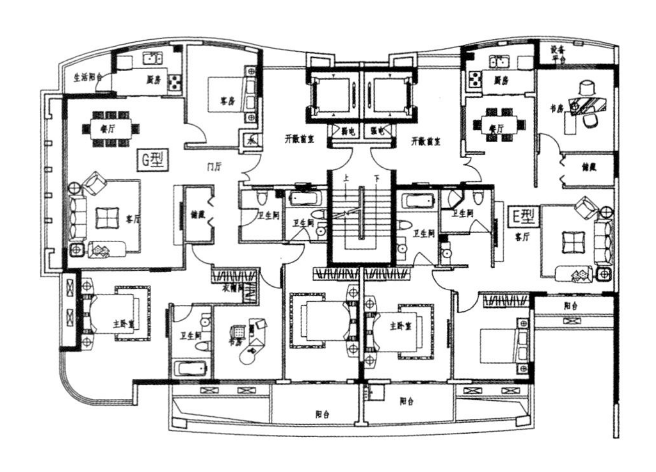

3-4 室户型单元平面图

户型	E型	G型
户型布局	三室二厅二卫	四室二厅三卫
建筑面积	140.61m²	181.73m²
套内面积	119.94m²	158.82m²
阳台面积	1.53m²	1.66m²
不计产权阳台面积	3.6m²	3.6m²

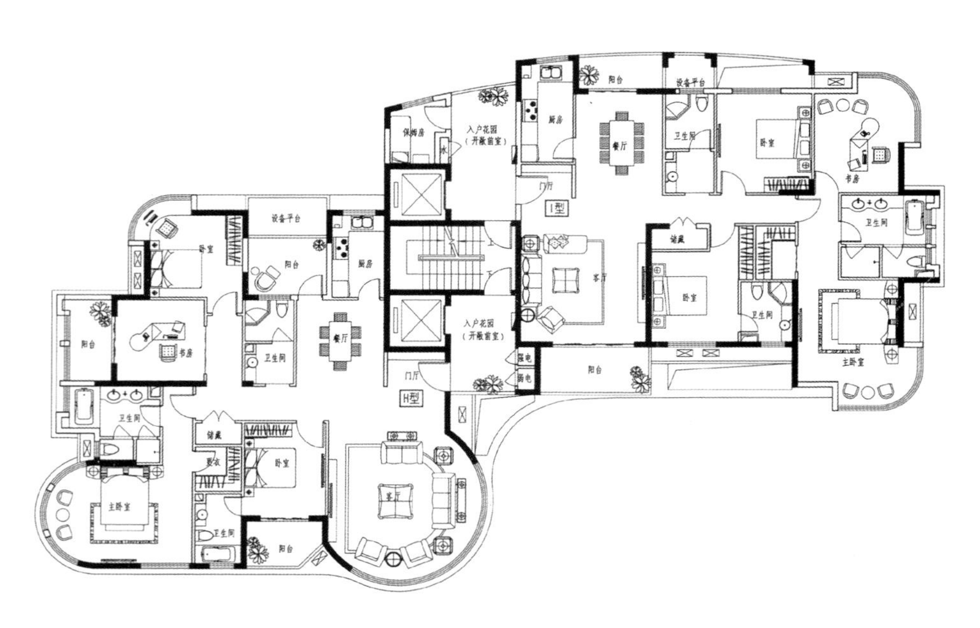

4-4 室户型单元平面图

户型	H型	I型
户型布局	四室二厅三卫	四室二厅三卫
建筑面积	184.42m²	191.76m²
套内面积	166.48m²	173.29m²
阳台面积	8.17m²	0m²
不计产权阳台面积	0m²	5.83m²

台州香樟湖畔

规划设计单位：浙江嘉华建筑设计研究院有限公司

开发建设单位：浙江立成房地产开发有限公司

专家评审意见

总体评价

1. 规划方案结构清晰、布局合理，建筑包括高层、中高层板式、点式搭配，空间富有变化，住宅朝向好，通风好。
2. 规划以半内环主路结合组团路、宅前路构成小区道路系统。住宅通达性较好。小区设2364个机动车位，且以地下停放为主，减少了机动车对居住安静、安全、环境的影响。
3. 规划以小区中心绿地、组团绿地和宅前绿化构成绿地系统，分布均衡，有较丰富的室外环境，有利小区景观塑造，方便居民享用。小区绿化率30%，符合相关规定。
4. 小区配套服务设施基本齐全，满足居民日常生活需要。

几点意见

1. 建议在东北组团西南侧增加小区级道路，使小区主路成环状，系统更加完整，交通更加顺畅。同时避免对东北组团的干扰；小区除西侧预留出入口外，建议小区南侧增设疏散通道，取消34号、35号、36号楼南侧支路。地下车库出入口相对设置，存在安全隐患，会相互干扰，建议调整。
2. 小区会所设在小区中心不利经营，建议将其中经营性内容转移到小区出入口附近的底商安排。

3. 宅前路兼做消防车道，建议严格按相关防火规范关于到达长度、距建筑物距离、登高面等要求进行设计。
4. 小区水景引入山体自然溪流，但应注意防洪，建议缩小水面景观。建议地下车库覆土局部适当增加，以利树木种植。
5. 相关技术经济指标应按《城市居住区规划设计规范》要求计算和表达。

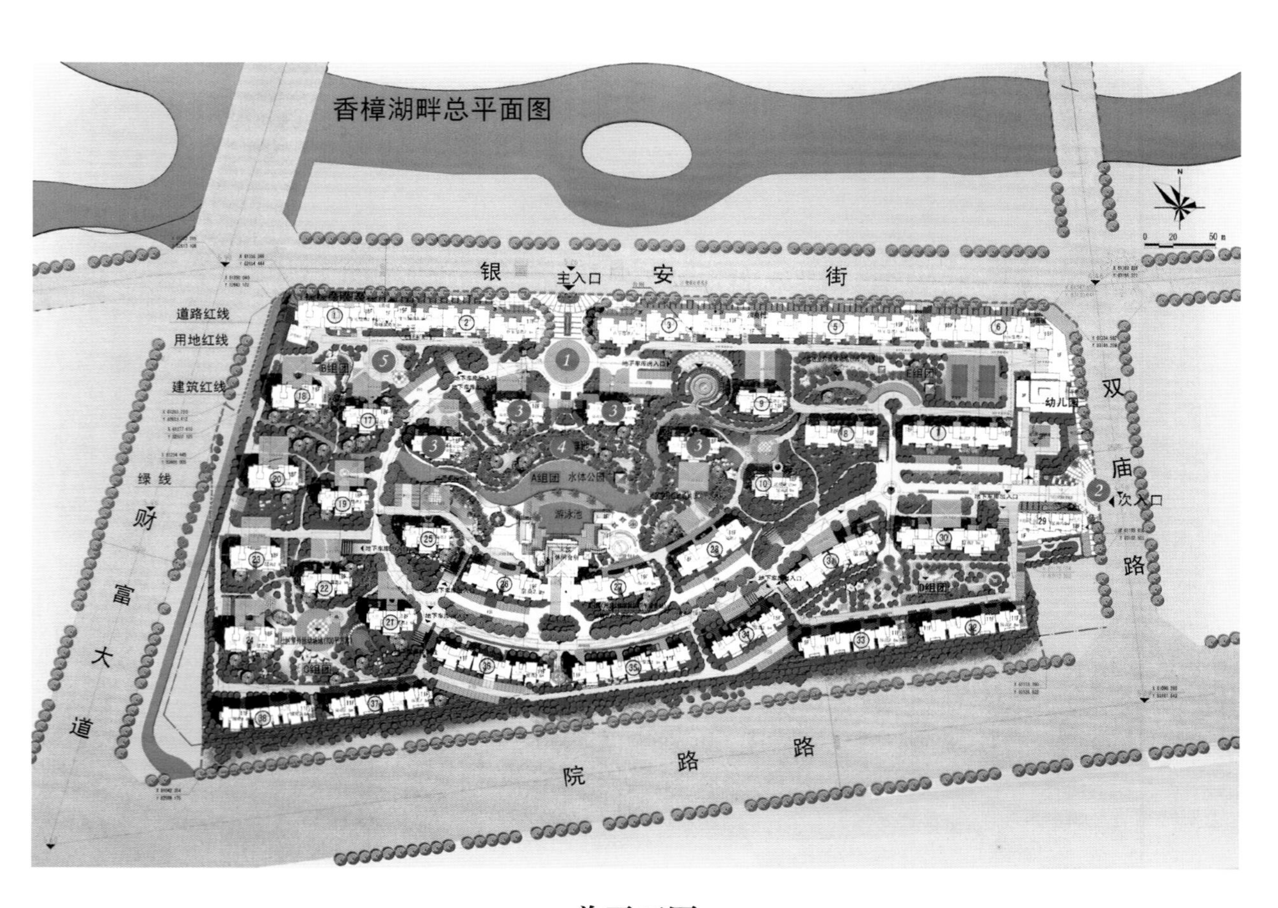

总平面图

区位分析图

区位简介：

本项目东至双庙路，北至银安街，南至院路路，西至财富大道。该项目在设计时应充分考虑景观的塑造，同时也要考虑与周边环境的协调。

色彩设计要点：

本项目位于Ⅲ级控制区中，必须要严格按照Ⅲ级控制区中沿水建筑色谱和比例进行设计。

沿水的建筑色谱采用高明度、低彩度的色谱。建筑的组合和形体跟水体相结合，建筑采用大面积透明玻璃和屋顶绿化，表现建筑通透、自然的风格，推荐建筑材质采用涂料、瓷砖、石材、透明玻璃等。

银安街
主入口
双庙路
次入口
财富大道
院路路
道路红线
用地红线
建筑红线
绿线
A组团 水体公园
游泳池
幼儿园
交通分析图例：
小区主干道
小区次干道
小区人行步道
地下出库出入口

交通分析图

住宅建筑透视图

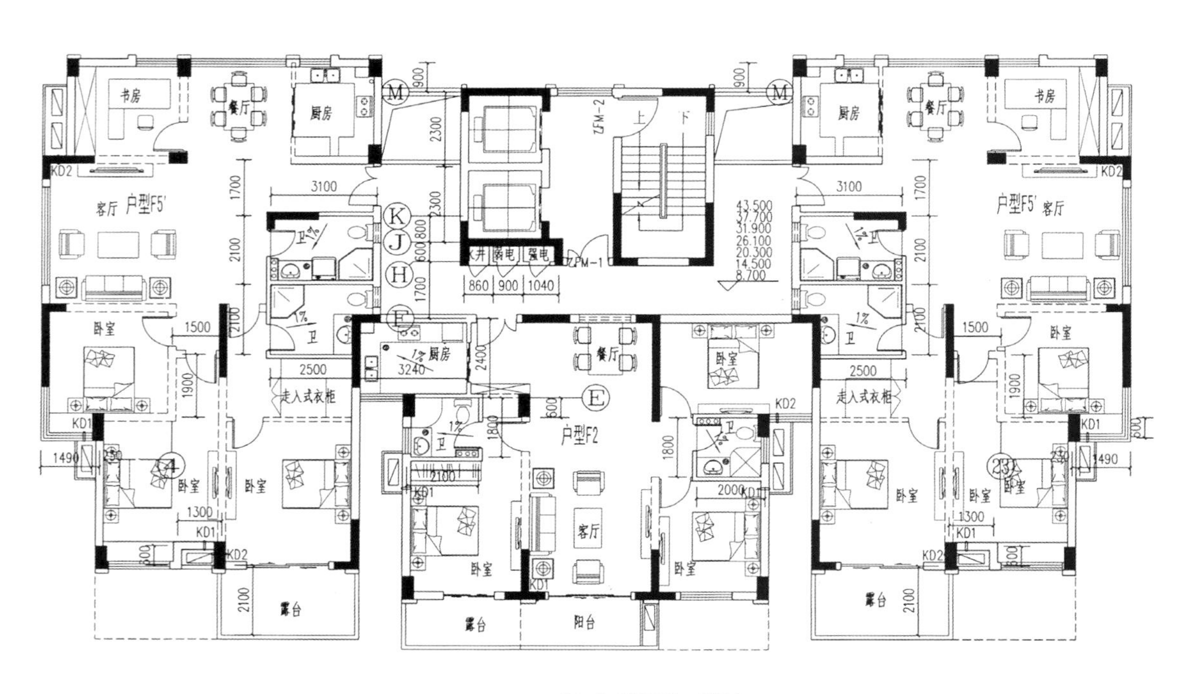

4-3-4 室户型平面图

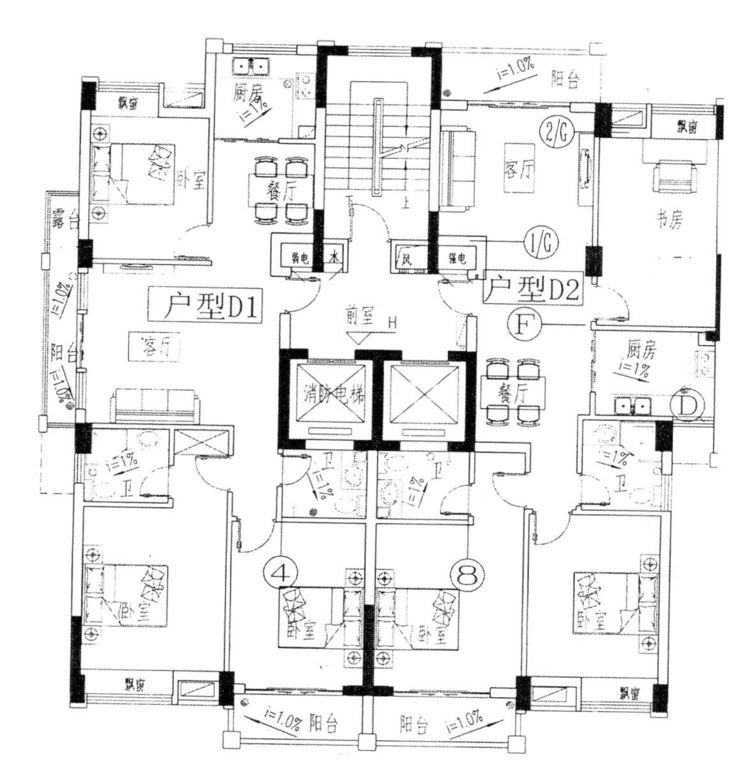

3-3 室户型平面图

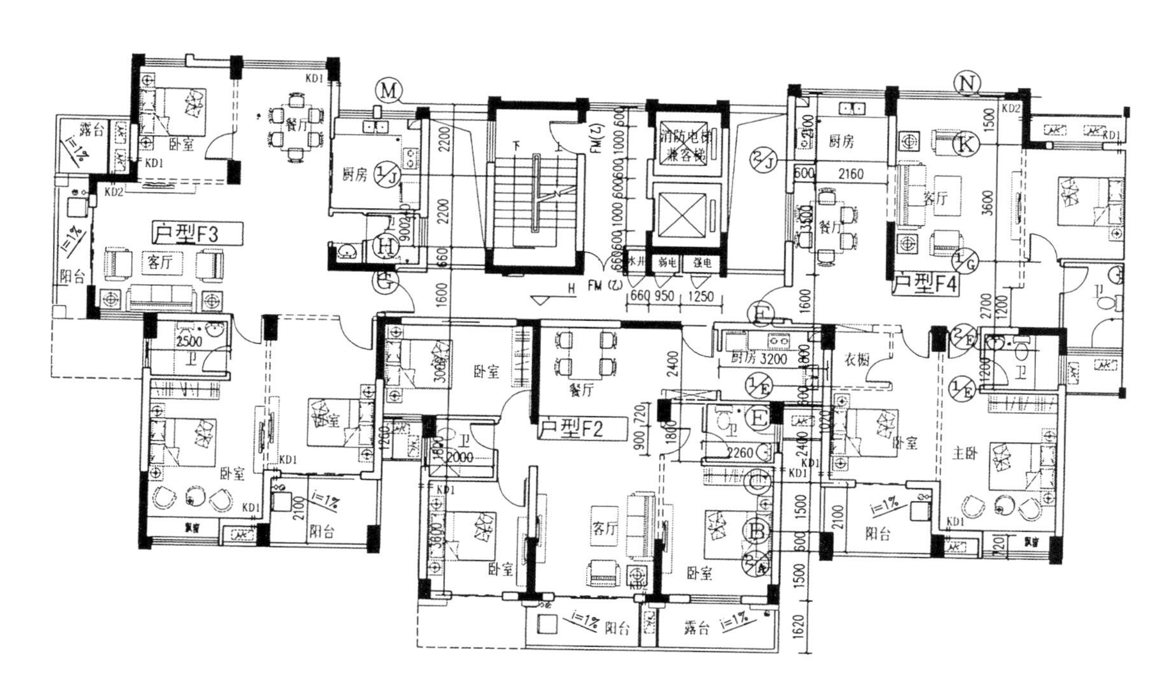

3-3-3 室户型平面图

规划设计单位：天津市房屋鉴定勘测设计院
加拿大CUN（加尚）国际建筑设计顾问

开发建设单位：天津住宅建设发展集团有限公司

专家评审意见

总体评价

1. 小区规划布局采用组团式，基本南北的建筑布局形式，结构清晰，朝向好，通风好。
2. 小区道路交通规划了一个环形的交通系统，三个出入口与城市道路相连接，分布均衡，线形流畅，交通方便。机动车停车以地下为主，地上为辅，并设置了集中的地上停车楼，停车率达100%以上，较好地解决了机动车的停车问题及机动车对居民居住安全、安静的干扰问题。
3. 小区设集中的中心公共绿地、组团级公共绿地及宅前绿化，绿地率达40%，为居民创造了一个较好的绿色环境空间。
4. 小区有会所、幼儿园、综合商业服务、停车楼等公共服务设施，项目齐全，设施相对独立，分布均衡，居民享用方便，又不影响居住的安静环境。

几点意见

1. 有不少建筑未能满足小区高层建筑消防车道可到达建筑的周边长度等要求，建议应严格按照《高层民用建筑设计防火规范》的规定进行修改与完善，宅前路应兼消防通道。
2. 建议10号楼在不影响日照的情况下，可适当向西平移，以便更加完善和扩大中心公共绿地空间。
3. 建议3号楼前的小区主路在1~3号楼南为佳，以避免主路穿越组团级公共绿地。
4. 地上停车楼的出入口及此处地下车库的进出口应进一步完善，解决与小区主路的连接问题，地下车库的南向出入口有狭窄之弊，建议应适当调整。

梅江公园
本案
卫津河
友谊南路

香水园
玉水园
芳水园
翠水园
蓝水园
龙水园
欣水园
凤水园
涟水园
溪水园
乐水园
福水园
泉水园
梅江
15 号地
智水园
顺水园
畅水园
100M

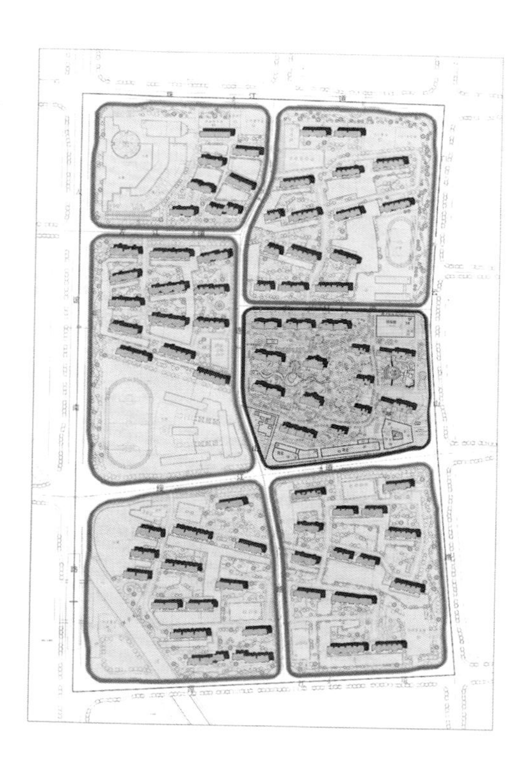

区位分析图

总平面图

主要经济技术指标

名称		单位	数量	备注
规划用地面积		m^2	80756.3	
规划总建筑面积		m^2	128703	
其中	住宅建筑面积	m^2	104300	
	经营性配套公建面积	m^2	8012	
	非经营性配套公建面积	m^2	5188	
	停车楼面积	m^2	11003	
	户数	户	850	
	人口	人	2380	28人／户
	容积率		1.59	
	平均层数	层	14.05	
	建筑密度	%	20.72	
	绿地率	%	40	
	绿地面积	m^2	31242.52	
机动车停车泊位		泊位	1065	
其中	地上机动车停车泊位	泊位	15	
	地下机动车停车泊位	泊位	750	
	停车楼机动车停车泊位	泊位	300	
非机动车停车泊位		泊位	1515	
其中	地上非机动车停车泊位	泊位	615	
	地下非机动车停车泊位	泊位	900	
地下车库及人防面积		m^2	38500	
建筑套型面积小于90m^2户型面积		m^2	55100	52.83%
建筑套型面积大于90m^2户型面积		m^2	49200	47.17%

配套公建一览表

编号	项目	数量	建筑面积（m^2）	占地面积（m^2）
1	文化活动室	1	200	
2	社区服务点	1	90	
3	老年人活动站	1	1600	
4	物业管理用房	1	500	
5	居委会	1	150	
6	社区警务室	1	15	
7	便利店	1	120	
8	公厕	1	50	
9	电信设备间	1	25	地下
10	有线电视设备间	1	15	地下
11	变电站（黑号）	3	138×3	
12	换热站	1	200	地下
13	煤气调压站	1	42	
14	早点铺	1	107	
15	居民健身场地	1		180
16	变电站（红号）	1	150	地下
17	垃圾分类点	8		
18	幼儿园	1	2100	
19	综合业务	1	8012	
	合计		13400	地上

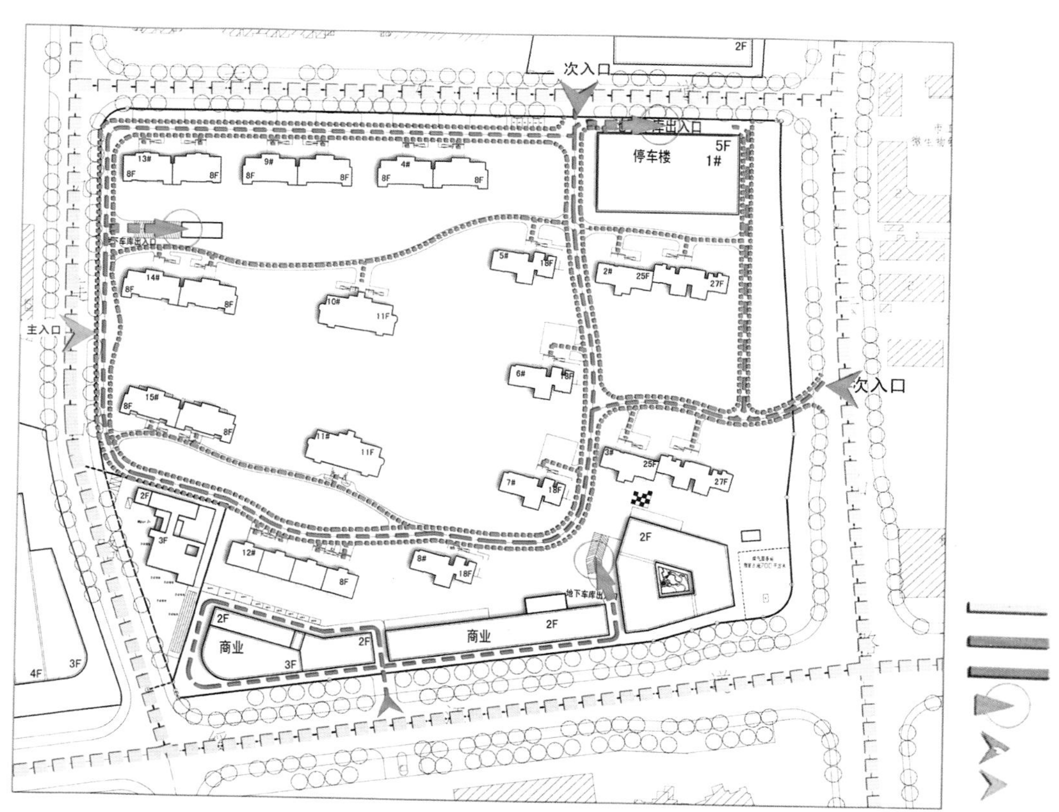

交通分析图

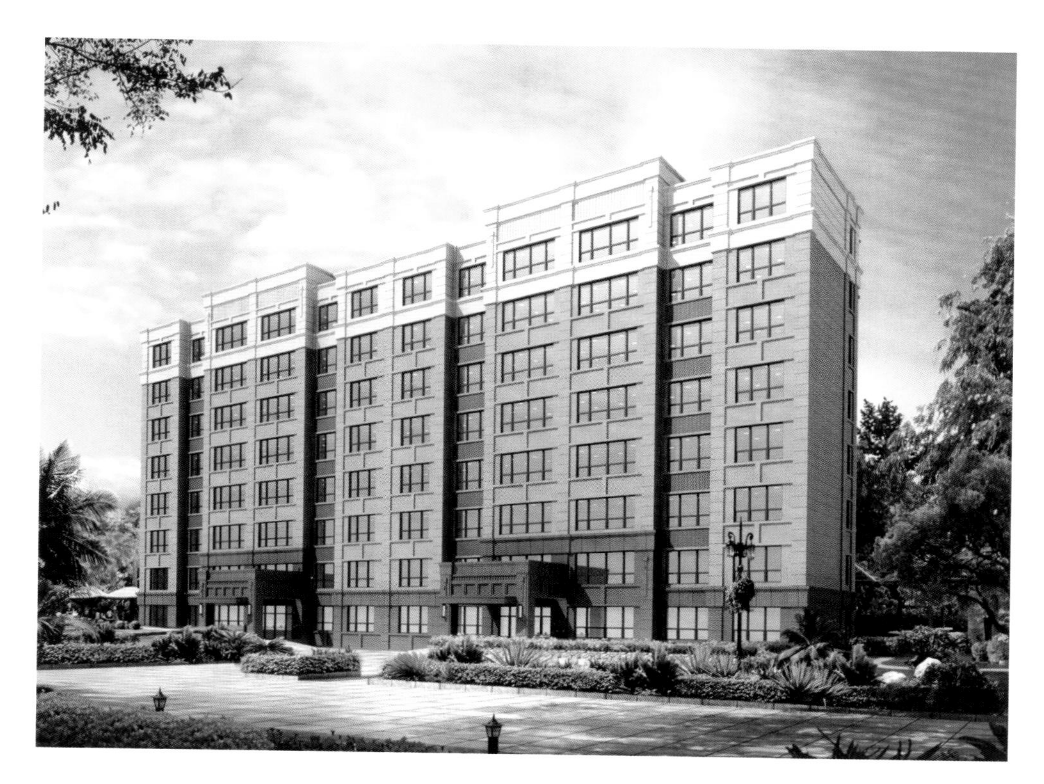

5号住宅透视图

日照分析图

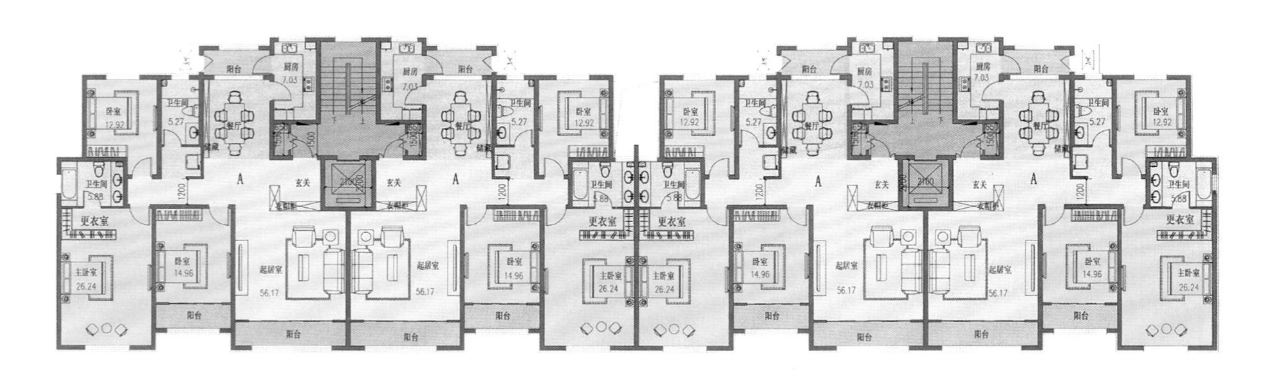

14号、15号住宅标准层平面图

	套型使用面积（m^2）	套型建筑面积（m^2）
A×4	128.47	159.44

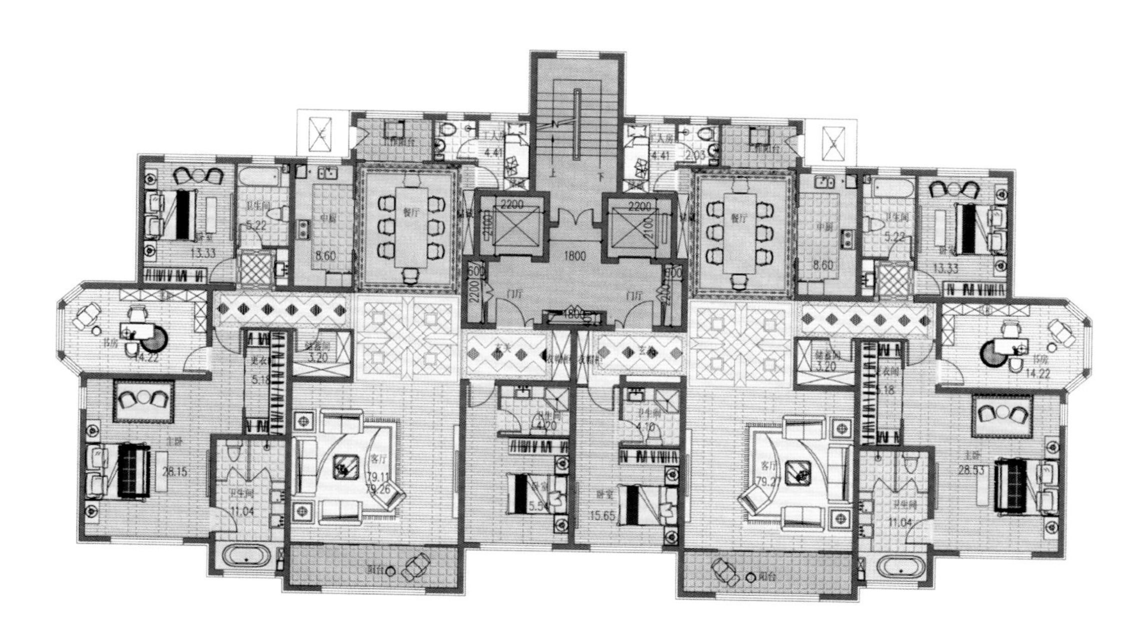

10号、11号住宅标准层平面图

10号、11号住宅透视图

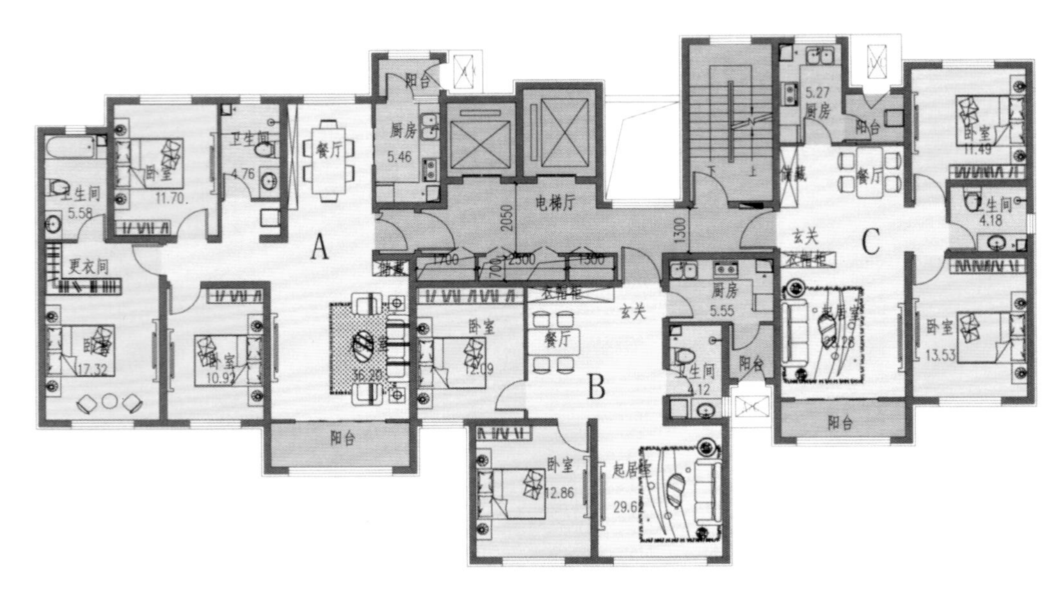

5号、6号、7号、8号住宅标准层平面图

5号、6号、7号、8号住宅透视图

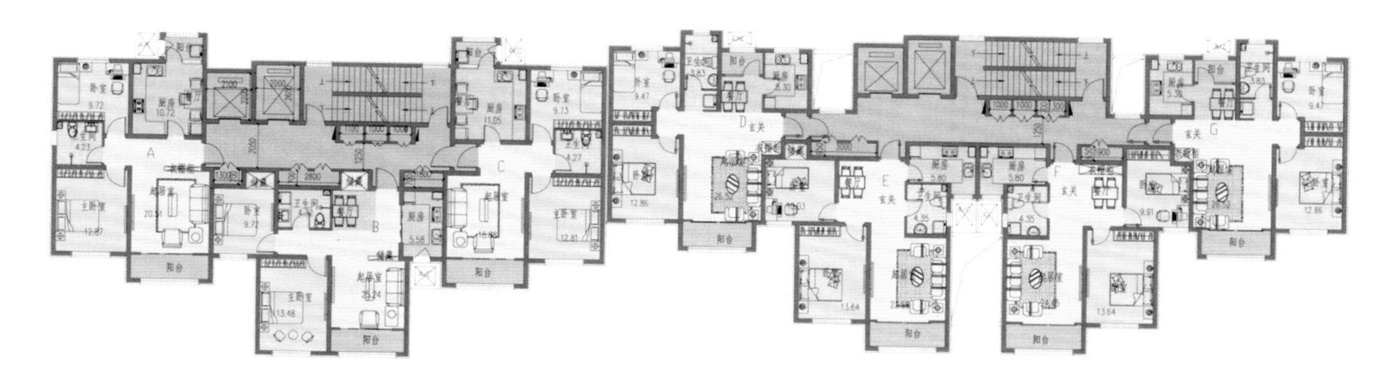

2号、3号住宅标准层平面图

沿街商业效果图

三湘四季花城·玉兰苑

规划设计单位：上海城乡设计院有限公司

开发建设单位：上海三湘建筑装饰工程有限公司

专家评审意见

总体评价

三湘四季花城玉兰苑规划布局合理，结构清晰，住宅采用高层低密度的布置手法，使空间环境宽敞，尺度宜人。绿地率高，住宅有良好的日照和通风条件，小区西南侧的活水河流和6000m^2的半圆形水面更为玉兰苑增添了水乡特色。小区公共服务设施配套齐全，各项技术经济指标符合国家有关规定。

几点意见

1. 车行出入口和流线不尽合理，要加强管理，适当增加地面的访客车位。
2. 消防登高面离住宅不应大于 5 m。
3. 注意室外环境和无障碍设施的整体性和功能性。

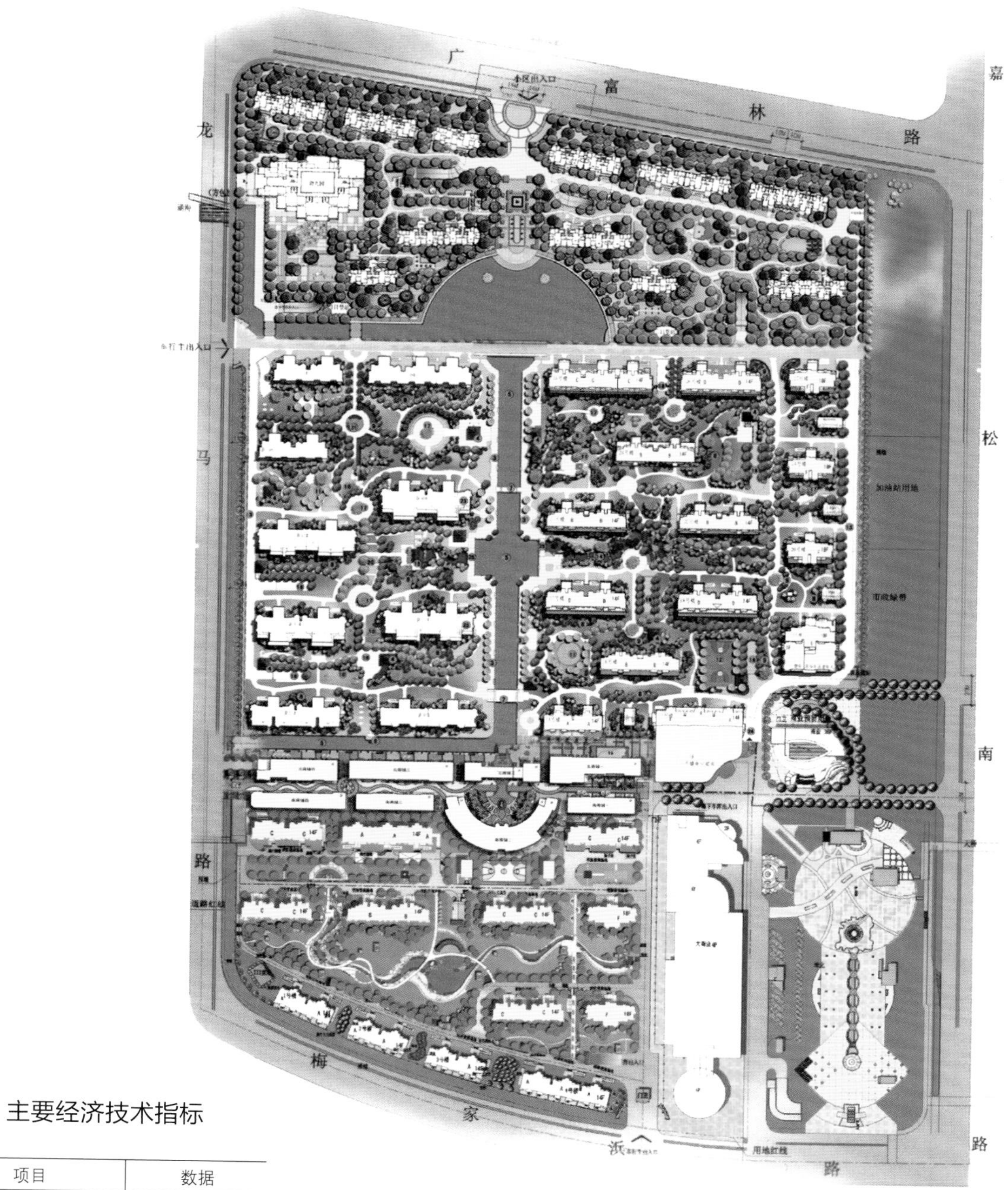

总体平面图

主要经济技术指标

项目		数据
基地面积		65078m^2
总建筑面积		110244m^2
其中	地上总建筑面积	93087m^2
	地下总建筑面积	17157m^2
绿地面积		29285m^2
水域面积		7616.82m^2
绿化率		45%
建筑覆盖率		11.7%
道路用地		3577.91m^2
总用户		756户

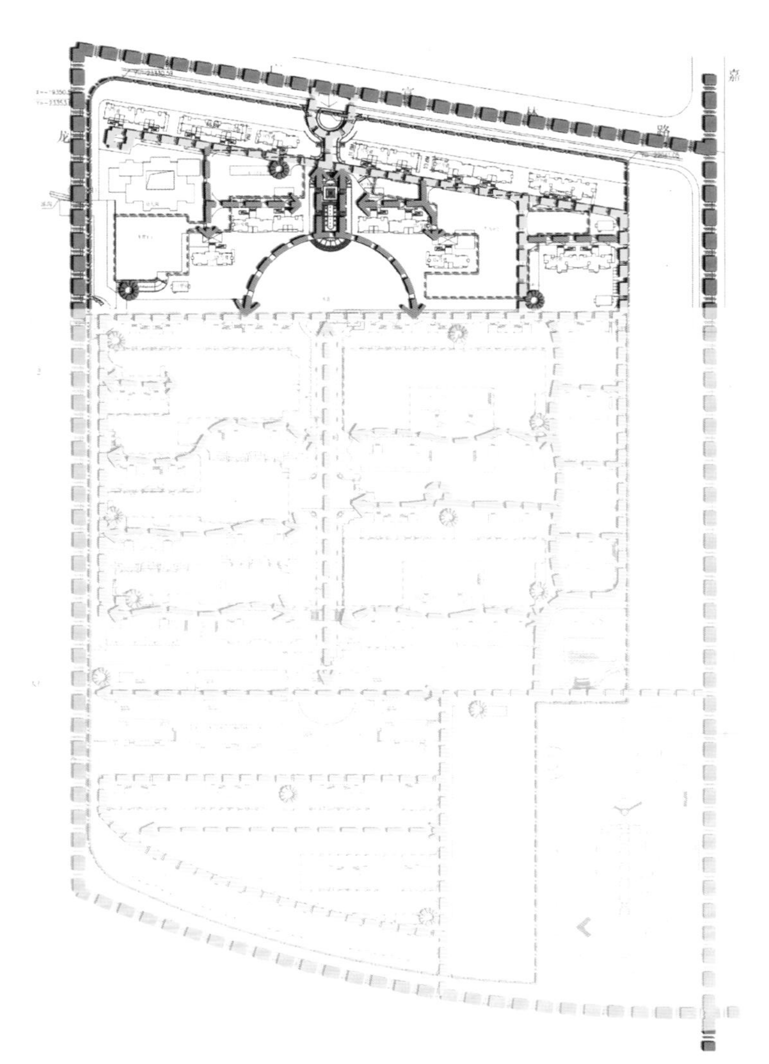
城市车流系统
小区内主要车行系统
小区内主要步行系统
地下车库出入口
地下车库范围线

交通分析图

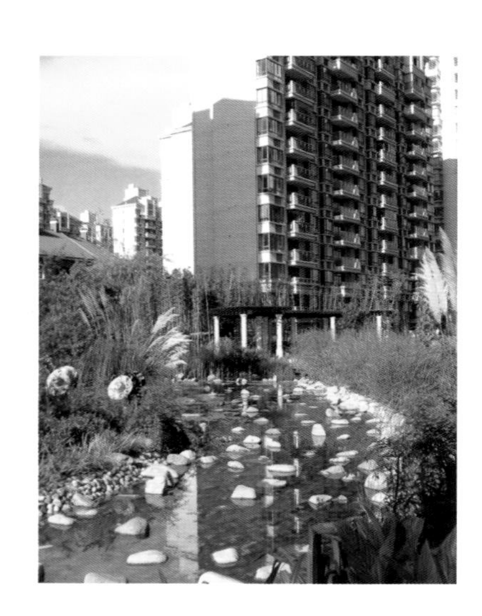

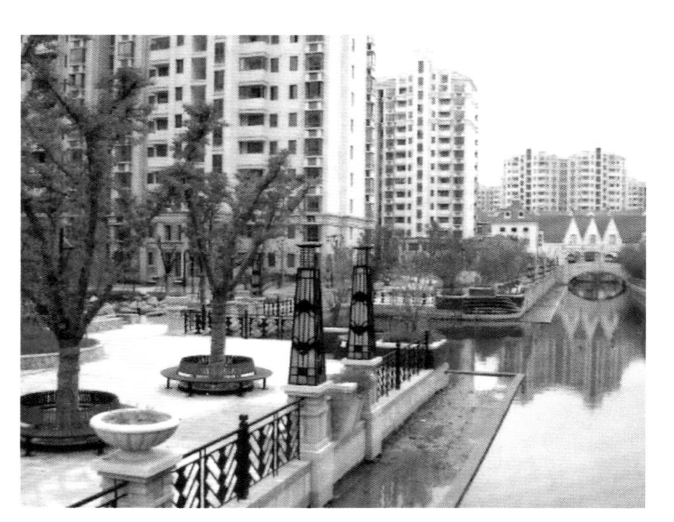

景观河道

总体鸟瞰图

玉兰苑鸟瞰图

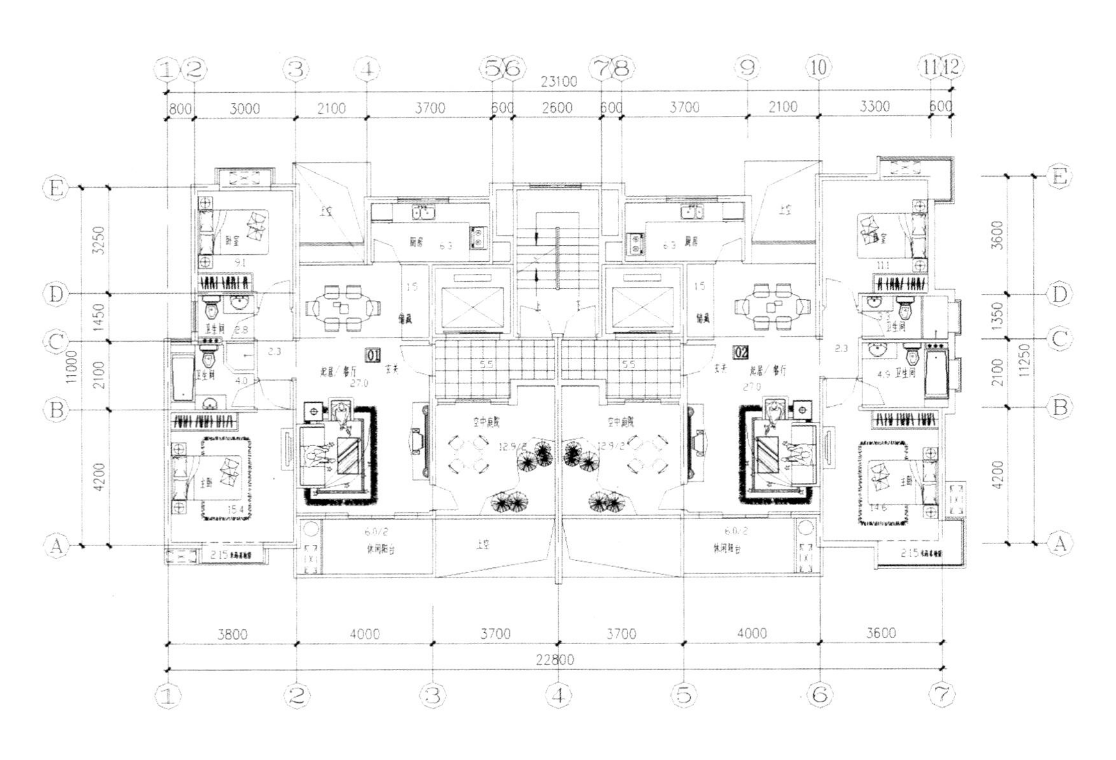

住宅平面 N 户型

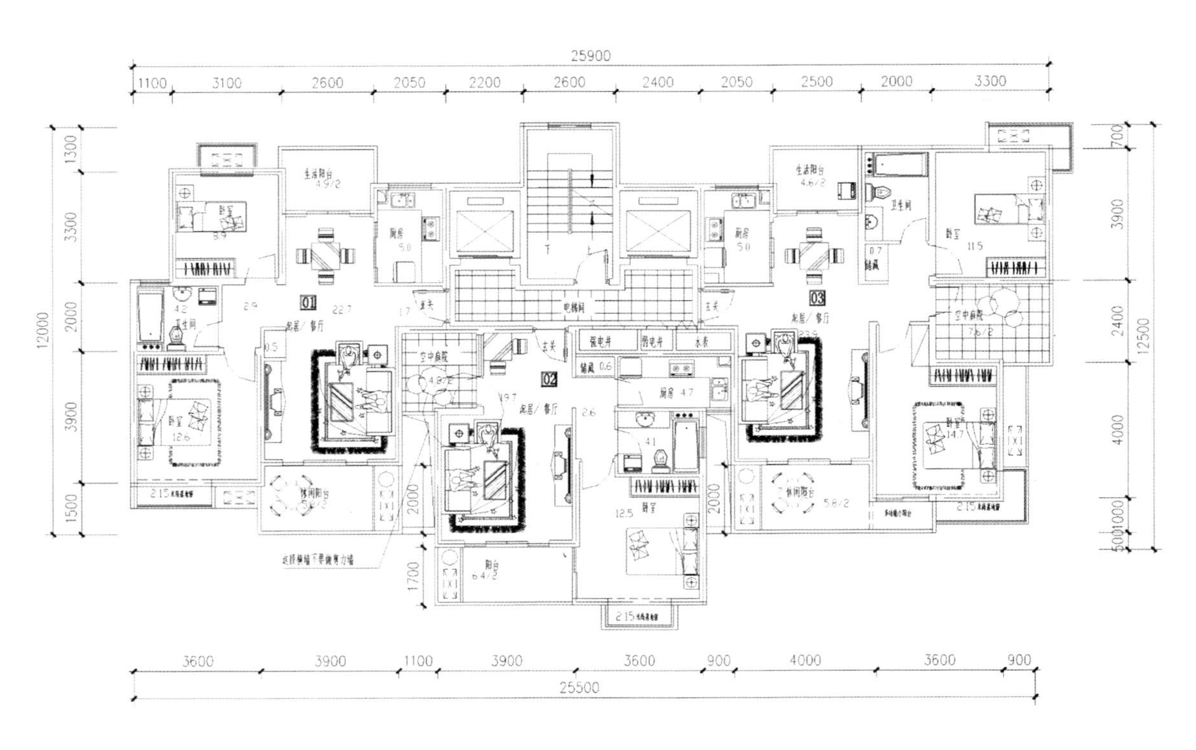

住宅平面 L 户型

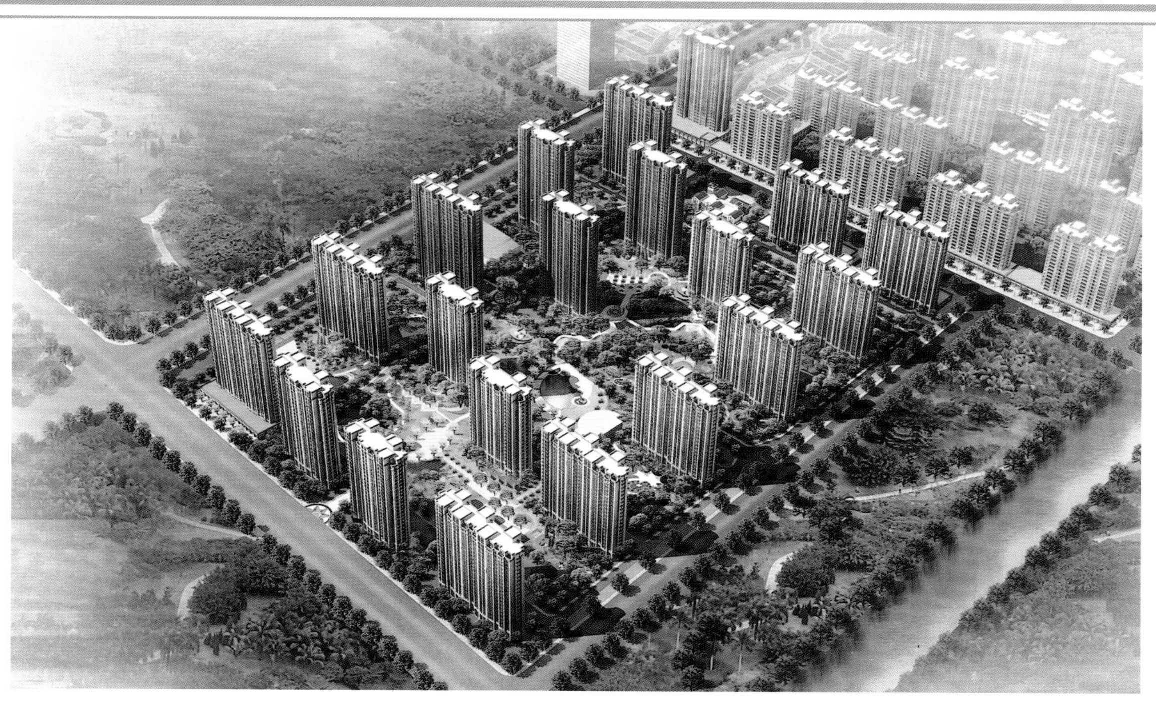

南通华新一品二期

规划设计单位：上海华东建设发展设计有限公司

开发建设单位：南通欣利置业有限公司

专家评审意见

总体评价

1. 小区规划采用行列式布局形式，朝向好，通风好。
2. 小区道路交通规划了一个环形的交通系统，四个出入口与城市道路相连，小区主路、宅前路、二级道路功能清晰，布局合理，居民交通方便。小区机动车停车以地下停车为主、地上为辅，停车率高达每户1辆以上，较好地解决了机动车对居民居住安全、安静的干扰及机动车的停车问题。
3. 小区布置了一个较大的中心公共绿地，为居民创造了一个较好的休闲游乐场地及环境空间。
4. 小区设会所、幼儿园及商业服务设施等，服务设施配套较齐全。

几点意见

1. 建议再复核一下日照分析，一定要满足大寒日3小时的满窗日照要求，若有不足应妥善解决。幼儿园存在满足不了4小时日照要求问题，建议与车入口北面那栋住宅调换位置。
2. 地下车库的平面布局应好好调整一下，现状太散，又无法从车库下车后直接入户。建议公共绿地地下不要布置车库。地上停车最好不要停在户门前。
3. 宅前路应兼消防车道，消防车道可到达建筑物的长度、远近、登高面等应严格按《高层民用建筑设计防火规范》执行。
4. 建筑布局较单调，建议最好两幢住宅为一组，做成南北入口，形成庭园空间。
5. 建议按规范的规定完善用地平衡及技术经济指标。

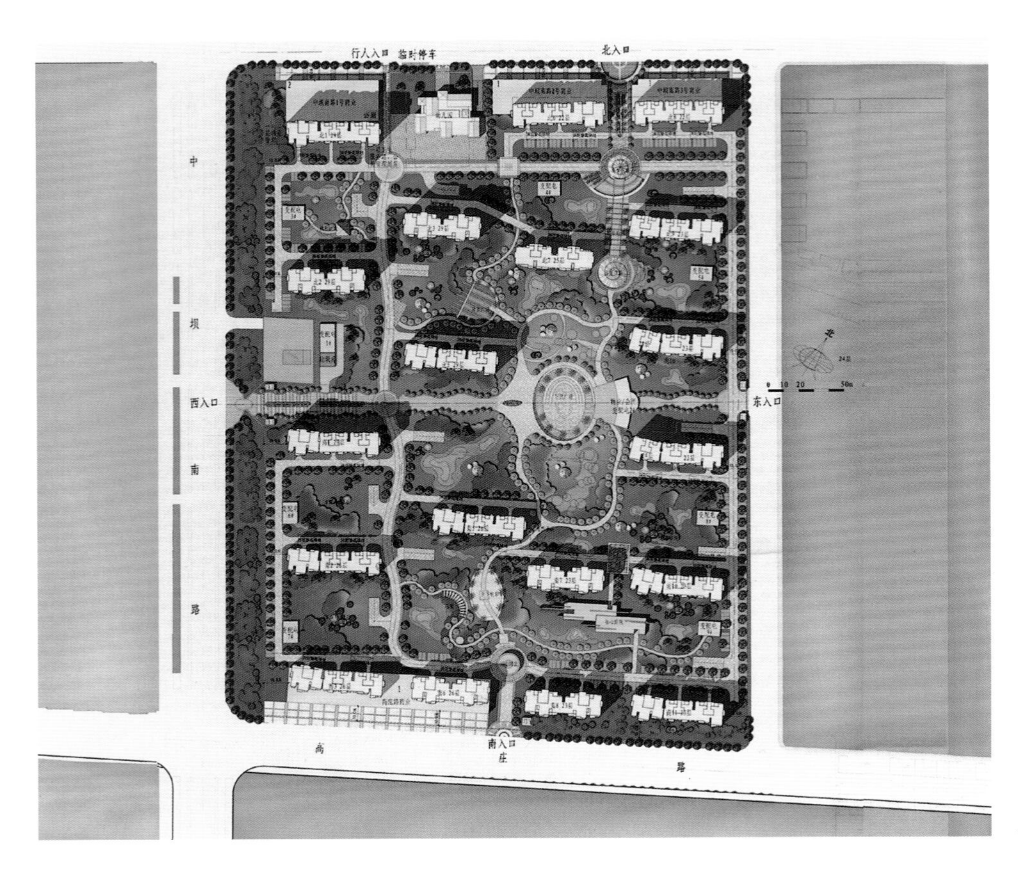

区位分析图

主要经济技术指标

		楼号	单层面积	住宅层数	建筑面积	每层户数	每楼户数	公摊面积（3m²/户）
北区	1	北1	850.1	27	22952.7	7	189	567
	2	北2	743.8	29	21570.2	6	174	522
	3	北3	743.8	29	21570.2	6	174	522
	4	北5	856.7	29	24844.3	7	203	609
	5	北6	850.1	27	22952.7	7	189	567
	6	北7	719.6	25	17990	4	100	300
	7	北8	796.5	21	16726.5	6	126	378
	8	北9	850.1	23	19552.3	7	161	483
	9	北10	856.7	23	19704.1	7	161	483
		北10局部+	283.3	1	283.3	2	2	6
		小计			183046		1437	4311
							0	
							0	
南区	10	南1	856.7	29	24844.3	7	203	609
	11	南2	850.1	26	22102.6	7	182	546
	12	南3	850.1	25	21252.5	7	175	525
	13	南5	856.7	26	22274.2	7	182	546
	14	南6	743.8	25	18595	6	150	450
	15	南7	743.8	23	17107.4	6	138	414
	16	南8	743.8	23	17107.4	6	138	414
	17	南9	856.7	23	19704.1	7	161	483
	18	南9局部+	283.3	1	283.3	2	2	6
	19	南10	850.1	23	19552.3	7	161	483
	20	南11	850.1	23	19552.3	7	161	483
		小计			202375		1653	4959
			16035.9				0	
				39469.1	385421		3090	9270

楼号	单层面积	住宅层数	建筑面积	每层户数	每楼户数	公摊面积（3m²/户）
公共设施（西1号楼1、2层）			3825.4		0	
公共管理用房	200	1	200.2			
物业管理用房	1175	1	1175			
卫生服务站	200	1	200.2			
公厕	50	1	50			
中心会所2号变配电	800	1	800			
西入口1号变配电、垃圾房	350	1	350			
其他变配电	150	7	1050			
商业面积			10375.6			
广场南路1号商业	1601.8	2	3203.6			
广场南路2号商业	2273.9	1	2273.9			
广场南路3号商业	1836.3	1	1836.3			
高庄路南侧一层商业	3061.8	1	3061.8			
幼儿园	1000		2500			
基底面积			29492.2			
总建筑面积			411392.1			
基地面积			147461			
建筑密度			20%			
容积率			2.80			

城市主干道

主要车行流线

次要车行流线

人行流线

地面停车位

交通分析图

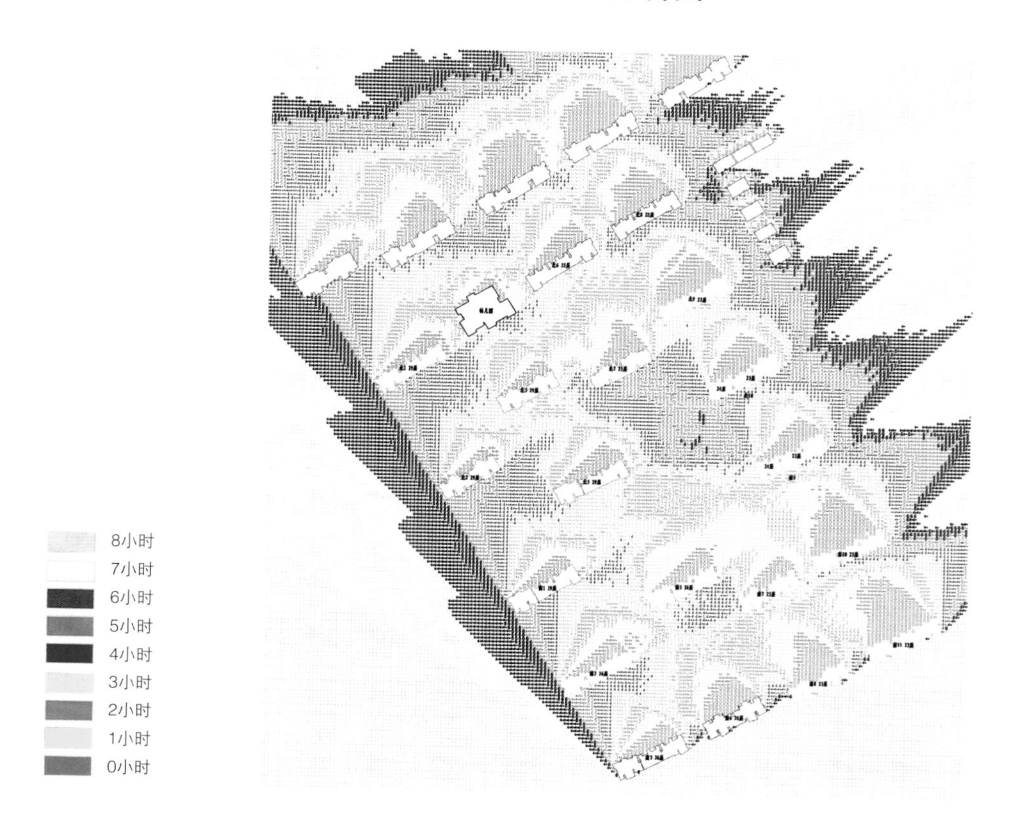

日照分析图

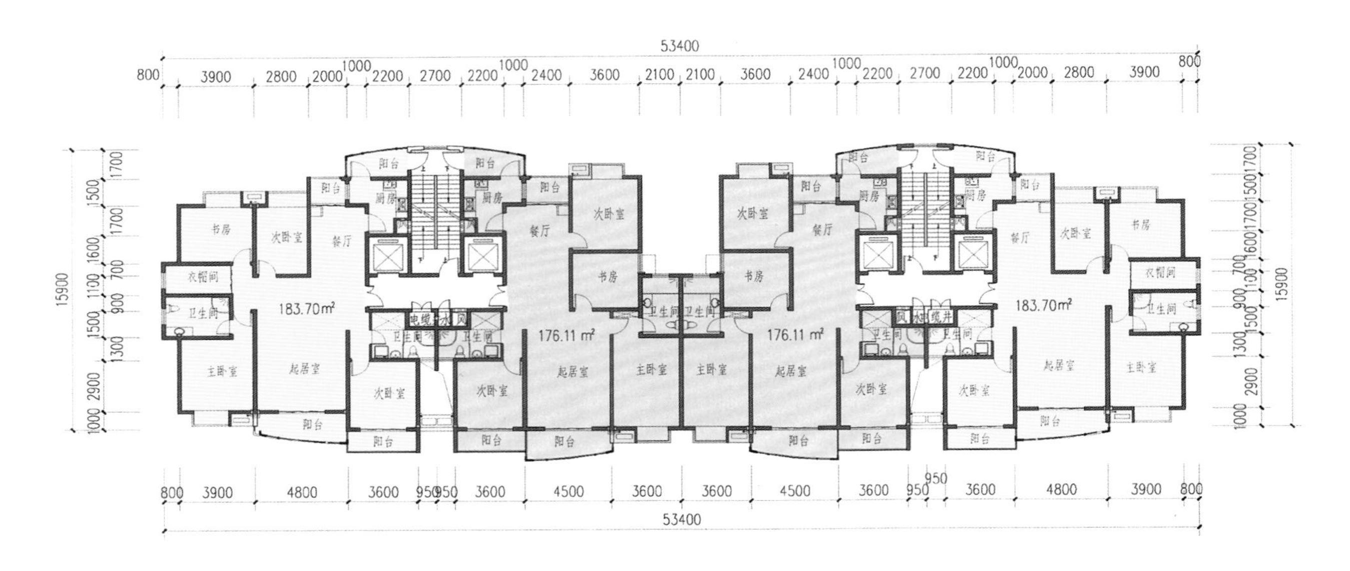

一梯两户单元平面图

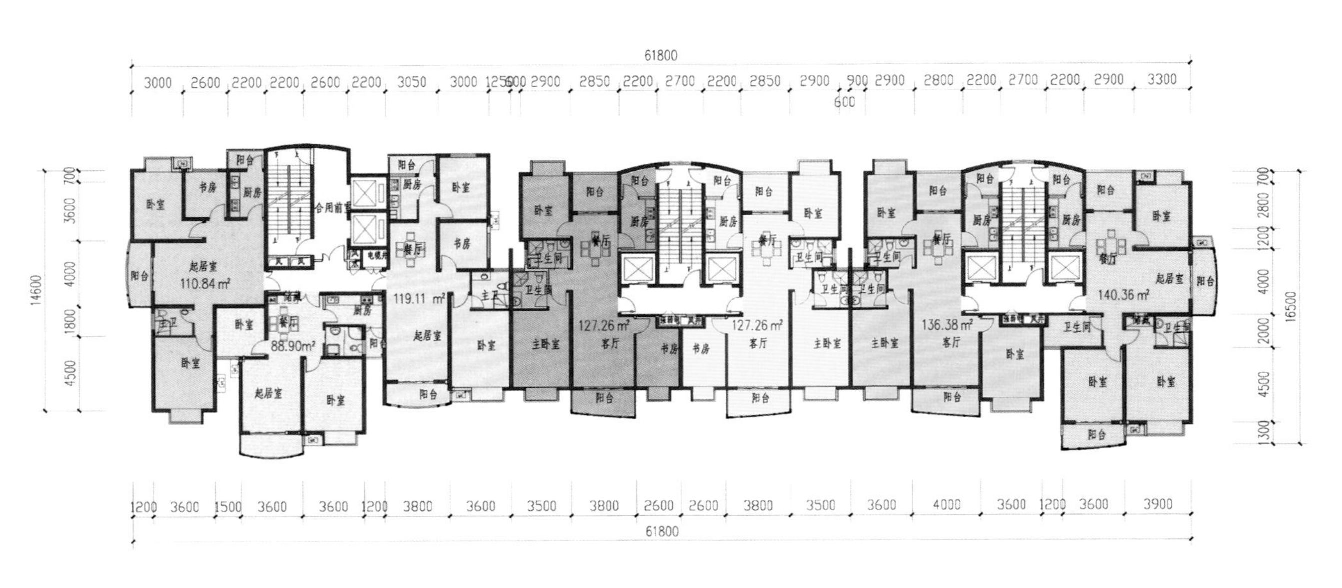

一梯三户与一梯两户单元组合平面图

淮安蓝惠首府

规划设计单位：亚瑞建筑设计有限公司

开发建设单位：淮安蓝惠房地产开发有限公司

专家评审意见

总体评价

1. 小区规划布局采用行列式的布局形式，13幢高层南北朝向布置，通风好，朝向好。
2. 小区道路交通采用了一个环路交通系统，三个出入口与城市道路相连接，小区机动车停车位完全为地下停车，停车率达76%以上，较好地解决了居民机动车的停车问题及对居民安静、安全的干扰。
3. 小区房前屋后均作了充分绿化，绿地率达 40%。
4. 小区设会所、幼儿园及商业街等，公共服务设施配套较齐全。

几点意见

1. 小区规划布局13幢高层住宅过于均衡，并缺少公共绿地休闲空间，建议8号楼最好去掉一个东边单元。
2. 建议9hm^{2}规模的小区一定要有一个完整的机动车车行交通系统，小区主路宽度不得小于6m，应保证必要的地上停车及搬家、急救、消防等行车之需，不可都按人行道设计。建议小区内环路应改为主环路及宅前路兼消防车道，二级道路即可。地上停车率最好在10%左右，以方便居民。

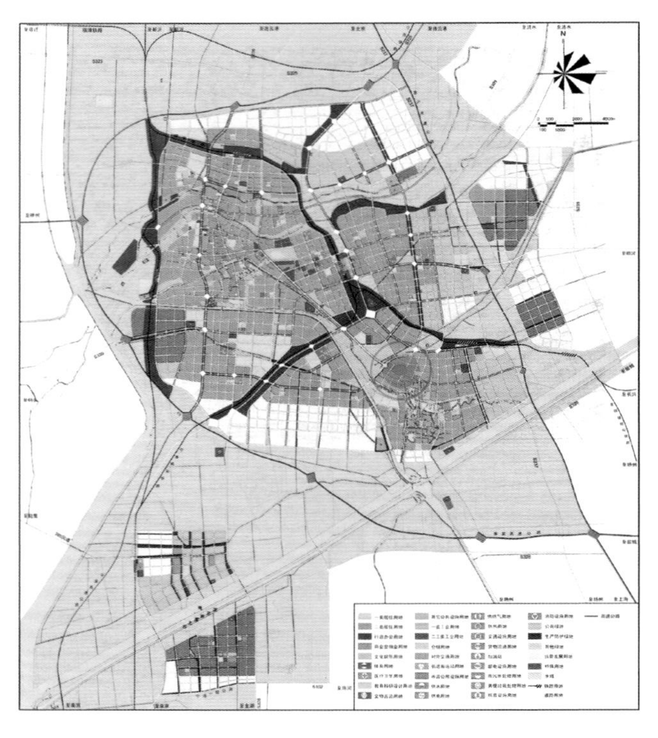

区位分析图

3. 小区日照分析建议可采用国家规范认可的分析软件复核一下日照分析，应确保大寒日2小时的满窗日照要求，若仍有不足，应妥善处理。
4. 小区用地平衡表数值计算有误，应按国家规范规定的方法计算，并应符合规范要求。
5. 小区高层建筑消防车可到建筑的周边长度等要求，应严格执行《高层民用建筑设计防火规范》及《住宅建筑规范》要求。
6. 小区向经二路开放的两个机动车出入口过近，建议合并。幼儿园室外活动场地不足，门前应设有一个较大的场地，以便接送孩子之需。商务中心宜改为休闲活动中心。

街景透视图

总平面图

主要经济技术指标

经济指标表				5-1号地块	备注
总用地面积（m^2）				96541.00	
总建筑面积（m^2）				341412.83	
其中	计容积率建筑面积（m^2）			285422.06	
	其中	（一）住宅		220011.26	
		（二）商业、商务办公		60116.14	占地上建筑面积的20%～25%
		其中	1.临街商铺	12461.42	垃圾中转站，120m^2
			2.集中式商业	15216.32	含公厕一个，60m^2
			3.商务楼、写字楼	31125.41	
			4.商务中心	1313.00	
		（三）幼儿园		3610.75	
		（四）物业管理用房		856.27	
		（五）地上开关房及其他公建配套用房		256.79	
		（六）社区服务用房		571	
	不计容建筑面积（m^2）			55990.77	
	其中	地下车库建筑面积		52030.77	（不含商务中心地下室面积）
		其他（架空层、梯屋等）		3960	
容积率				2.96	
建筑密度（%）				21%	
绿地率（%）				42.42%	
自行车位数（个）				8225	
停车位数（个）				1415	其中地面停车150个
户数（户）				1858	

居住小区用地平衡表

	面积	比例	人均
居住	9.6541	100.00%	14.8456
住宅	0.8888	9.21%	1.3668
公建	1.6766	17.37%	2.5782
道路	2.9934	31.01%	4.6030
绿化	4.0953	42.42%	6.2976

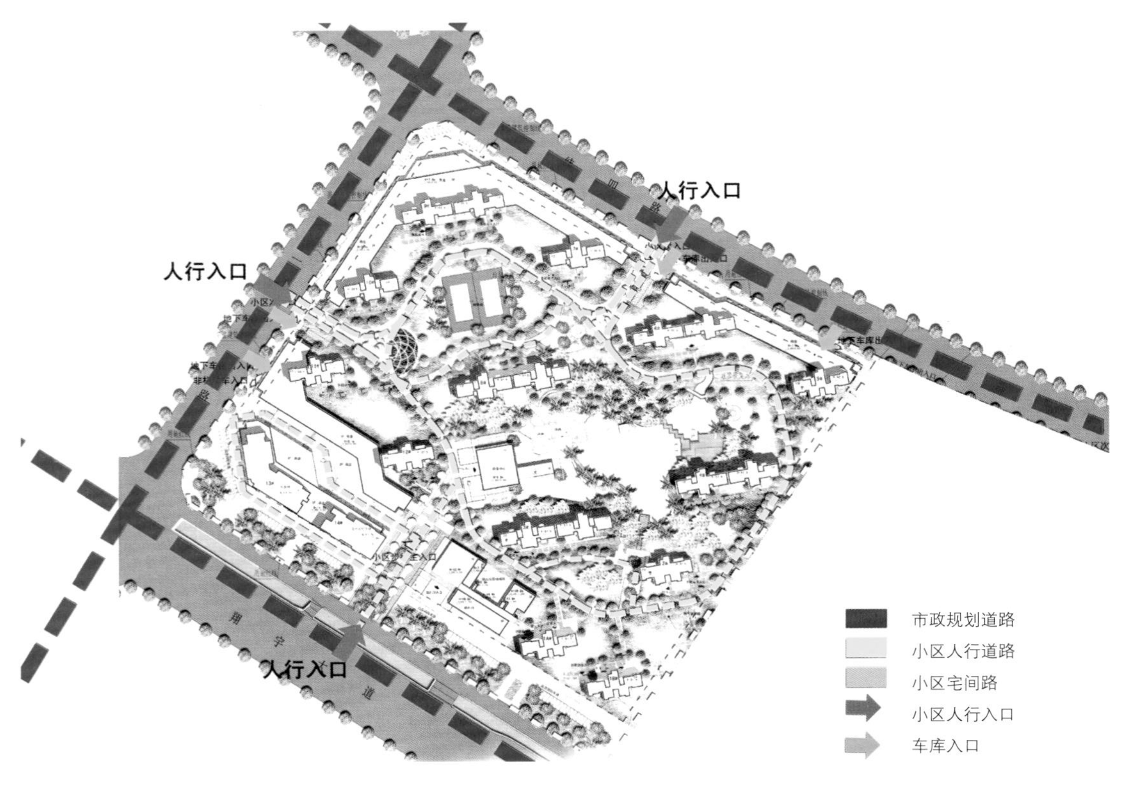

交通分析图

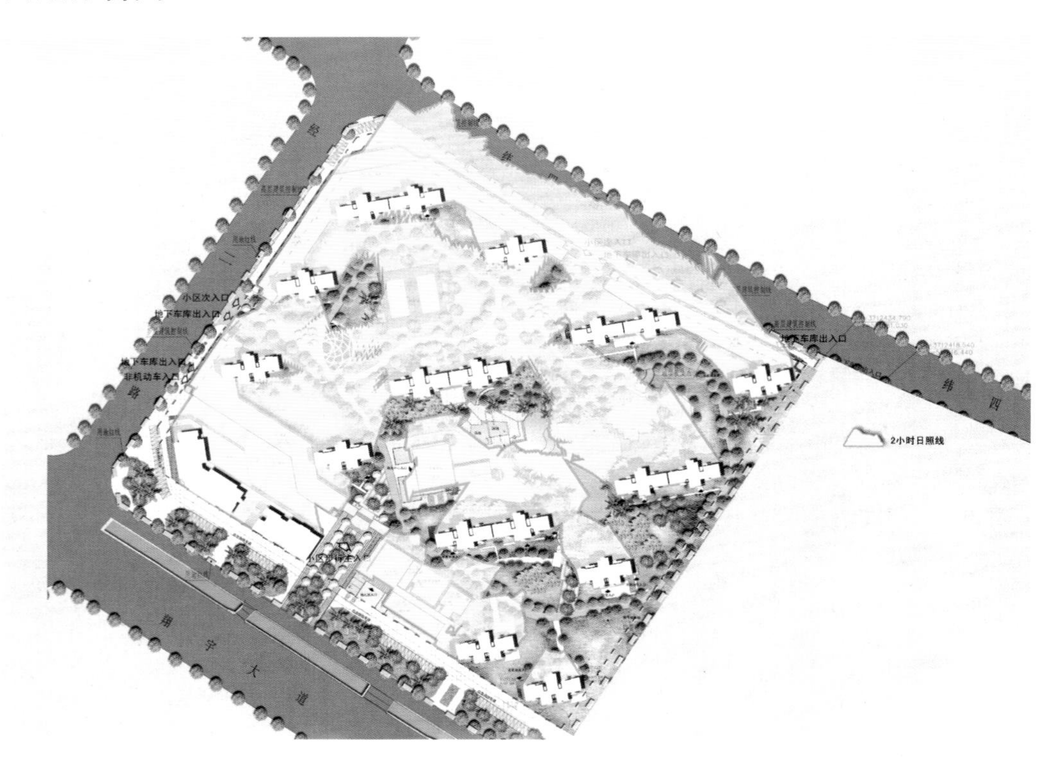

日照分析图

日照分析说明

分析软件：众智日照分析8.2版
计算依据：详细规划图
基础资料：淮安市地理经纬度

分析日照标准日：大寒日
现状情况：场地情况、分析建筑物方向
分析结果：满足规定小时数

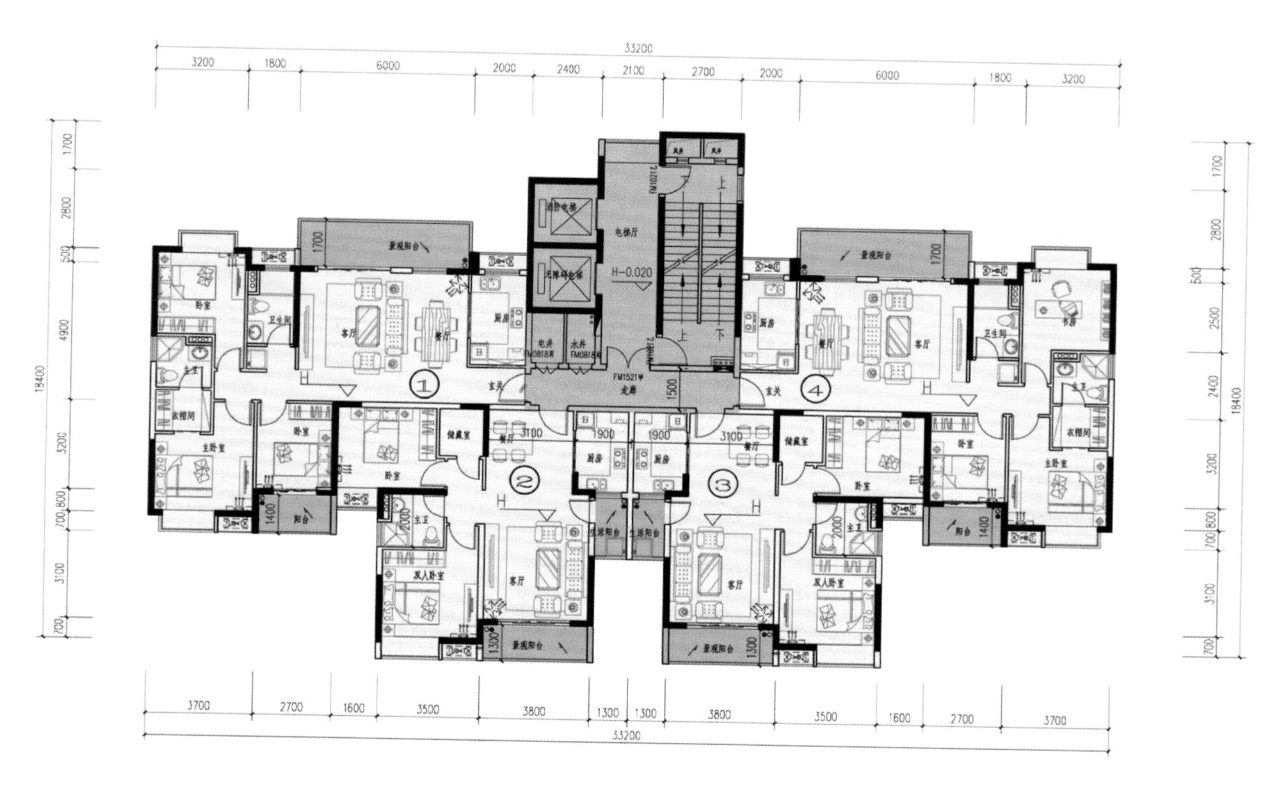

3-2-2-3 室户型单元平面图

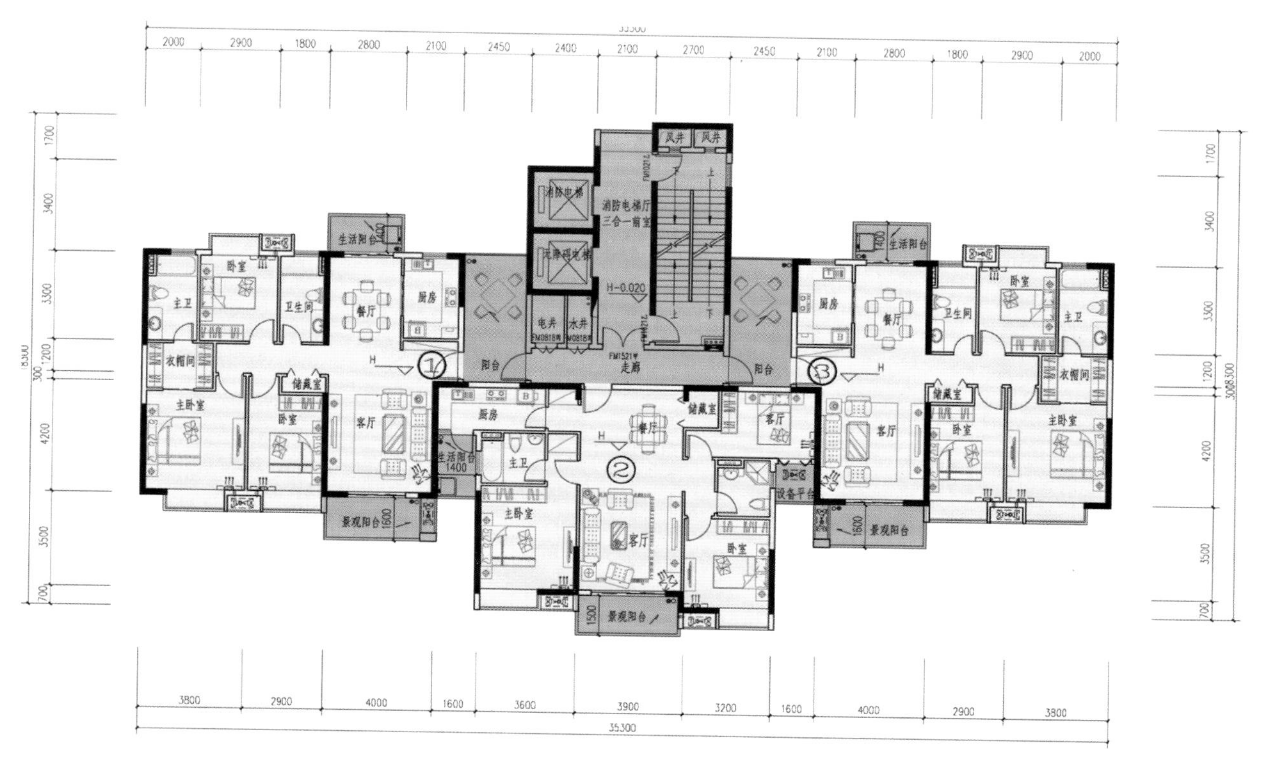

3-2-3 室户型单元平面图

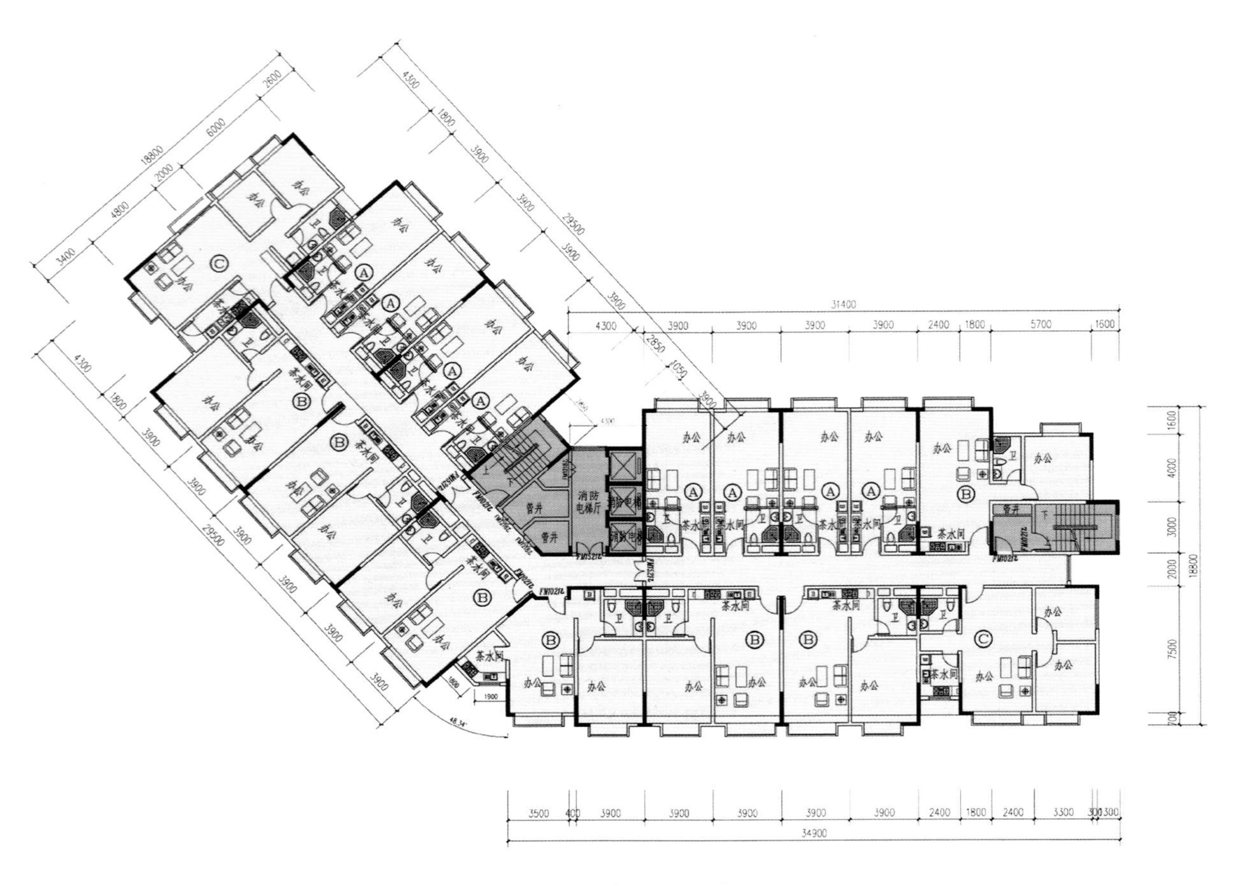

折型公寓平面图

直型公寓平面图

南通苏建名都城住宅小区

规划设计单位：中国建筑上海设计研究院有限公司

开发建设单位：江苏苏建集团股份有限公司南通崇川分公司

专家评审意见

总体评价

1. 小区规划采用行列式的布局方式，建筑以15~30层高低组合，前后错落，点式、板式搭配，空间变化有序，布局结构清晰，朝向好，通风好。
2. 小区道路交通规划了一个内环的交通系统，两个出入口与城市道路相连，二级功能清晰，居民出行交通方便。小区机动车停车以地下为主、地上为辅，居民机动车停车率达100%以上，较好地解决了机动车的停车问题及机动车对居民居住安静、安全的干扰问题。
3. 小区设计了集中公共绿地，加之宅前屋后绿化，绿地率40%以上，为居民创造了一个良好的绿色环境与休闲空间。
4. 小区设会所、物业管理、文化活动站、卫生站、游泳池及商业等，公共服务设施配套较齐全。

几点意见

1. 根据规划所提供的日照分析，有很多建筑满足不了大寒日2小时日照要求，建议可用国家认可的日照分析软件复核，若有满足不了的问题，应降低层数，并妥善处理。
2. 规划中18号楼布局过于居中，把不大的公共绿地分成了两小块，建议将18号楼适当平行西移一个单元的长度，这样不仅扩大了公共绿地空间，而且完善、清晰。

3. 高层住宅消防车道可到达建筑周边长度最少要一个长边长度等，建议应严格执行《高层民用建筑设计防火规范》，宅前路应兼消防车道。
4. 建议补充用地平衡表及规范规定的技术经济指标内容，并应符合规范要求。
5. 建议地下车库的四个出入口不宜直接向城市道路开口，应在小区主路上，结合出入口在适当位置开设地下车库出入口。南小区向北侧组团的人行出入口位置欠佳，建议适当东移。

区位分析图

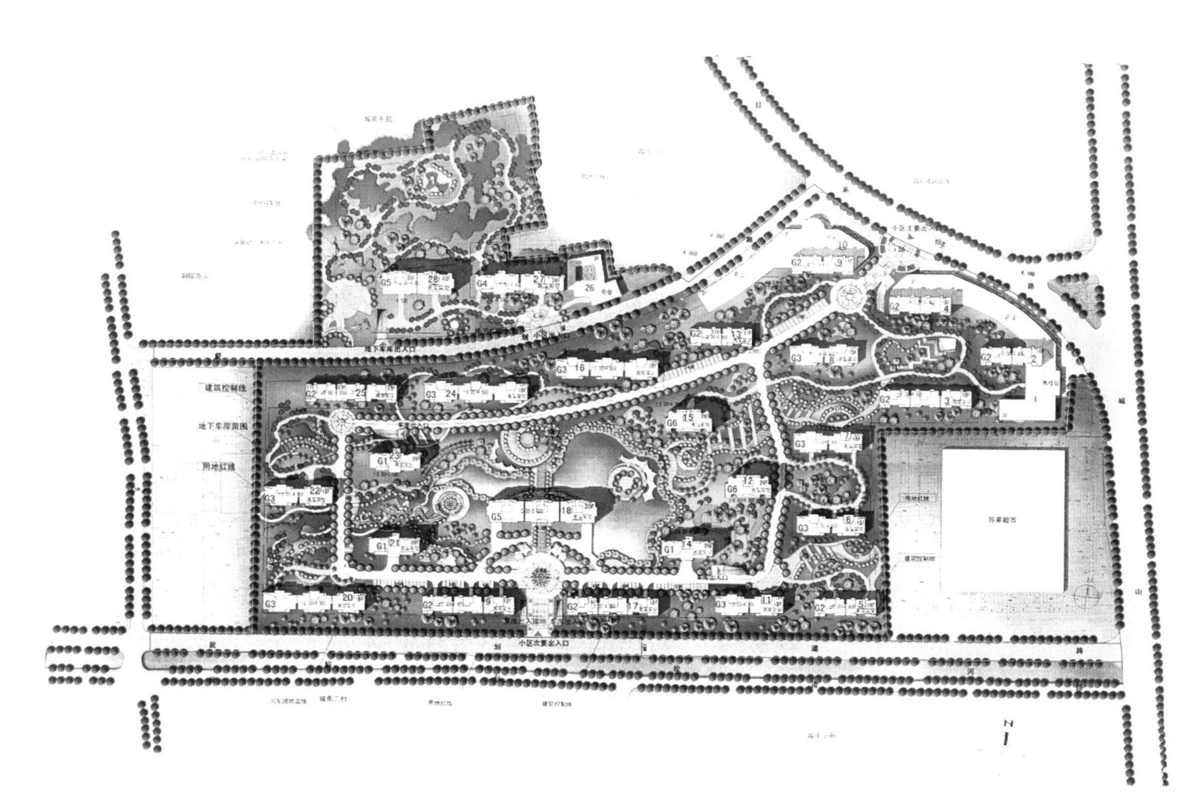

总平面图

主要经济技术指标

规划用地面积（m^2）				154627
总建筑面积（m^2）				470603
其中	地上总建筑面积（m^2）			311099
	其中	住宅		297070
		商业		11154
		配套公建		2875
		其中	物管用房	1245
			居委会	300
			文化活动站	600
			卫生站	300
			社区服务用房	300
			治安联防站	30
			公厕	50
			煤气调压站	50
	地下总建筑面积（m^2）			159504
容积率				2.01
建筑密度				17.9%
绿地率				40.5%
住宅户数（户）				2042
机动车停车位（辆）				4034
其中	地下停车位（辆）			3946
	地面停车位（辆）			88
非机动车停车位（辆）				6715

住宅组团透视图

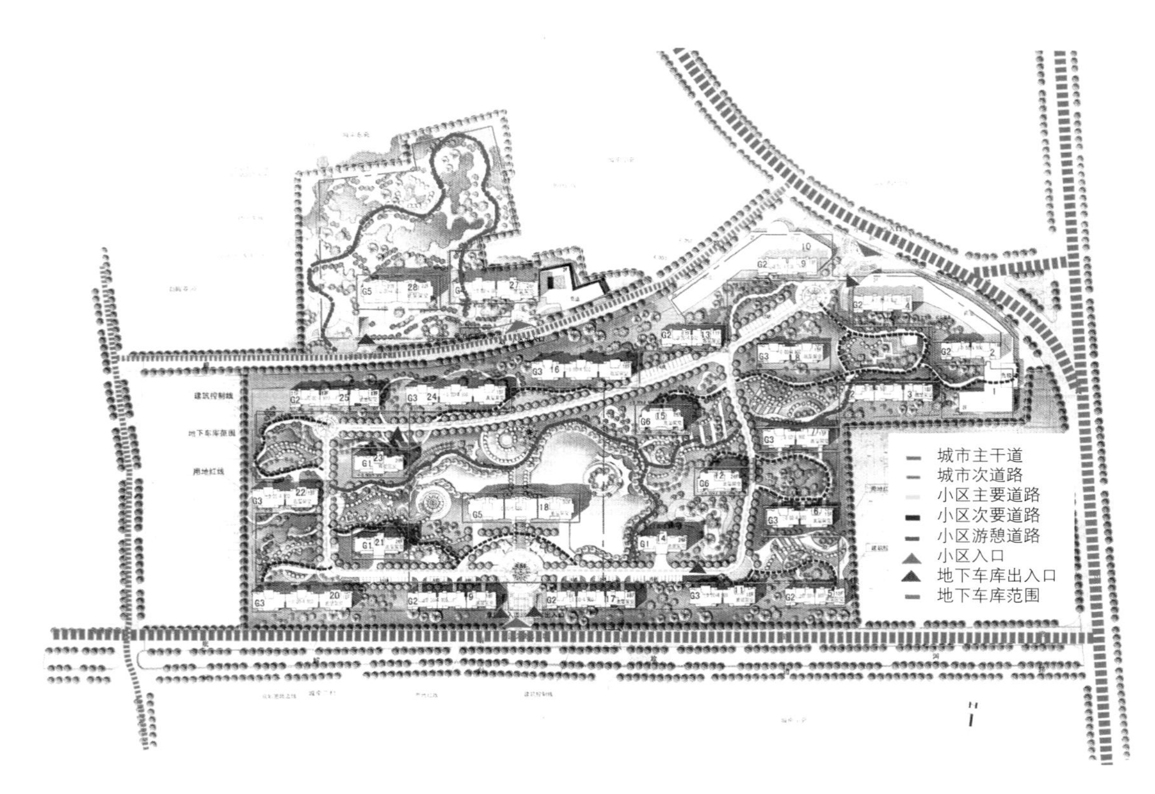
城市主干道
城市次道路
小区主要道路
小区次要道路
小区游憩道路
小区入口
地下车库出入口
地下车库范围

交通分析图

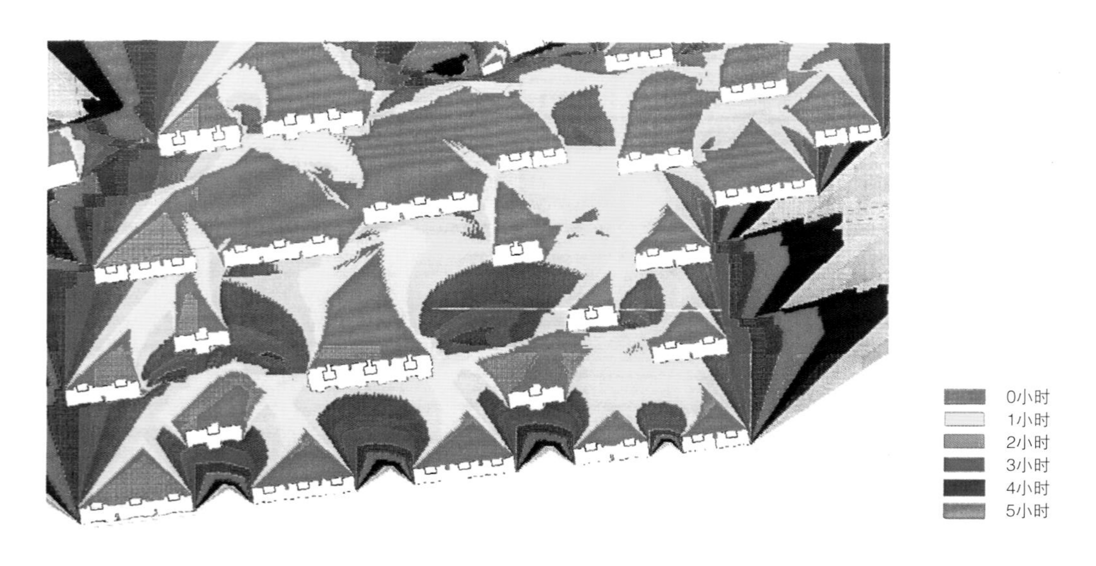
0小时
1小时
2小时
3小时
4小时
5小时

日照分析图

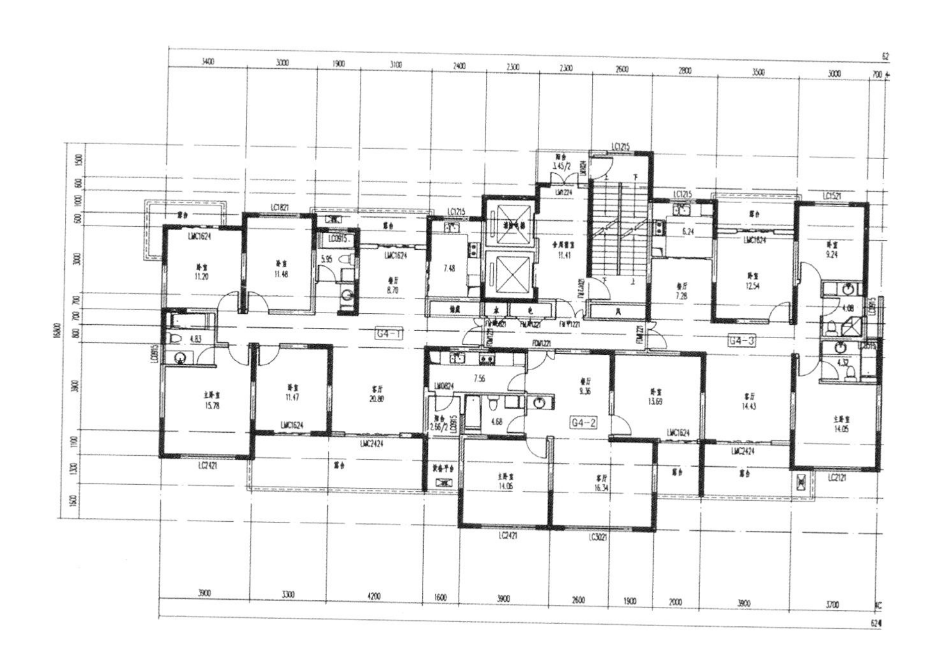

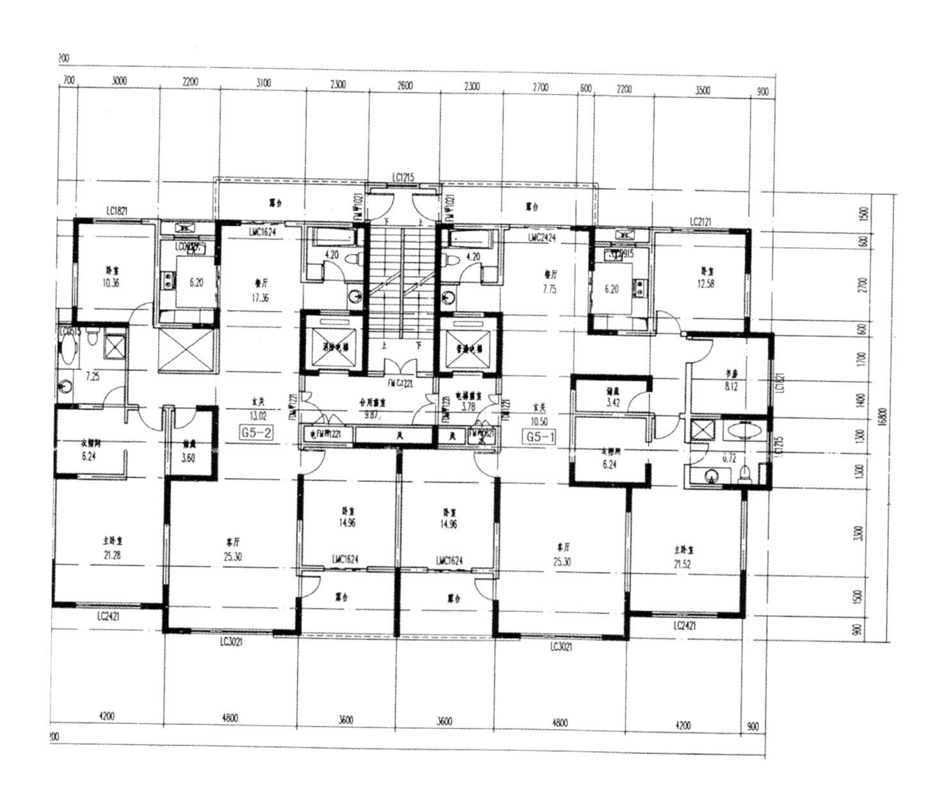

户型单元平面图

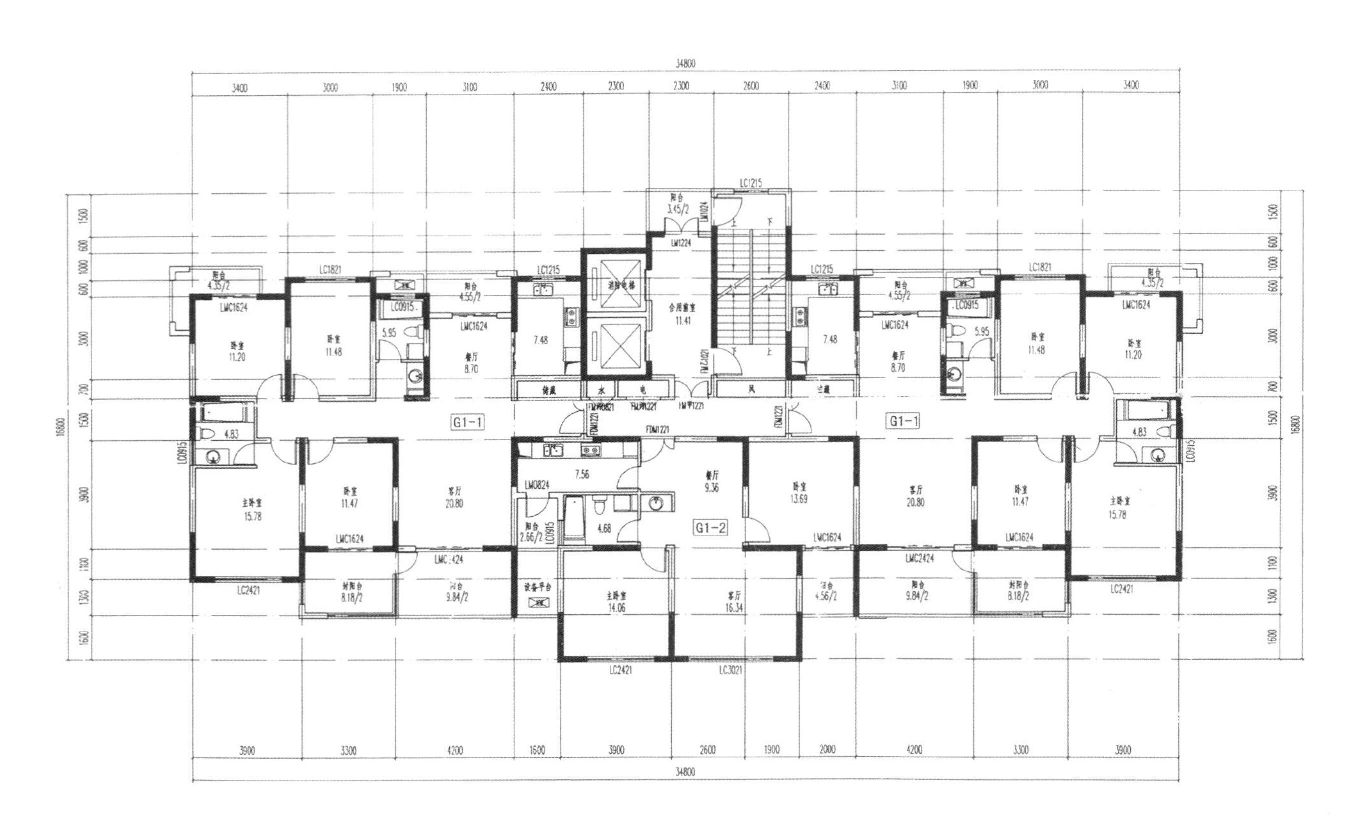

户型单元平面图

住宅底层架空效果图

南通苏建阳光新城住宅小区

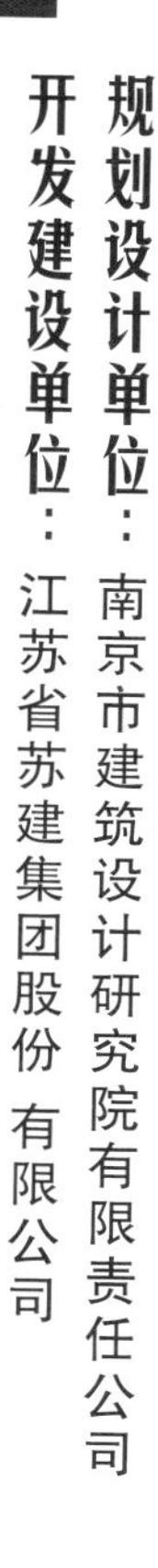

规划设计单位：南京市建筑设计研究院有限责任公司
开发建设单位：江苏省苏建集团股份有限公司

专家评审意见

总体评价

1. 南通苏建阳光新城通过“一区”“五团”的规划组织，结构清晰，分区明确，能较好地发挥区域地块优势，创造了较好的居住、商业服务空间。
2. 小区交通组织简洁、通畅，地面、地下车位布局合理，方便居民停车，同时进行了无障碍设计。
3. 绿化景观设计通过绿化系统、景观形象系统和户外休闲系统形成多层次的“绿茵”环境系统。
4. 小区配套设施齐全完善。

几点意见

1. 用地平衡表须按照国家规范要求重新进行核算和调整，停车率宜进一步提高。
2. 高层建筑需按规范满足消防登高面的要求，北侧31层住宅建议降低层数，要与西侧三栋楼层数统一综合考虑。
3. 绿化景观要进一步深化，主步行景观道两侧建筑间距宜适当加大，并在与“C”形道路交叉处形成景观节点，东西形成关联。
4. 东侧商业车行交通与小区车行交通管理需进行设计，商业、办公停车与小区停车管理需进一步深化，南北主入口设计建议进一步研究。
5. 对于边单元户型设计和建筑形态宜优化设计。
6. 地下车库出入口，除注意安全外，还需注意与环境景观相结合，北入口处开闭所建议采用地埋式，以融入景观。

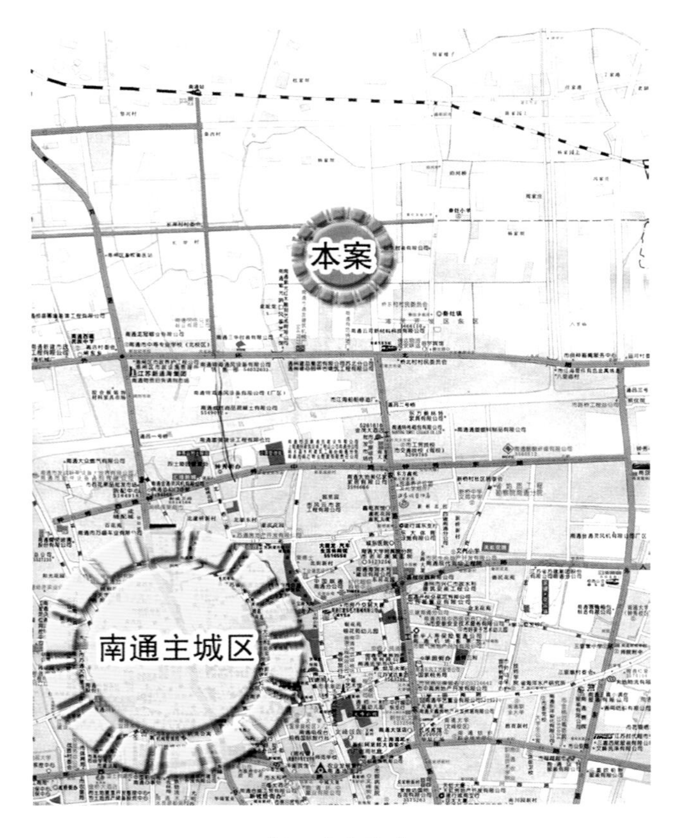

区位分析图

36#住宅
29#住宅
植被护坡
道路剖断面大样2　道路剖断面大样3

29#住宅
植被护坡
注：a为道路路牙距河岸坎线高差处距离
b为建筑距道路距离
道路剖断面大样1

沿街透视图

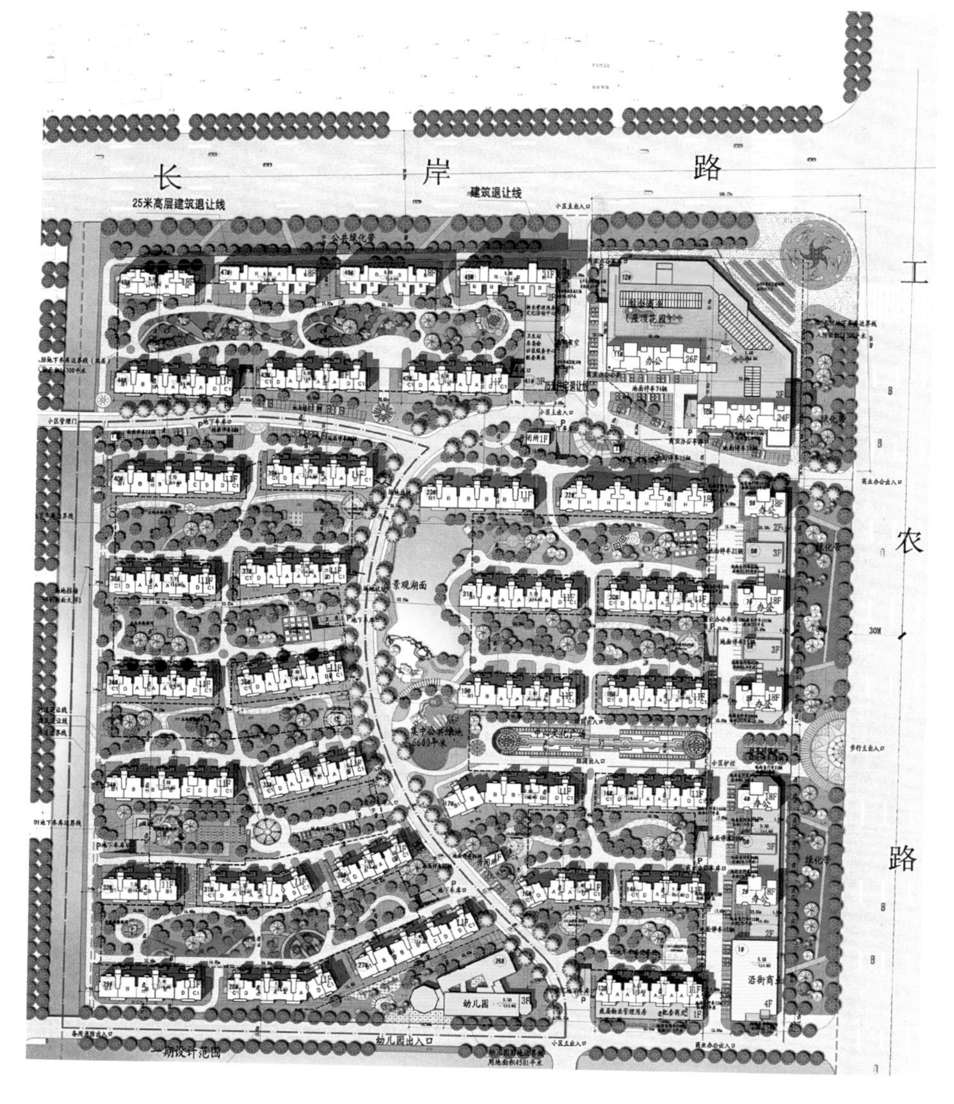

总平面图

主要经济技术指标

总用地面积	214435m²	
总建筑面积	36.999万m²	
其　中	住宅建筑面积	27.2999万m²
	配套设施面积	0.9万m²
	商业、办公面积	8.8万m²
容积率	1.725	
建筑密度	19.75%	
绿地率	40.6%	
地下建筑面积	53936m²	
机动车停车位（辆）	1789辆	
	商业办公及配套585辆，其中地上226辆，地下338辆	
	住宅1224辆，其中地上116辆，地下1108辆	
非机动车停车位（辆）	商业办公及配套自行车4850，其中地面占地面积3483m²，停放1940辆	
	住宅自行车停放6104辆，摩托车3052辆	
总户数	2954户	
	90m²以上	612户，占20.72%
	90m²以下	2342户，占79.28%

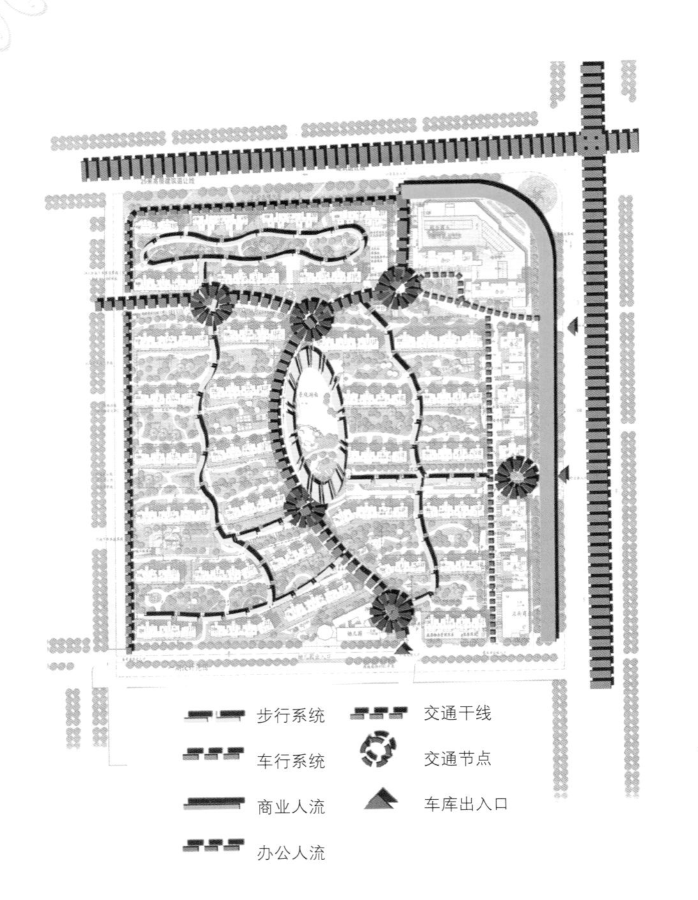

交通分析图

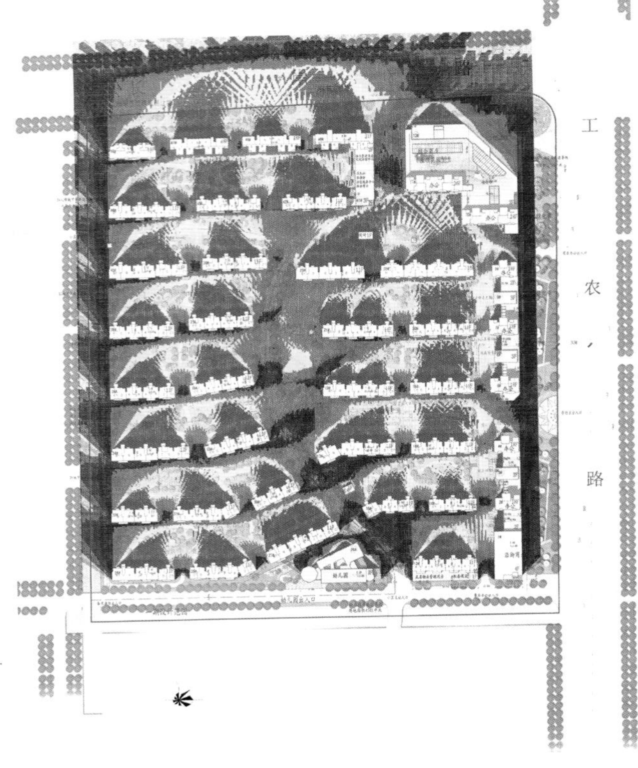

日照分析图

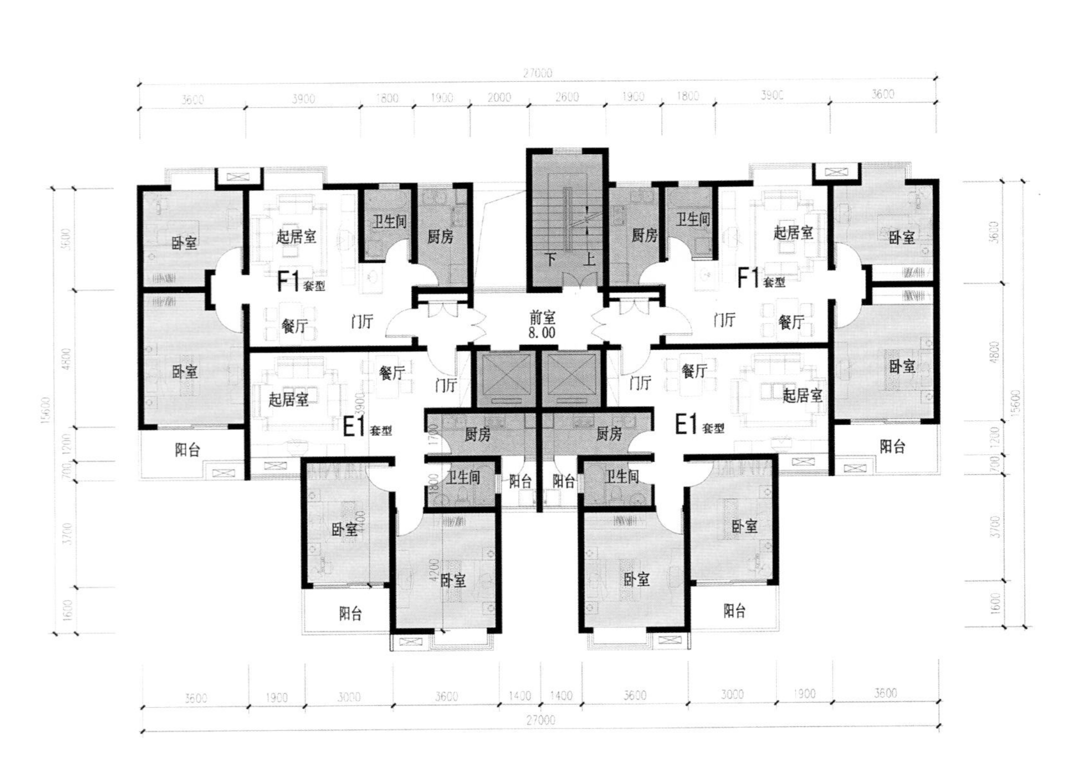

一梯四户单元平面图

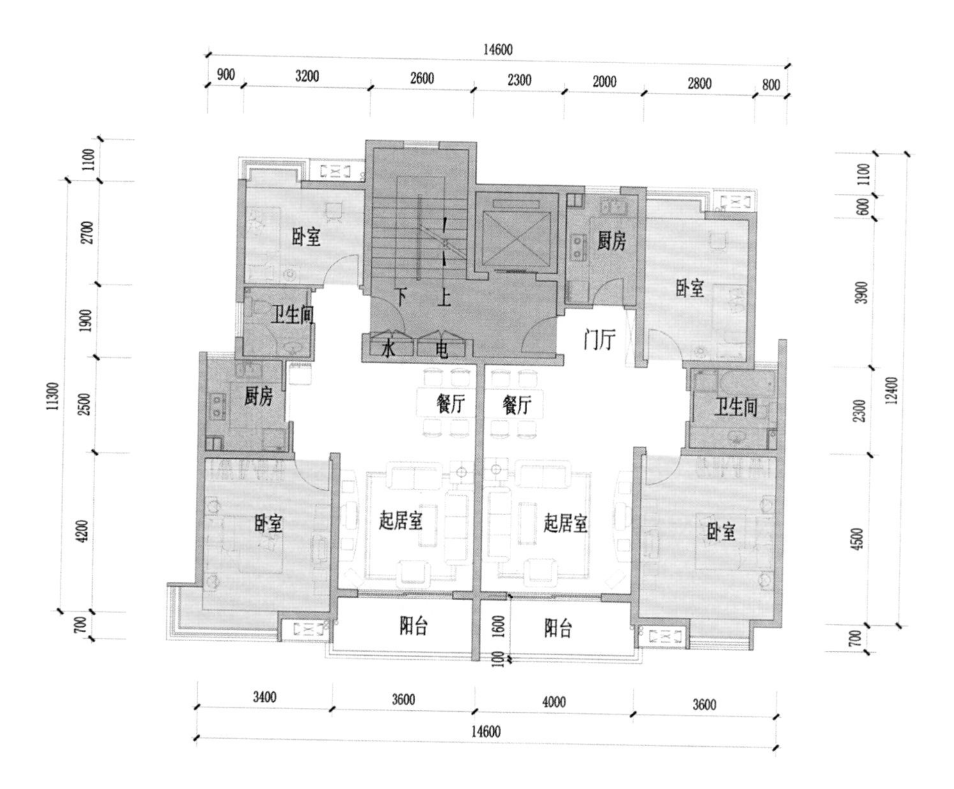

二室户单元平面图

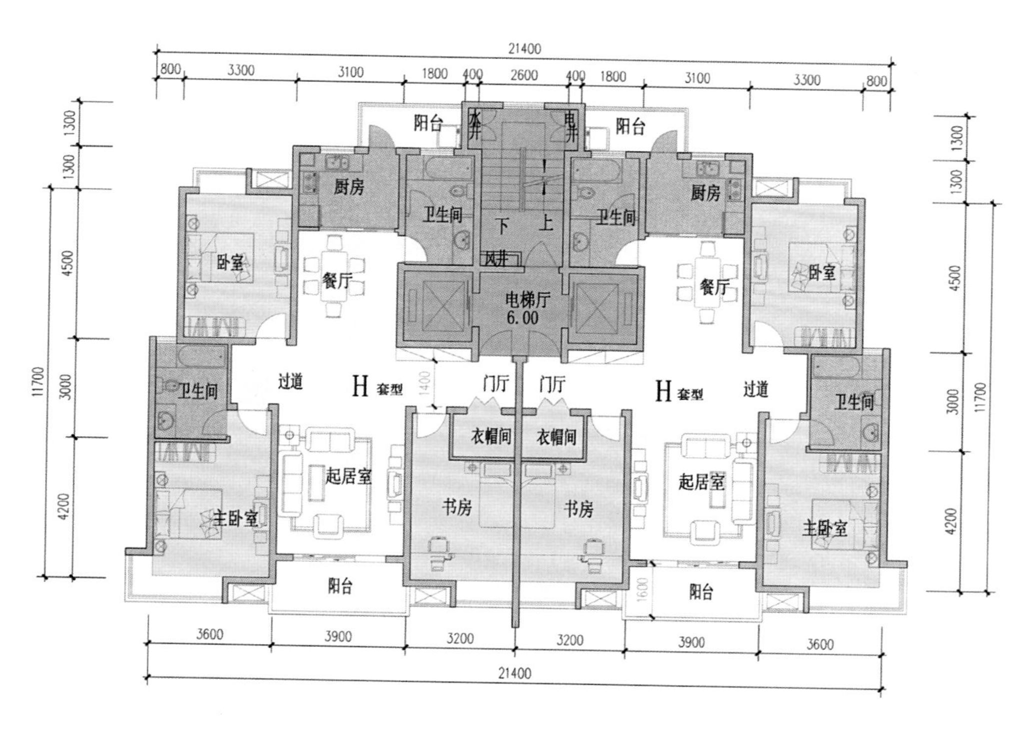

三室户单元平面图

满洲里市天骄嘉园

规划设计单位：满洲里建筑勘察设计有限责任公司

开发建设单位：呼伦贝尔天成房地产开发有限责任公司

专家评审意见

总体评价

1. 天骄嘉园小区规划分区规划，结构合理，空间紧凑，规划方案与周边环境融合，与城市功能协调。
2. 规划总平面布局简洁明快，小区出入口设置与道路交通系统便捷合理。
3. 小区绿化景观设计注重细节，步行与景观设置得当，安全舒适。

几点意见

1. 地面停车过多，建议北区设置地下集中车库，以减少区内机动车穿行。
2. 建议对北区原幼儿园规划位置进行调整，使其靠近城市道路，以增强实用性，减少对区内环境和交通的影响。

总平面图

规划设计理念

本工程地块通过政西三街将地块分为两个区，规划将北区设计为5层至11层的中档小区，南区则为3层的低密度高档小区，西区为城市大型公园及绿地，规划布置时充分考虑景观视线，将公园景观融合在小区中，为用户提供高档次的休闲娱乐环境，整个小区的天际线由南向北逐渐升高。丰富了整个城市的形态，并与整个地块的周边环境形成了统一。

主要经济技术指标

项目		数值
用地面积（m^2）		83500.75
总建筑面积（m^2）		119725
容积率		2.01
建筑占地面积（m^2）		25654.5
建筑密度（%）		30
其中	住宅	99841
	公建	5500
	商业	14384
建筑最大层数		11
建筑最大高度（m）		33
住宅建筑居住户数（套）		1150
居住人数		3450
户均人口		3

注：住宅一层均为车库

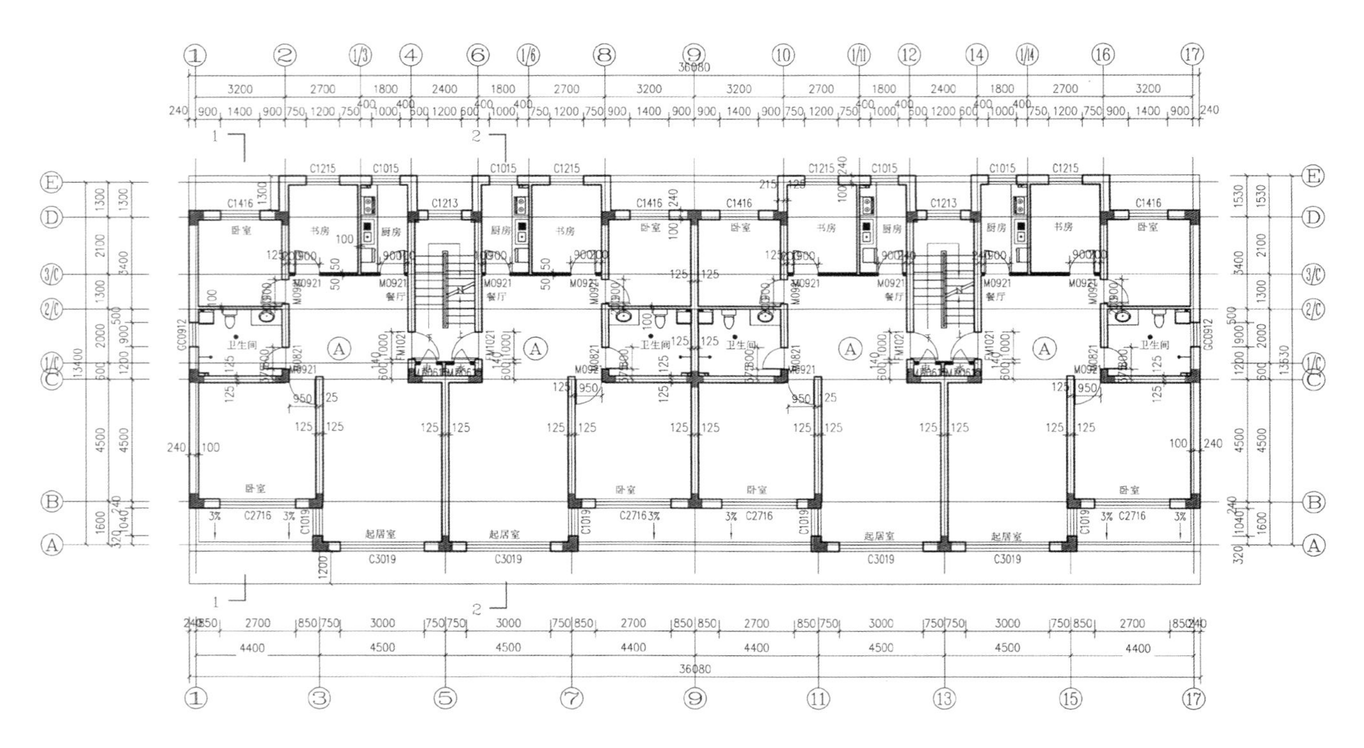

舒适型单元平面图

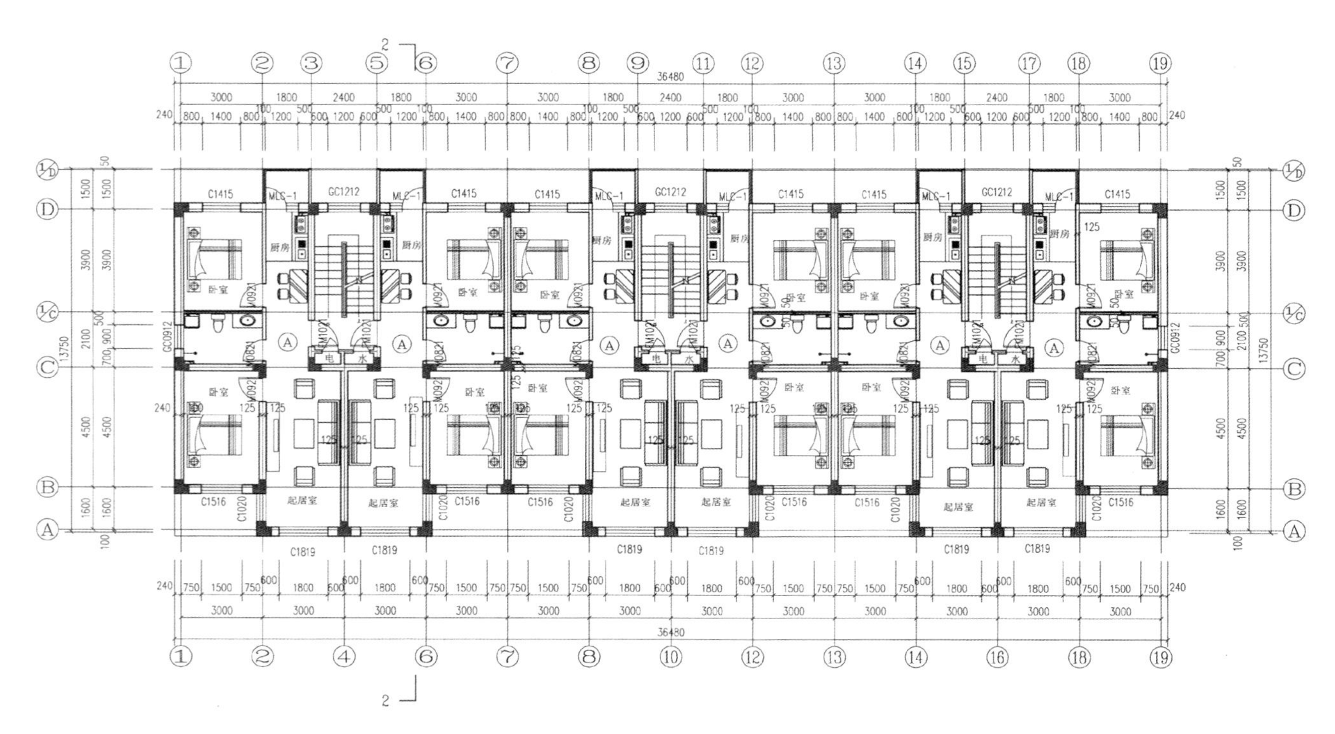

紧凑型单元平面图

巴彦淖尔市龙湖湾工程B地块

规划设计单位：上海三益建筑设计有限公司

开发建设单位：华裕房地产开发集团有限公司

专家评审意见

总体评价

1. 龙湖湾小区规划设计方案实践了既有现代感又能与当地经济文化发展相结合的宜居小区的理念。
2. 小区规划方案设计比较注重人与环境的关系，规划考虑了居住者较高的生活品质要求，小区规划含住宅公寓及周边街区商业，使得小区总平面布局相对封闭，保证了小区安全、安静的环境，兼顾了新城改造中的就业要求。
3. 小区绿化景观规划完整丰富，绿地景区有序，有实质内容，实用性强，住宅交错，更拓展了良好的视觉宽度。
4. 小区出入口设置合理，道路交通系统完整便捷，步行系统与景观设计相结合，舒适怡情。

几点意见

1. 在规划架构上建议进一步强化组团空间的构建，以求形成更具亲近感的邻里空间氛围。
2. 结合小区出入口与小区道路主路的设置，调整地下车库入口的位置，减少机动车对区内环境的干扰，对规划路网适度精简，减少部分支路，最大程度保障居民宅前私密空间的完整。

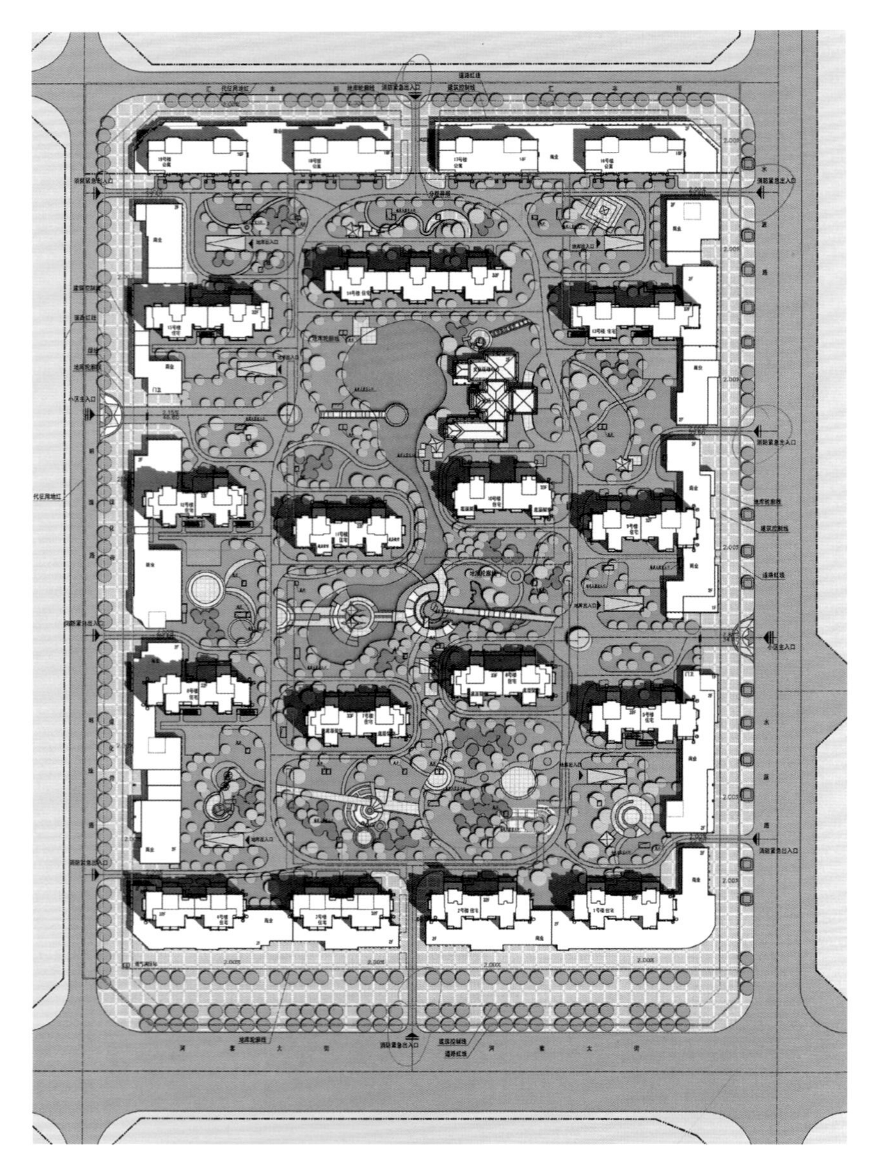

总平面图

B地块商业用地技术经济指标表

项目			单位	数量
用地面积			m^2	16522.88
总建筑面积			m^2	89534.05
其中	计算容积率建筑面积		m^2	67235.02
	其中	公寓建筑面积	m^2	56451.06
		商业及配套建筑面积	m^2	10783.42
	保温层建筑面积（不计容积率）		m^2	2110.99
	地下建筑面积		m^2	20188.04
	其中	地下车库	m^2	20188.04
建筑密度			%	50.8
容积率				4.069
绿地率			%	40.0
地下车库停车数（地下）			辆	390

B地块住宅用地技术经济指标表

项目			单位	数量
用地面积			m^2	154200.21
总建筑面积			m^2	726342.78
其中	计算容积率建筑面积		m^2	435593.47
	其中	公寓建筑面积	m^2	395487.90
		商业及配套建筑面积	m^2	38436.04
		会所建筑面积	m^2	1669.53
	阳台建筑面积（不计容积率）		m^2	11291.35
	保温层建筑面积（不计容积率）		m^2	10694.51
	地下建筑面积		m^2	268763.45
	其中	住宅地下室	m^2	38546.03
		地下车库	m^2	230217.42
建筑密度			%	21.0
容积率				2.825
绿地率			%	40.0
户数			户	3100
机动车停车数（地下）			辆	5267
自行车停车数（地下）			辆	4872

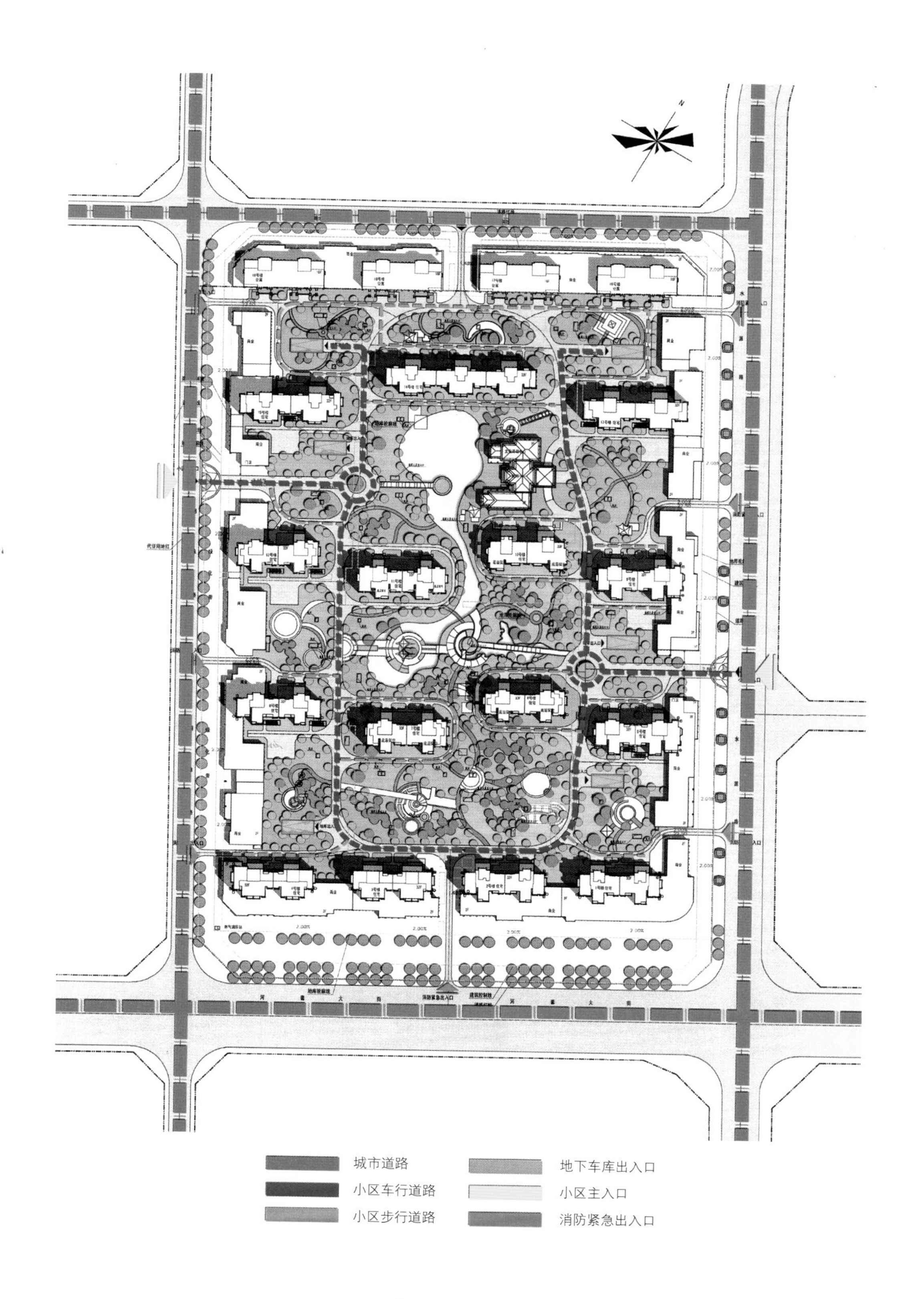
城市道路
小区车行道路
小区步行道路
地下车库出入口
小区主入口
消防紧急出入口

交通分析图

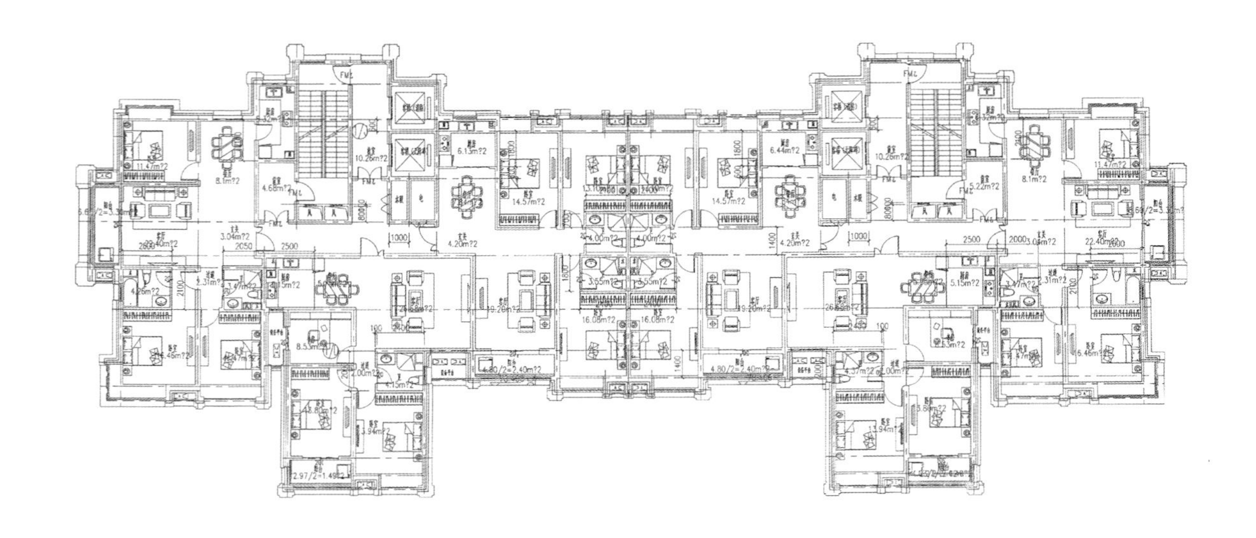

一梯三户平面图

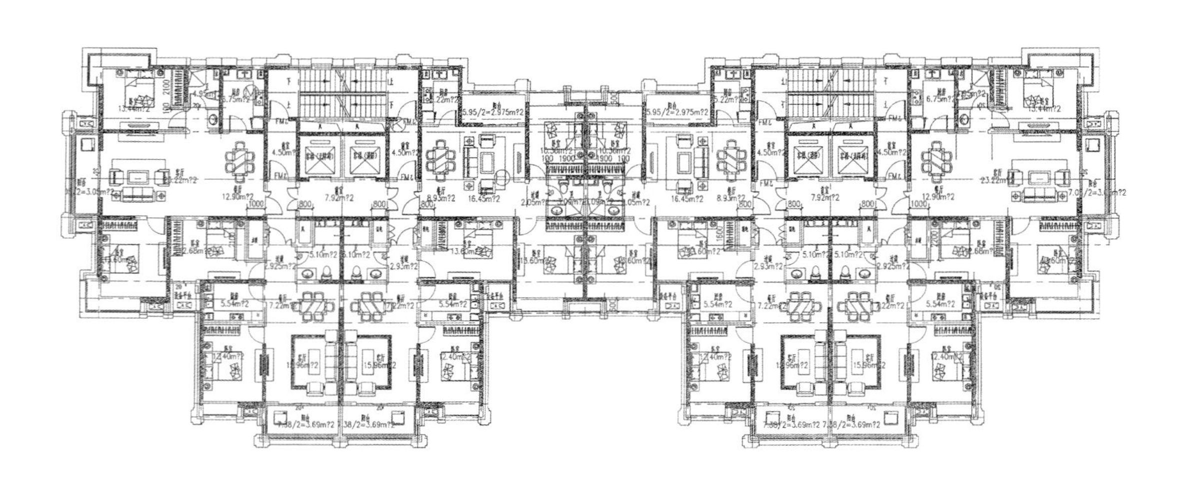

一梯四户平面图

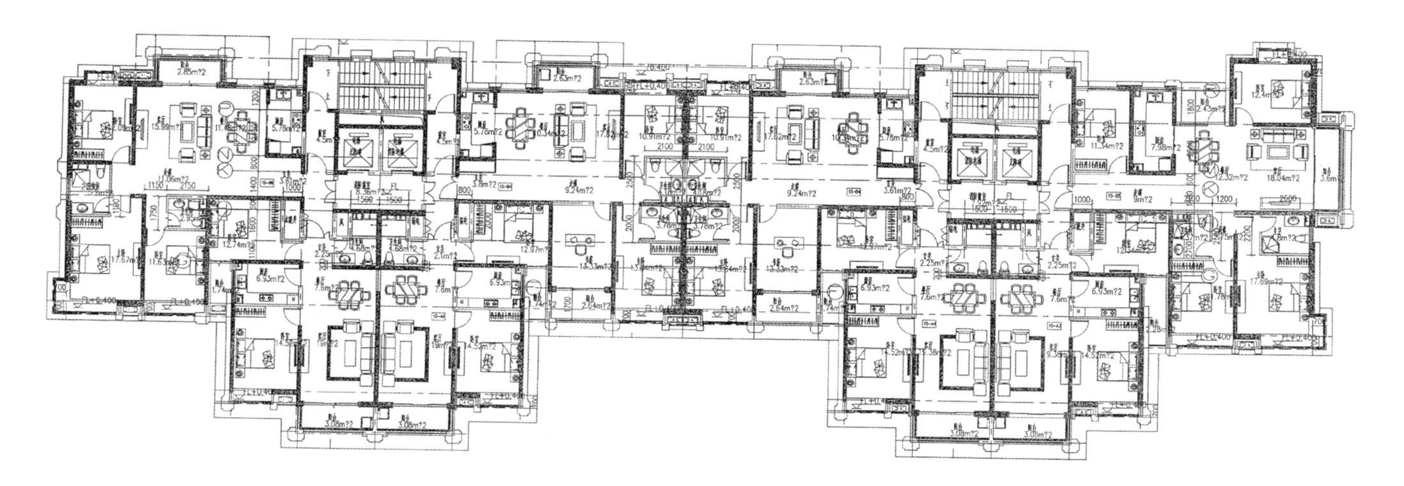

一梯四户平面图

小区透视图

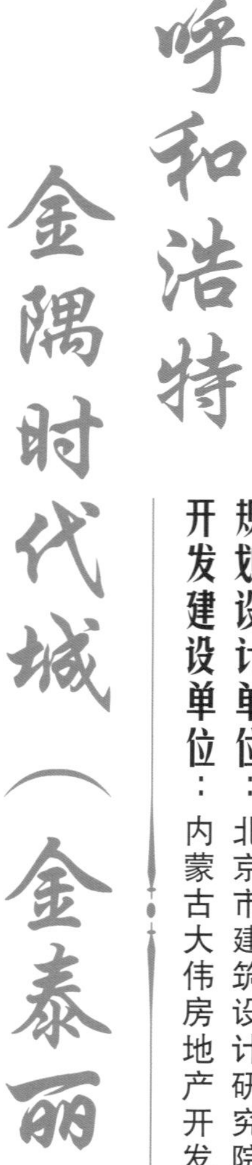

呼和浩特

金隅时代城（金泰丽湾）

规划设计单位： 北京市建筑设计研究院

开发建设单位： 内蒙古大伟房地产开发有限公司

专家评审意见

总体评价

1. 以绿色生活为设计理念，总平面布局简洁明快，充分提升了水岸的价值。
2. 设置外围环形车道，对园区内的影响较小。
3. 住宅空间关系清晰，利于居民生活和交流。
4. 利用借景，丰富了园区内的绿色环境。

几点意见

1. 完善增加尽端式道路的回车空间及无障碍设施。
2. 对日照分析进行复核，要确保不达标楼层的日常使用功能。
3. 减少中间水系的面积，增加具有参与性、趣味性的室外活动空间。
4. 完善小区配套，方便居民生活。

区位分析图

透视图

总平面图

项目整体经济技术指标表

名称			单位	数量
规划建设用地面积			m^2	69013
总建筑面积			m^2	287347.32
不计入容积率面积			m^2	55983.72
	地下车库面积		m^2	21842
	住宅地下面积		m^2	14141.72
	商业办公地下面积		m^2	20000
计入容积率面积			m^2	231363.60
其	商业、办公面积		m^2	75000
		高层办公面积	m^2	59000
		商业建筑面积	m^2	16000
	住宅面积		m^2	156363.60
中		高层住宅面积	m^2	155098.60
		配套公建面积	m^2	1115
		车库人行出入口面积	m^2	150

名称			单位	数量
机动车停车数			辆	1017
其	商业办公	地上	辆	30
		地下	辆	400
中	住宅	地上	辆	15
		地下	辆	572
非机动车停车数			辆	1144
容积率				3.35
绿化率			%	35
总建筑密度			%	20.6
总户数（住宅）			户	572
总人数（住宅）（按每户3.2人计算）			人	1831
建筑高度（最高点）			m	73.5
办公层数			层	地上18地下2
住宅层数			层	地上22地下2

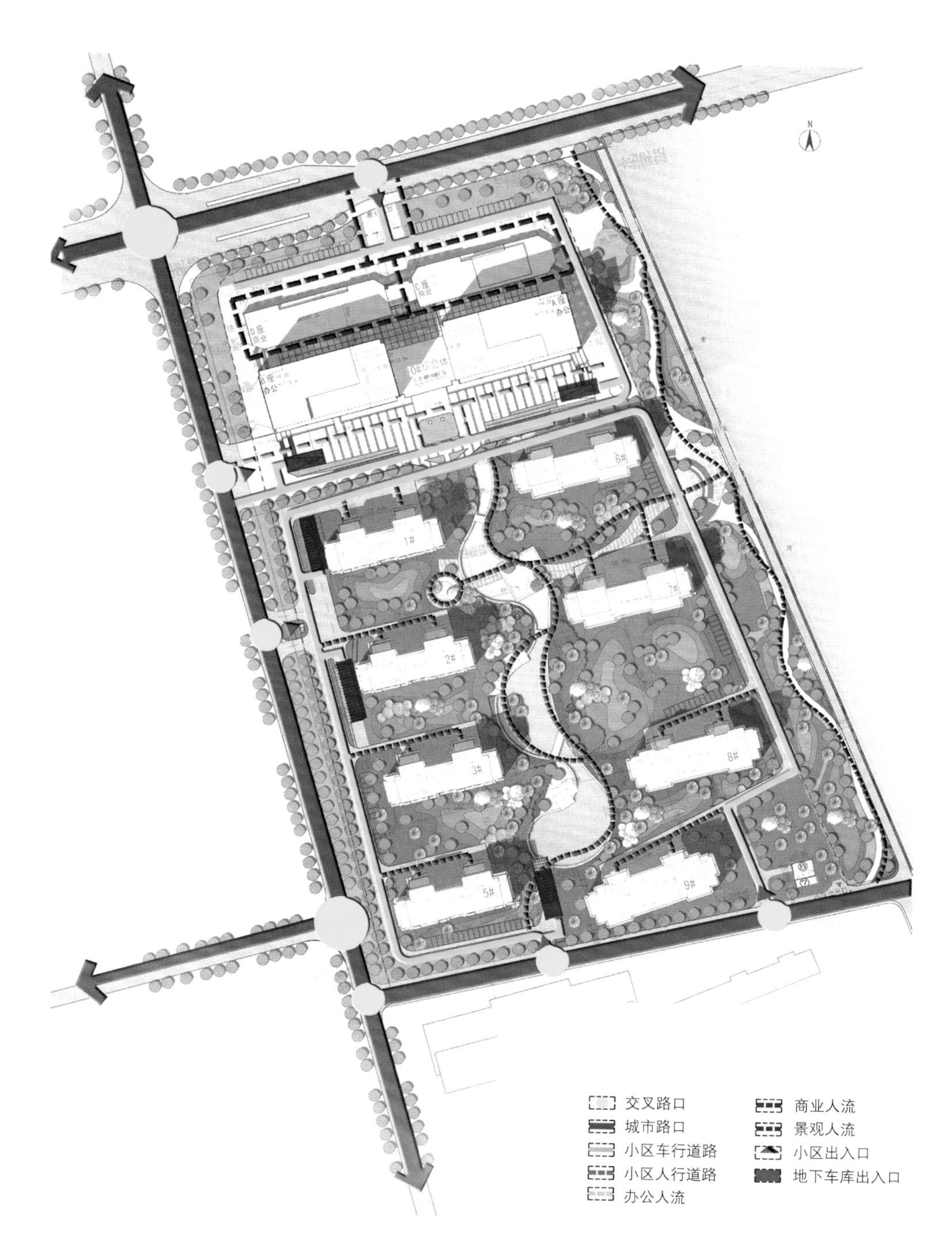

交通分析图

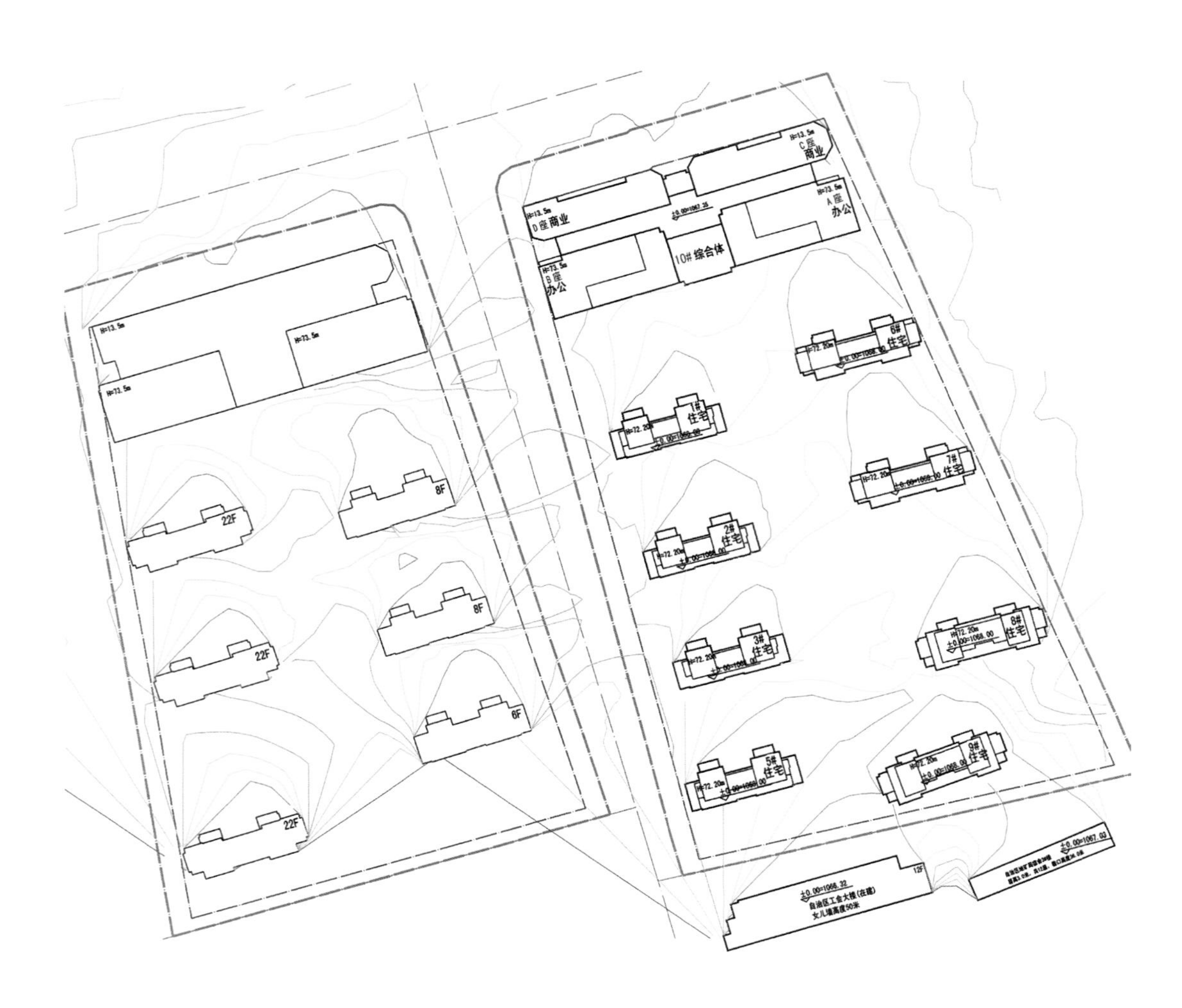

日照分析图

大寒日1小时	大寒日5小时
大寒日2小时	大寒日6小时
大寒日3小时	大寒日7小时
大寒日4小时	大寒日8小时

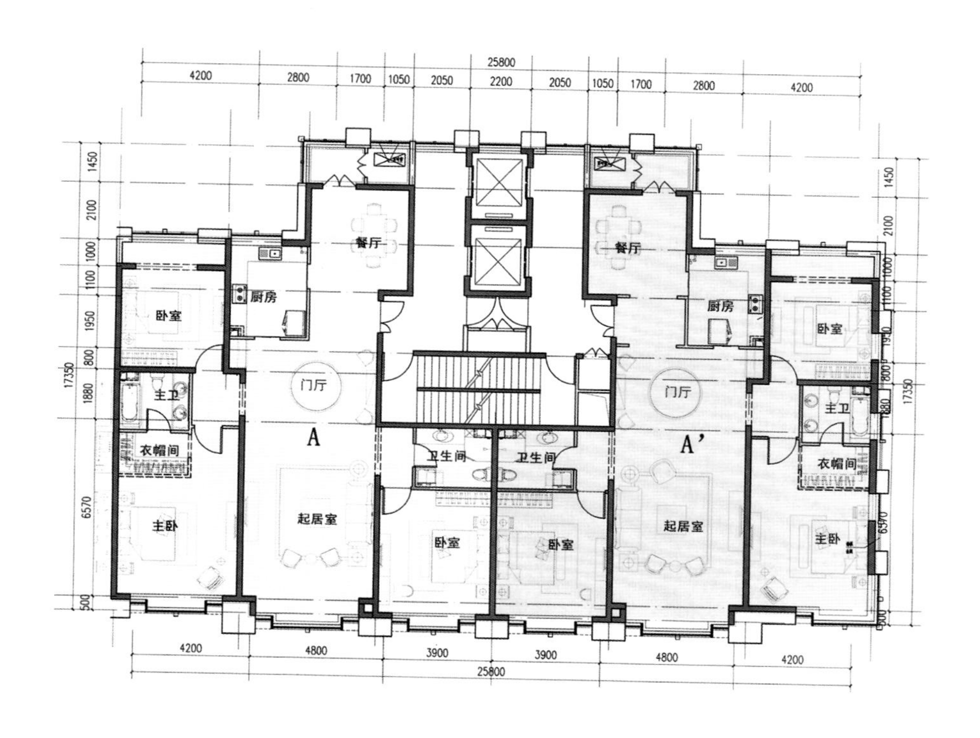
25800
4200
2800
1700
1050
2050
2200
2050
1050
1700
2800
4200
餐厅
厨房
卧室
门厅
主卫
A
A’
衣帽间
卫生间
卫生间
主卧
起居室
卧室
卧室
起居室
主卧
餐厅
厨房
卧室
门厅
主卫
衣帽间
4200
4800
3900
3900
4800
4200
25800
1450
2100
1000
1100
1950
800
1880
6570
500
17350

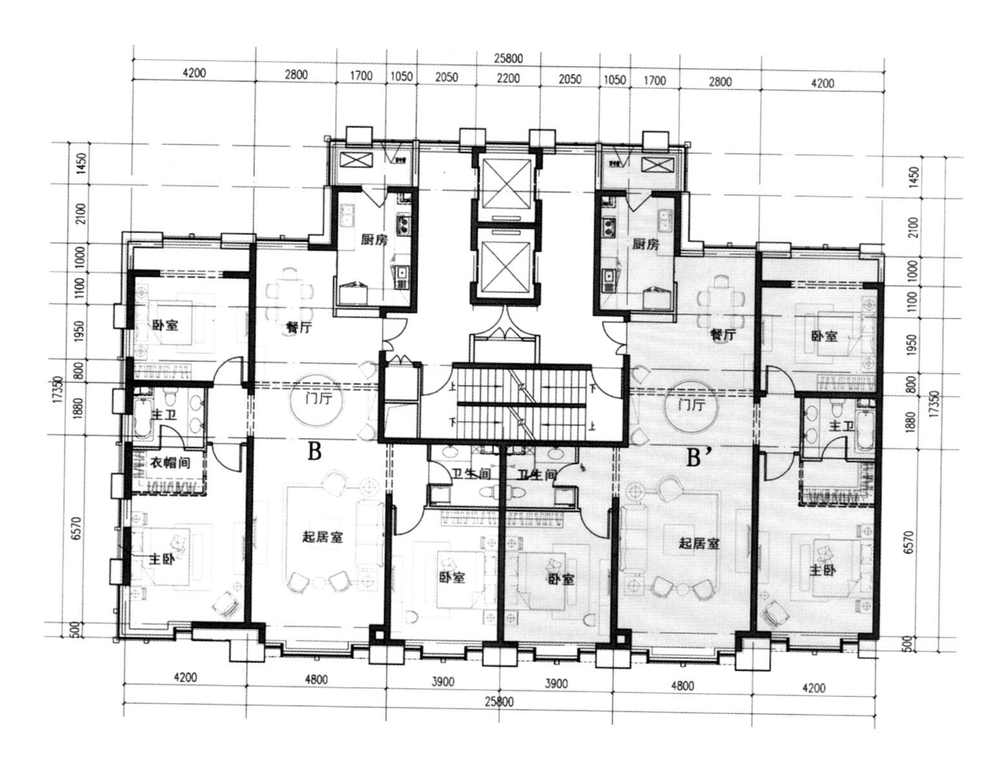
25800
4200
2800
1700
1050
2050
2200
2050
1050
1700
2800
4200
厨房
厨房
卧室
餐厅
门厅
主卫
衣帽间
B
B’
卫生间
卫生间
起居室
主卧
卧室
卧室
起居室
餐厅
卧室
门厅
主卫
主卧
4200
4800
3900
3900
4800
4200
25800
1450
2100
1000
1100
1950
800
1880
6570
500
17350

一梯二户平面图

跃层下层平面图

跃层上层平面图

东营众成格林星城

规划设计单位：北京梁开建筑设计事务所

开发建设单位：众成格林星城规划建筑设计

专家评审意见

总体评价

1. 格林星城住宅小区选址得当，区内功能分区明确，布局结构清晰。组织结构方便居民生活，有利邻里交往和物业管理。此外，小区内还合理利用原用地中的一些构筑物，作为小区景观构成的一部分，有助于形成小区自身的景观特色。
2. 住宅布置满足日照要求，采用单元式住宅形态，可获得良好的通风和较好的室内外环境质量。小区空间层次清楚，空间尺度适宜，且能保证居民生活的安静与安全。
3. 小区采用两级道路系统，构架清楚，分级明确，方便居民与外界联系。小区采用了人车分流的交通方式，减少了人车的相互干扰，同时也满足消防要求。此外小区还做到了每户一个车位,满足了近期发展的需要。
4. 小区绿化率达40%以上，集中绿地与分散绿地相结合，形成系统。结合绿地设置了多种居民户外活动场所，满足居民户外生活的需要。小区在充分利用周边城市设施之外，也适当设置了满足小区居民日常基本需要的设施。

几点意见

1. 应采用最新周边环境资料、建设规划图纸文件，以便更切实际地规划设计格林星城项目。
2. 应标出住宅之间的实际距离，应满足当地日照间距的要求，并应在绿地中设置供老人、儿童活动的场地。
3. 应进一步深化规划设计，满足无障碍设计的规划要求。
4. 小区出入口、特别是机动车出入口的拐弯半径应满足行车要求。
5. 建议改变集贸市场的设计定位，按现代居住区小型社区超市的模式进行设计。
6. 规划技术指标应符合东营当地政府管理部门的相关规定。

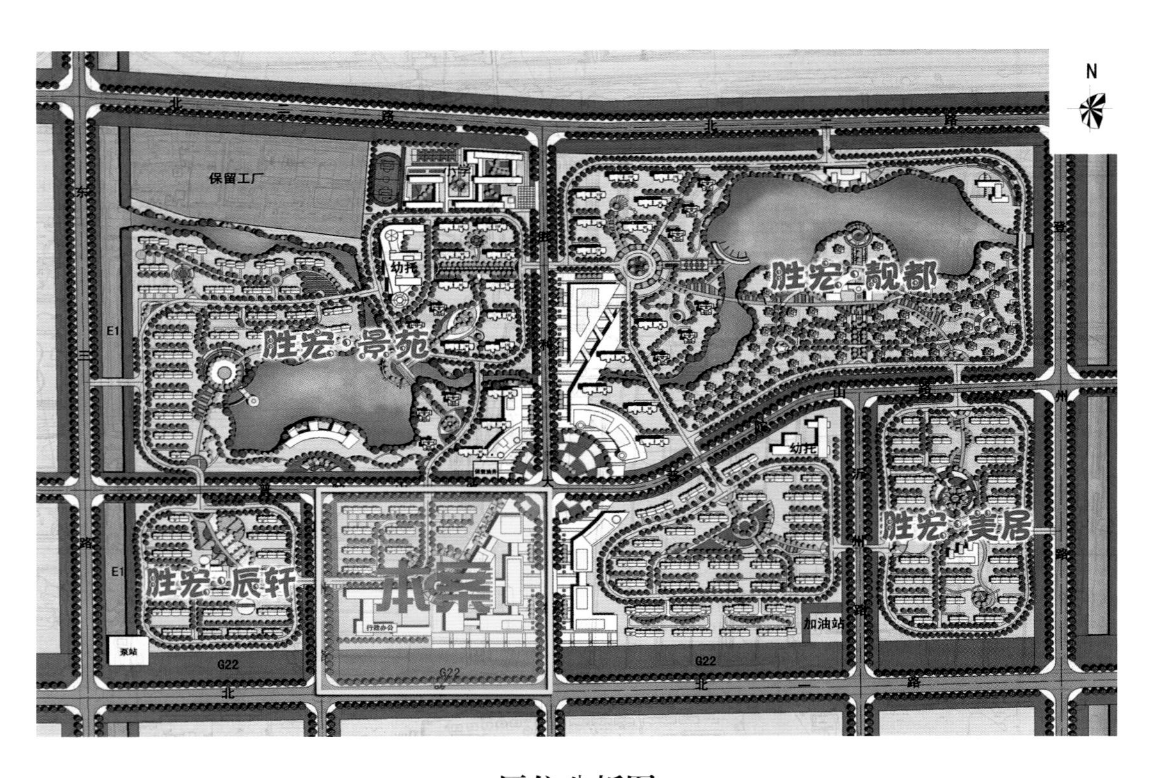

区位分析图

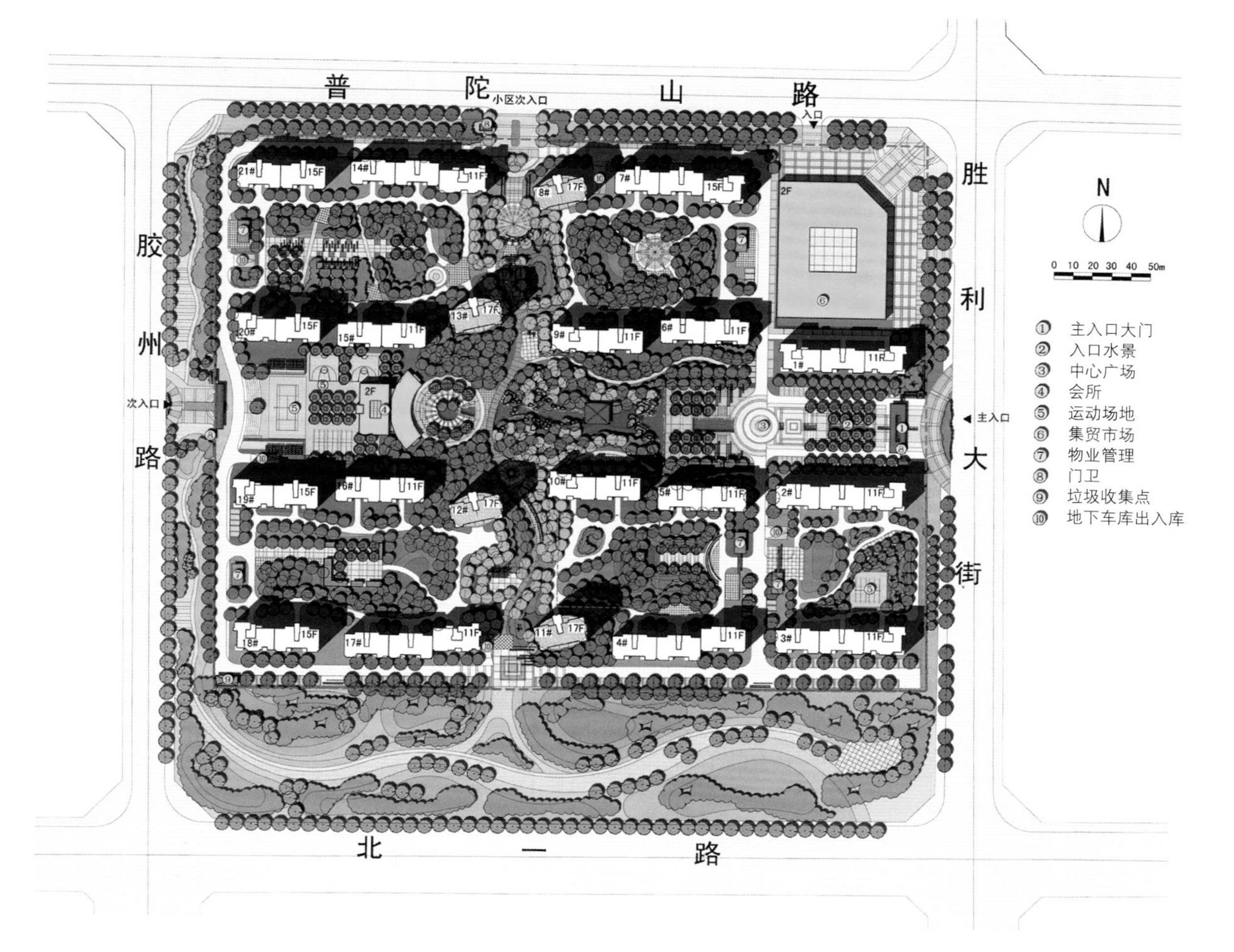

总平面图

综合技术经济指标

项目				单位	指标
用地面积				hm^2	10.53
其中	居住区用地面积			hm^2	9.77
	集贸市场用地面积			hm^2	0.76
总建筑面积				万m^2	21.28
其中	地上建筑面积			万m^2	17.18
	其中	住宅建筑面积		万m^2	16.38
		公建建筑面积		万m^2	0.80
			集贸市场	万m^2	0.66
			会所	万m^2	0.12
			物业管理	万m^2	0.02
	地下建筑面积			万m^2	4.10
总户数				户	1126
平均每户建筑面积				m^2／户	141.2

项目		单位	指标
居住人口		人	3604
户均人口		人／户	3.2
住宅平均层数		层	12.4
人口毛密度		人／hm^2	343
容积率			1.63
建筑密度		%	15.95
绿地率		%	44.16
总机动车位		辆	1164
	居住区机动车位	辆	1130
	商业配套机动车位	辆	34
	地上停车位	辆	332
	地下停车位	辆	832

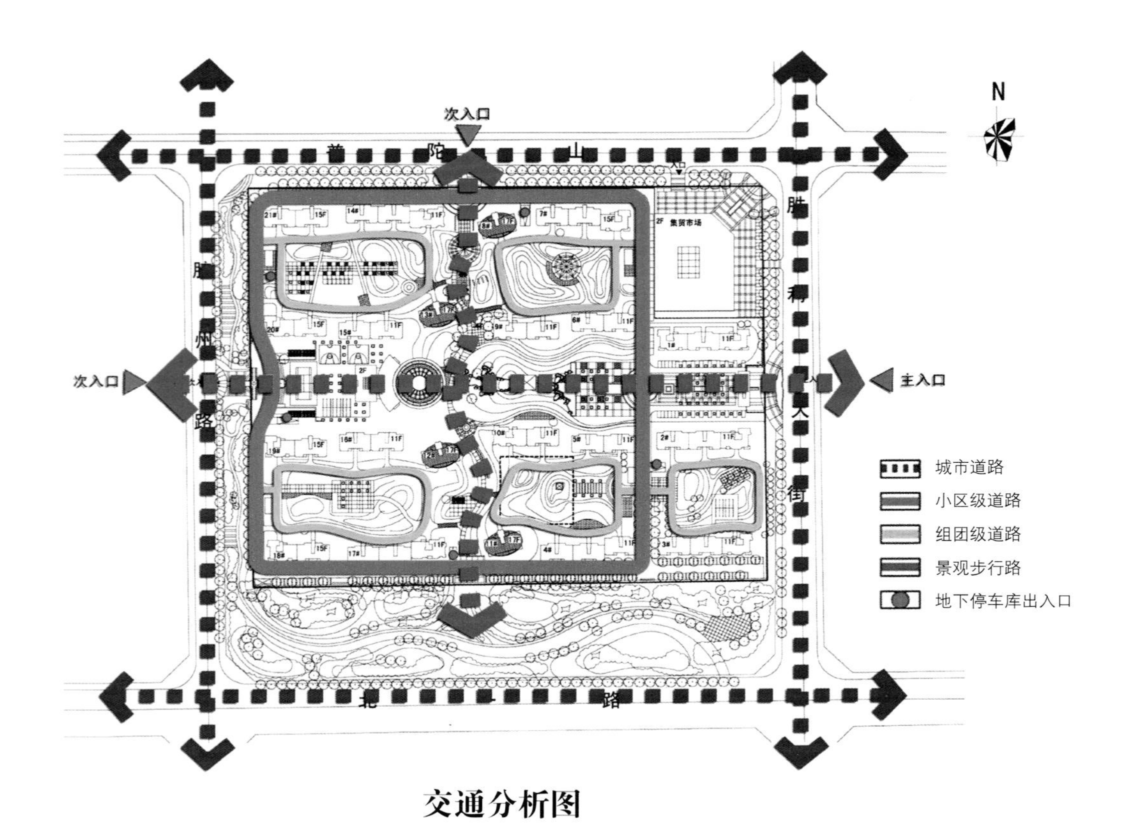
N
次入口
次入口
主入口
普陀山路
胜州路
北路
胜利大街
集贸市场
城市道路
小区级道路
组团级道路
景观步行路
地下停车库出入口

交通分析图

N
日照0～1小时
日照1～2小时
日照2～3小时
日照3～4小时
日照4～5小时
日照5～6小时
日照6～7小时
日照7～8小时

日照分析图

中高层单元平面图

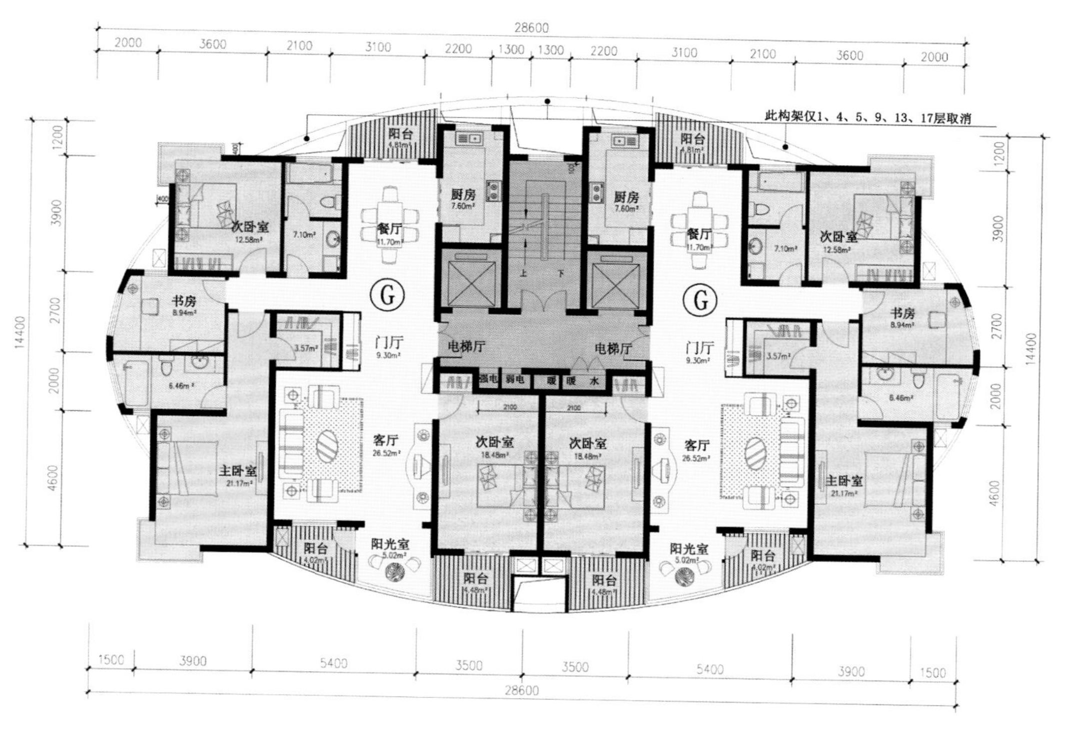

高层单元平面图

规划设计单位：保定市泓达建筑设计有限公司

开发建设单位：安国冀威房地产开发有限公司

专家评审意见

总体评价

1. 凤凰城规划小区分为A、B两个地块，规划布局采用行列式的布局方式，11层、18层、28层建筑相结合，布局规整，基本南北朝向，朝向好，通风好。
2. 小区A块道路交通规划了一个主环路的交通系统，两个出口与城市道路相连，居民出行交通方便。小区机动车停车以地下为主，地上为辅，停车率达50%以上，较好地解决了居民近期的停车问题。
3. 小区设中心公共绿地，加之宅前屋后的充分绿化，绿地率达36%以上，为居民创造了一个较好的绿色环境空间。
4. 小区设幼儿园、会所、社区服务及商业等，公共服务设施配套齐全。

几点意见

1. 小区路分级不清，建议小区道路分为主路及宅前路兼消防车道(二级即可)，B地块南端主路增加一个西出入口。请注意地下车库上覆土要有一定厚度，以满足种植高大乔木之需。小区消防车道可到达建筑周边长度要求应严格遵照《住宅建筑规范》高层住宅消防的规定。
2. 小区公共绿地严重不足，建议A地块调整一下建筑布局，以扩大中心公共绿地，且不减少建筑面积。B地块，建议南北向主路尽可能向西靠，以形成组团中心公共绿地。
3. 建议要认真复核一下日照分析，若有满足不了大寒日2小时满窗日照时，应妥善处理。
4. 建议小区应按《城市居住区规划设计规范》的要求，补充技术经济指标、公共设施一览表及用地平衡表，并应符合规范要求。

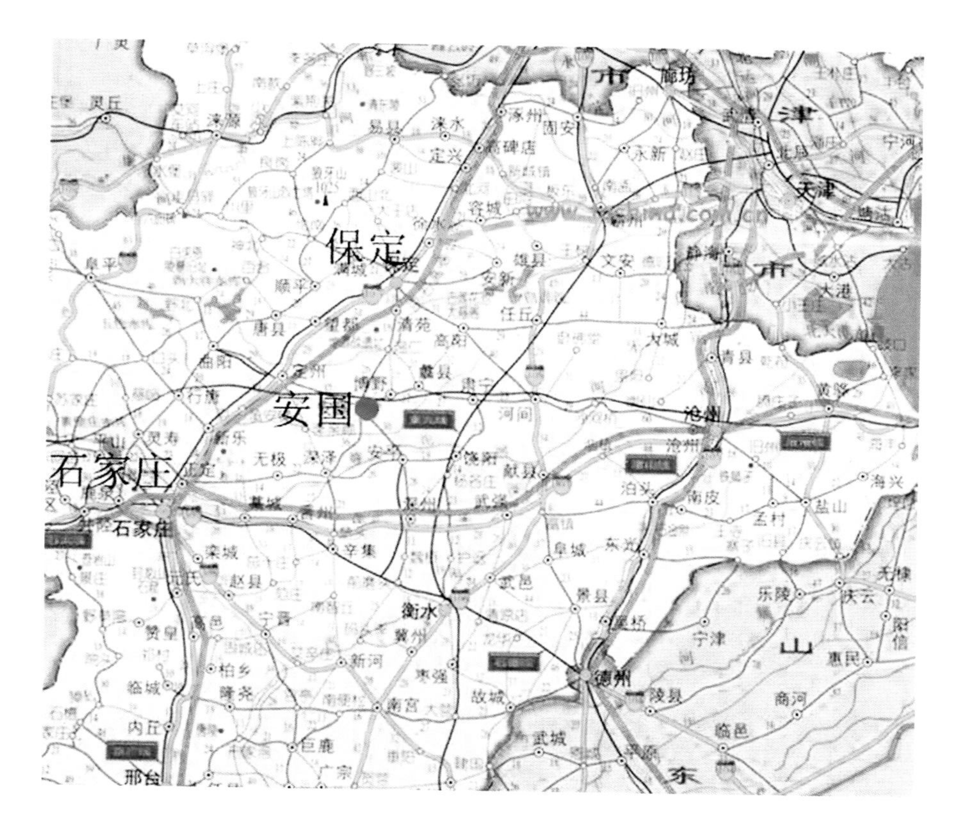
保定
安国
石家庄
廊坊
天津
涞源
易县
涞水
定兴
涿州
固安
高碑店
容城
雄县
安新
文安
任丘
清苑
满城
顺平
唐县
望都
定州
曲阳
阜平
行唐
灵寿
新乐
无极
深泽
安平
博野
蠡县
肃宁
河间
大城
青县
静海
大港
沧州
黄骅
献县
饶阳
泊头
南皮
孟村
盐山
海兴
藁城
晋州
辛集
武强
阜城
东光
景县
衡水
冀州
栾城
赵县
元氏
宁晋
新河
枣强
故城
赞皇
高邑
柏乡
隆尧
临城
内丘
邢台
巨鹿
广宗
南宫
德州
陵县
宁津
吴桥
乐陵
庆云
无棣
阳信
惠民
商河
临邑
武城
平原
灵丘
阜平

区位分析图

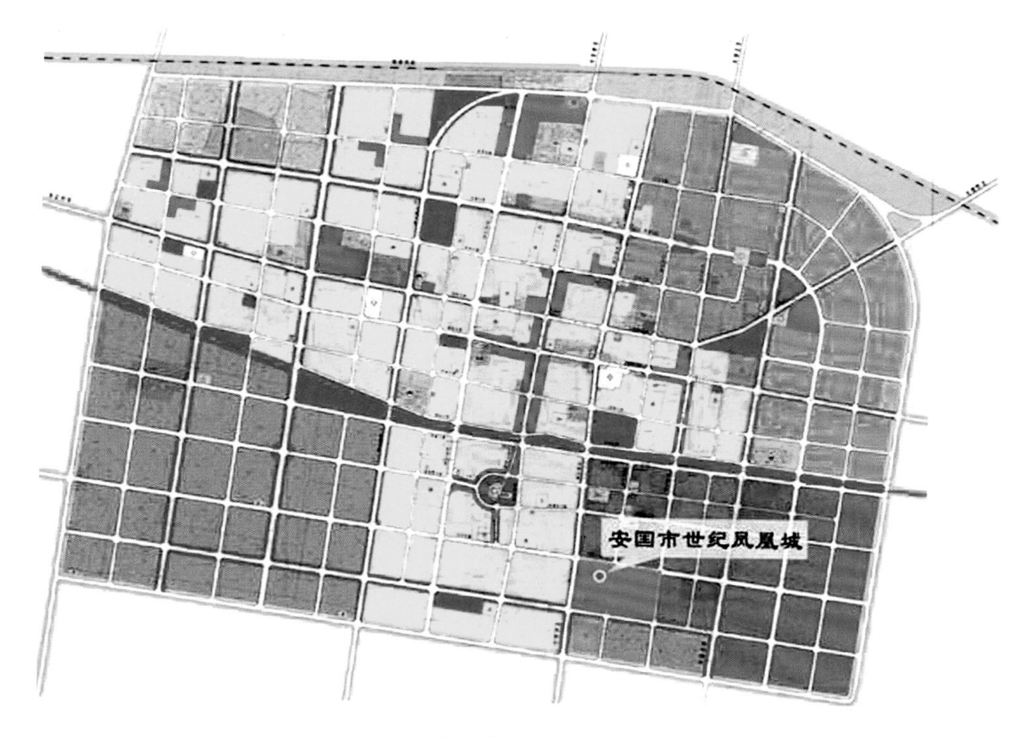
安国市世纪凤凰城

项目位置图

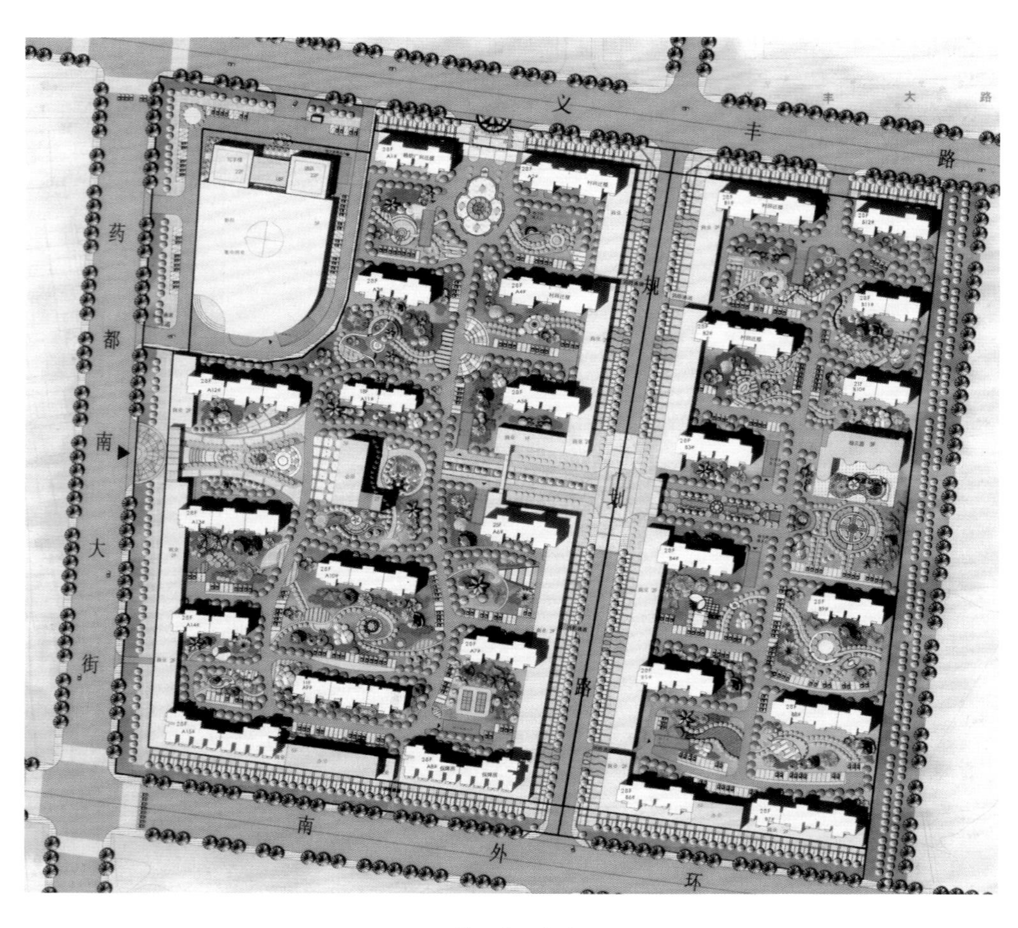

总平面图

A＋B区经济技术指标

序号	项目	数量	单位	附注
1	总用地面积	204981	m^2	
	实际用地面积	184578	m^2	
2	总建筑面积	744733	m^2	其中地上610144m^2
	住宅建筑面积	631849	m^2	其中地上547503m^2
	商业建筑面积	57121	m^2	
	幼儿园	3200	m^2	
	会所建筑面积	2300	m^2	
	地下车库建筑面积	54313	m^2	
3	建筑占地面积	42163	m^2	
4	绿地面积	74466	m^2	
5	绿地率	36.33	%	
6	建筑密度	20.57	%	
7	容积率	2.98		
8	停车位	2539	个	地上686个，地下1853个
9	总户数	4729	户	

A区经济技术指标

序号	项目	数量	单位	附注
1	总用地面积	119600	m^2	
	实际用地面积	105659	m^2	
2	总建筑面积	424920	m^2	其中地上348355m^2
	住宅建筑面积	361942	m^2	其中地上312080m^2
	商业建筑面积	33955	m^2	
	会所建筑面积	2300	m^2	
	地下车库建筑面积	29243	m^2	
3	建筑占地面积	24921	m^2	
4	绿地面积	43857	m^2	
5	绿地率	36.67	%	
6	建筑密度	20.84	%	
7	容积率	2.91		
8	停车位	1166	个	地上388个，地下985个
9	总户数	3477	户	

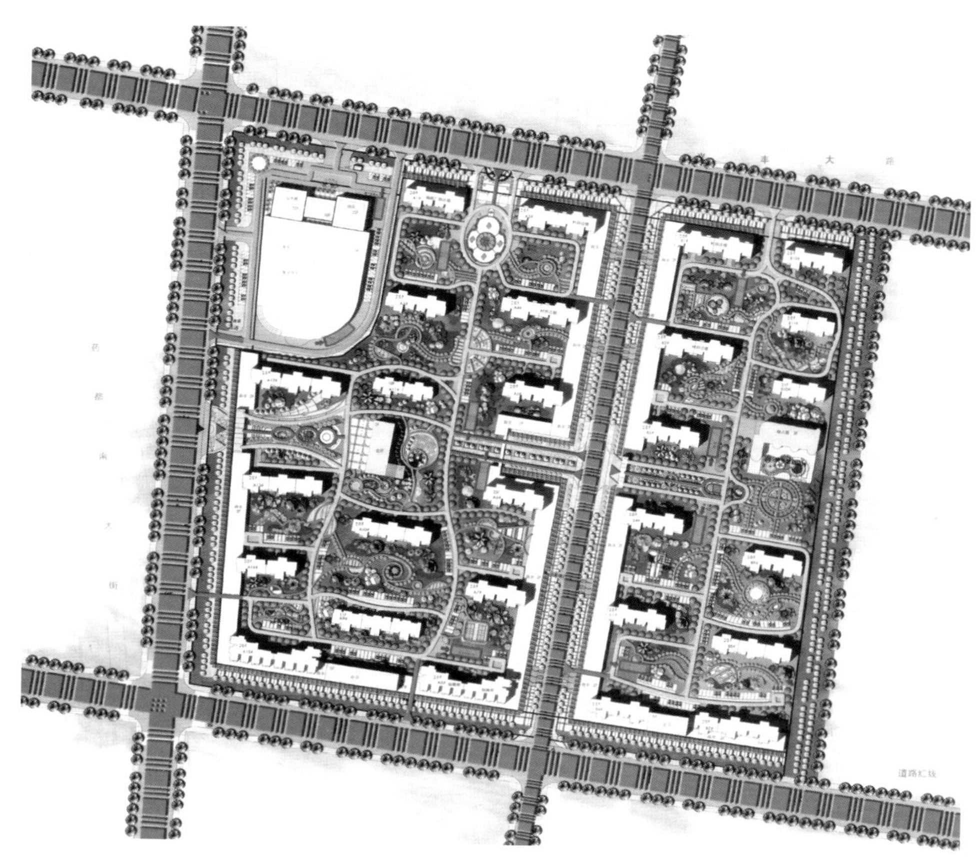

城市交通干道
人行商业街
集中商业区主要干道
规划主要车行干道
规划人行园路
车行出入口
人行出入口
消防干道出入口
地下车库出入口

交通分析图

B区经济技术指标

序号	项目	数量	单位	附注
1	总用地面积	85381	m^2	
	实际用地面积	78919	m^2	
2	总建筑面积	319813	m^2	其中地上348355m^2
	住宅建筑面积	269907	m^2	其中地上312080m^2
	商业建筑面积	23166	m^2	
	幼儿园	3200	m^2	
	地下车库建筑面积	25070	m^2	
3	建筑占地面积	17242	m^2	
4	绿地面积	30609	m^2	
5	绿地率	20.19	%	
6	建筑密度	35.85	%	
7	容积率	3.07		
8	停车位	1373	个	地上388个，地下985个
9	总户数	2204	户	

透视图（A 区10号楼北立面）

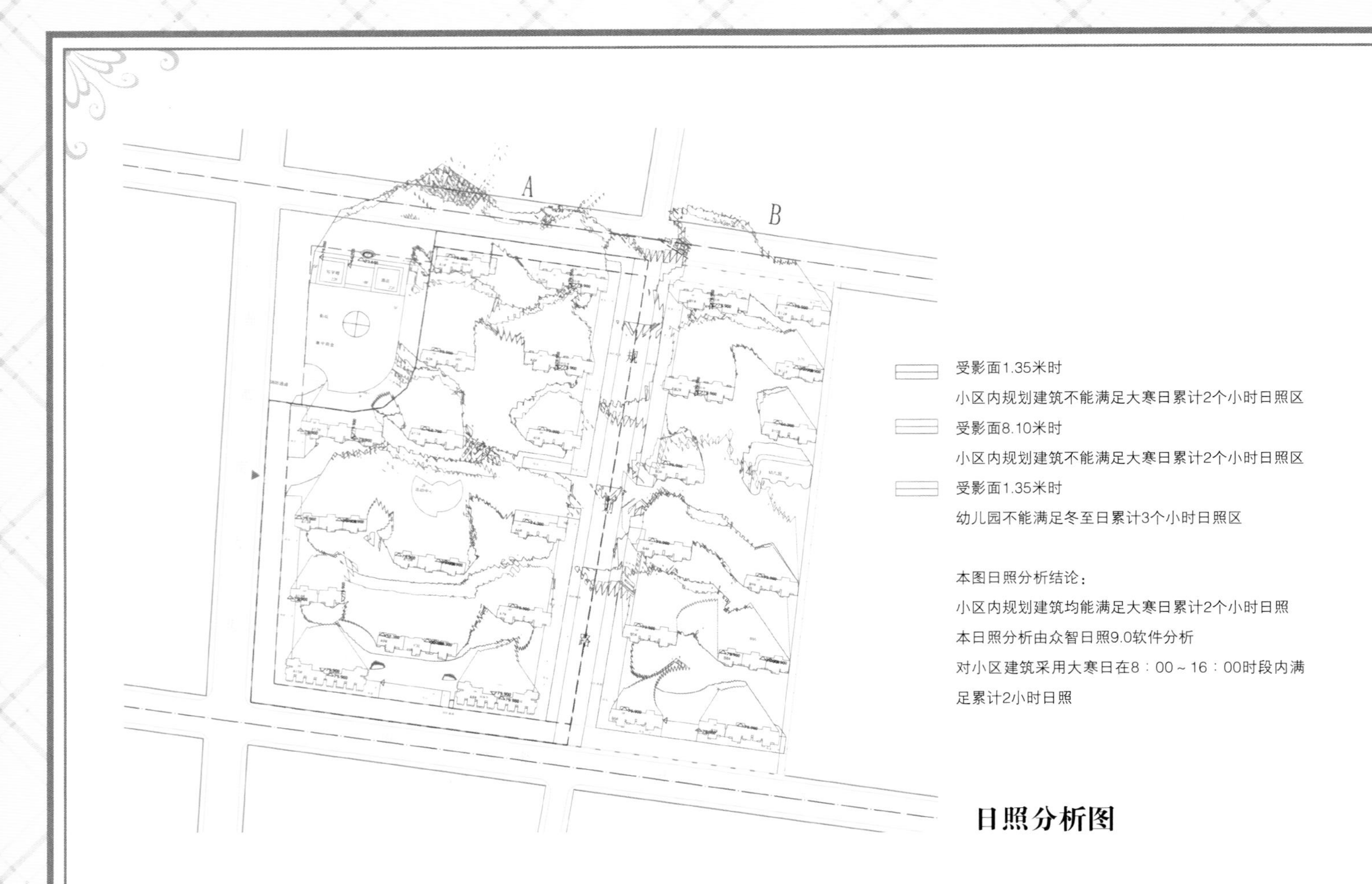
A
B
受影面1.35米时
小区内规划建筑不能满足大寒日累计2个小时日照区
受影面8.10米时
小区内规划建筑不能满足大寒日累计2个小时日照区
受影面1.35米时
幼儿园不能满足冬至日累计3个小时日照区
本图日照分析结论：
小区内规划建筑均能满足大寒日累计2个小时日照
本日照分析由众智日照9.0软件分析
对小区建筑采用大寒日在8：00～16：00时段内满足累计2小时日照

日照分析图

商业综合体效果图

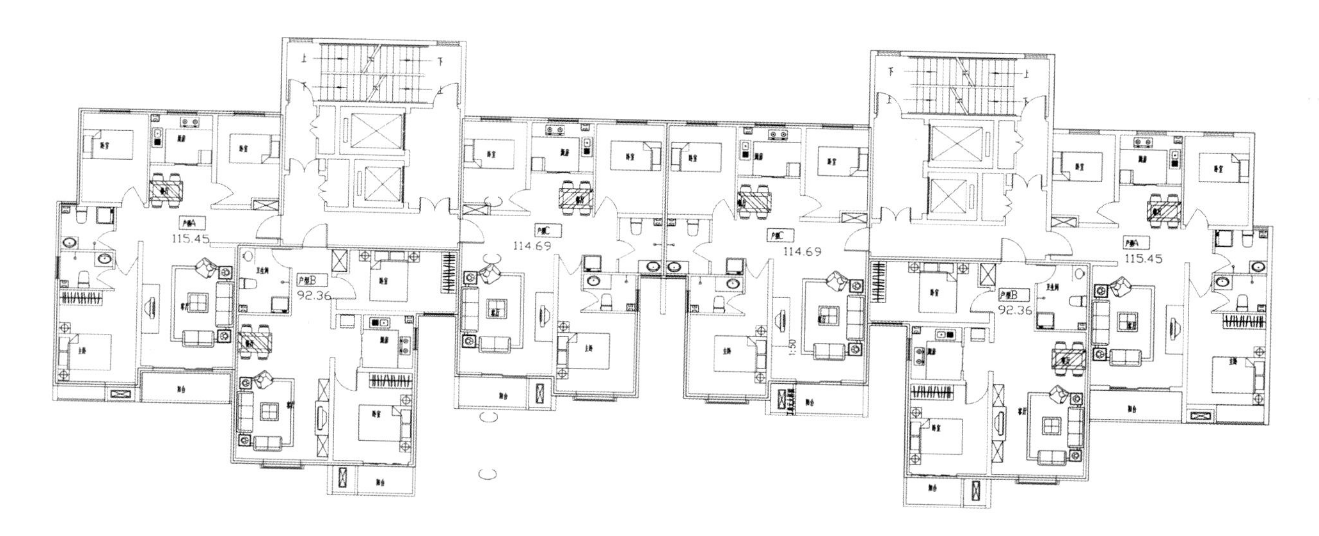

标准层图1

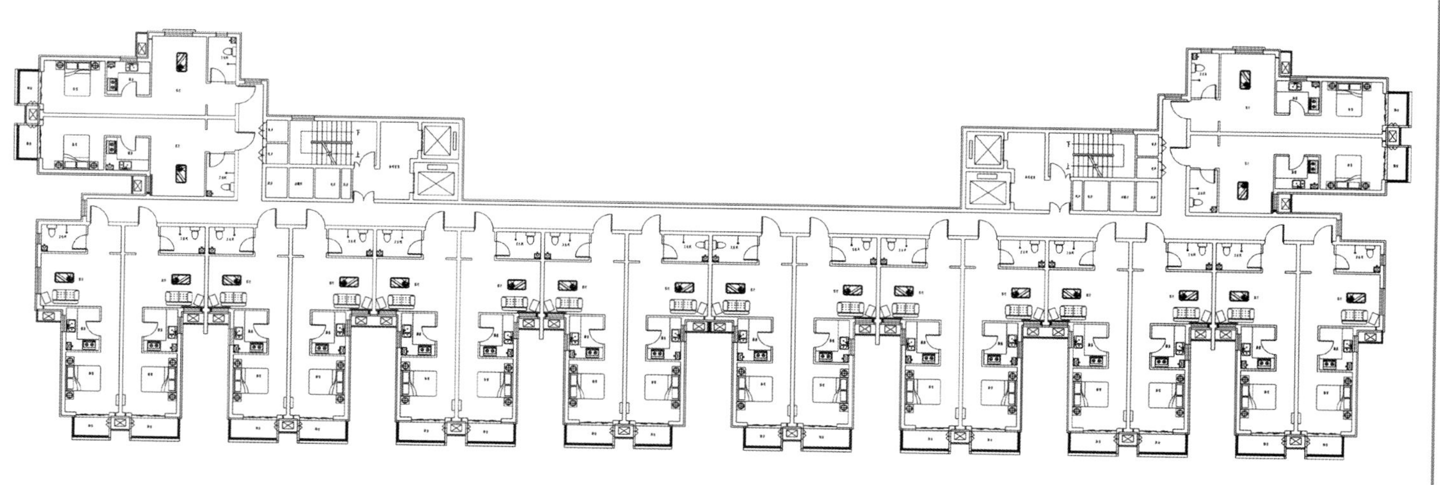

标准层图2

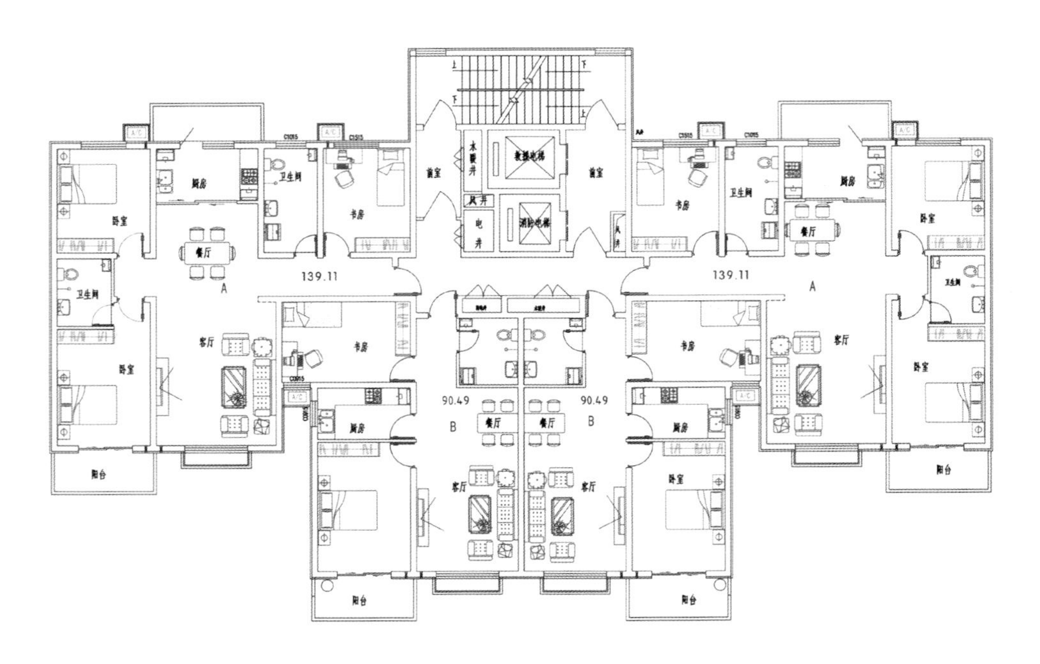

标准层图3

规划路商业效果图

廊坊市中科紫峰住宅小区

规划设计单位： 北京新创中盛国际建筑设计事务所

开发建设单位： 廊坊市科通房地产开发有限公司

专家评审意见

总体评价

1. 小区规划采用南北朝向行列式布局形式，建筑形态塔楼与矮板结合，高低错落。中心设置了一个较大的公共空间，结构清晰，布局合理，朝向好，通风佳。
2. 小区道路交通规划了一个外环的交通系统，两个出入口与城市道路连接，宅前路兼消防车道，二级道路功能清晰，居民出入交通方便。小区机动车停车以地下为主，地上停车为辅，停车率55%，基本上解决了居民停车问题。
3. 小区规划了一个较大的中心公共绿地，人均公共绿地达1.5m^{2}以上，为居民创造了一个较好的绿色休闲环境空间。
4. 小区设幼儿园、商业服务、餐饮、会所等，公共服务设施配套较齐全。

几点意见

1. 建议复核一下日照分析，若有满足不了国家规范要求的情况，应妥善处理。
2. 建议高层住宅宅前路兼消防车道，并能满足一个长边长度要求等，如可满足国家规范要求，不一定要设计成环路，特别是中心公共绿地不要被消防车道切割。建议尽可能再提高一下机动车的停车率，以满足发展之需。
3. 建议建筑与环境绿化方面不要刻意强调欧陆风格，应尽可能吸收与发扬中华传统建筑文化与地域文化为佳。

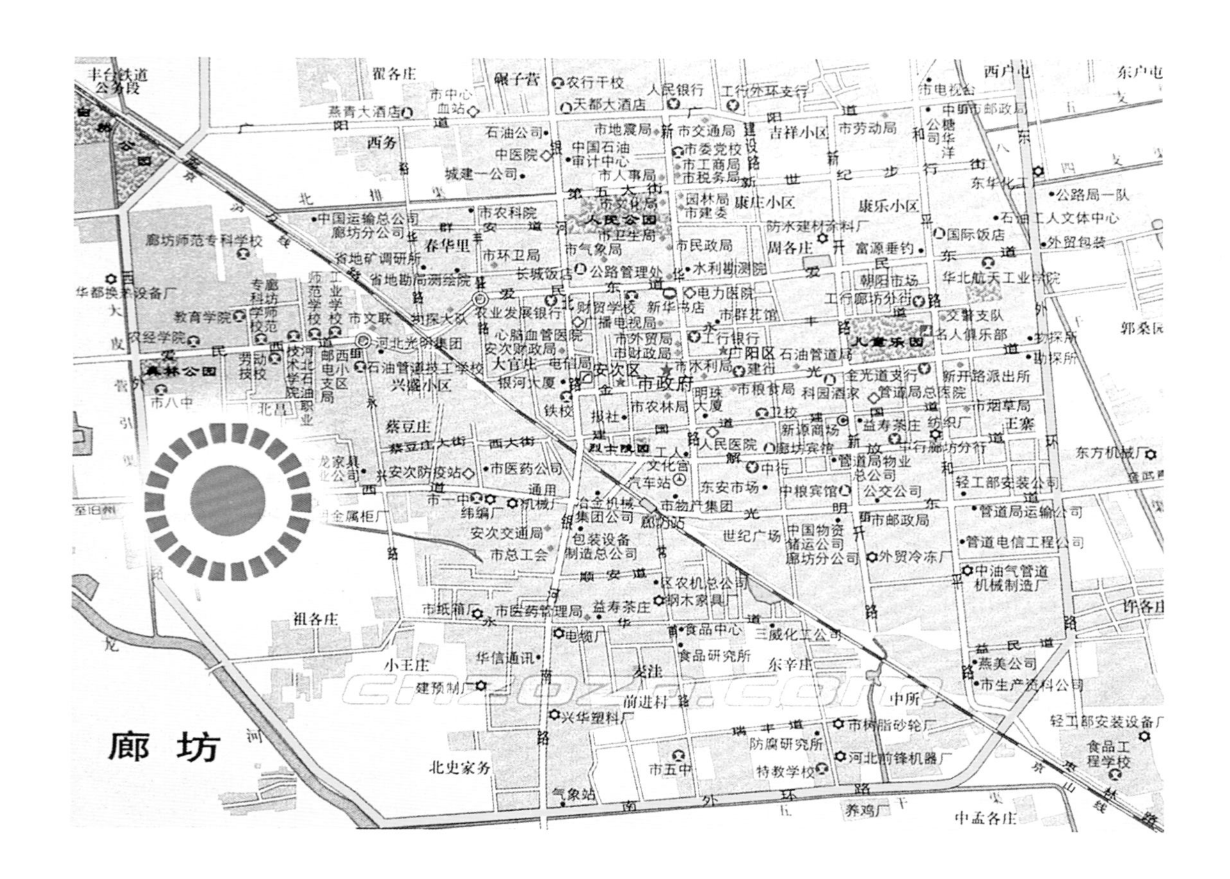

廊 坊
市政府
人民公园
儿童乐园
安次区
广阳区
廊坊站
翟各庄
西户屯
东户屯
祖各庄
小王庄
北史家务
蔡豆庄
康庄小区
康乐小区
吉祥小区
兴隆小区
许各庄
中孟各庄
东辛庄
中所
王寨
廊坊师范专科学校
市一中
市五中

光 阳 西 道
育 才 路

区位分析图

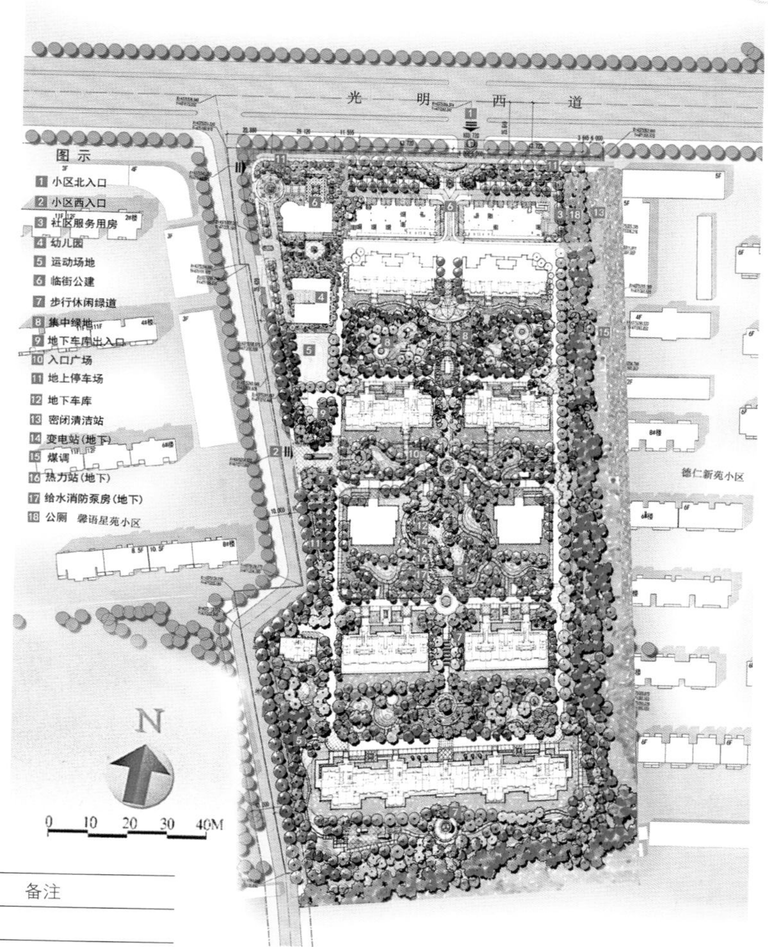

总平面图

主要经济技术指标

序号	项目			数量	单位	备注
1	规划用地面积			5.5773	hm^2	
2	规划总建筑面积			138873.17	m^2	
3	规划地上建筑面积（计算容积率面积）			111546	m^2	
	其中	住宅建筑面积		105366.97	m^2	
		配套公建建筑面积		2399.21	m^2	
		商业建筑面积		3779.82	m^2	
4	规划地下总建筑面积			27327.17	m^2	
	其中	商业地下面积		2049.26	m^2	
		住宅地下面积		7204.13	m^2	
		地下车库面积		18073.76	m^2	6、7、10、11号楼地下2层计入地下车库
			其中：人防面积	3120.75	m^2	8、9号楼地下3层计入地下车库
5	容积率			2.00		
6	建筑密度			15.41	%	
7	建筑占地面积			8593.44	m^2	
8	绿地率			35.1	%	
9	公共绿地面积			19576.32	m^2	
10	人均公共绿地面积			5.15	m^2	
11	规划总居住户数			1086	户	
12	规划居住人数			3801	人	按3.5人／户
13	廉租房			1075.08	m^2	占住宅面积比例为1.02%
14	90m^{2}以下套型建筑面积			42598.04	m^2	占住宅面积比例为40.73%
	90m^{2}以上套型建筑面积			62759.93	m^2	占住宅面积比例为59.57%
15	规划机动车停车			606	辆	
	其中	地上		58	辆	
		地下		548	辆	
16	自行车停车位			2671	辆	4、5、12号楼地下一层

用地平衡表

项目	单位	数量	%
规划用地	hm^2	5.5773	100%
住宅用地	hm^2	3.8273	68.6%
公建用地	hm^2	0.61	10.9%
道路用地	hm^2	0.54	9.8%
公共绿地	hm^2	0.60	10.7%

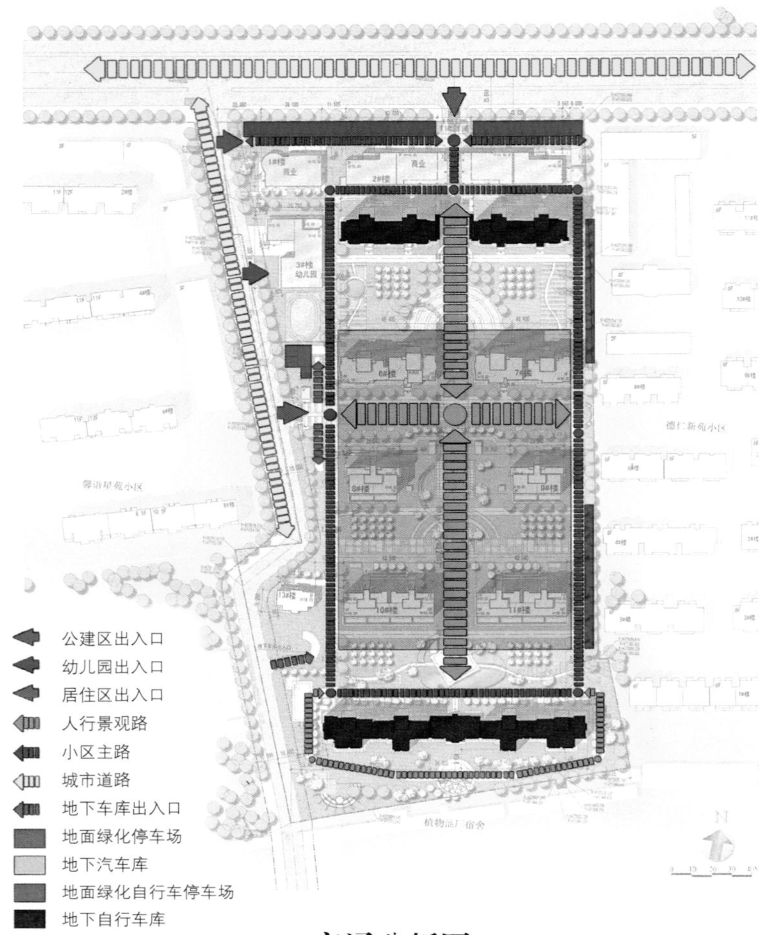
公建区出入口
幼儿园出入口
居住区出入口
人行景观路
小区主路
城市道路
地下车库出入口
地面绿化停车场
地下汽车库
地面绿化自行车停车场
地下自行车库

交通分析图

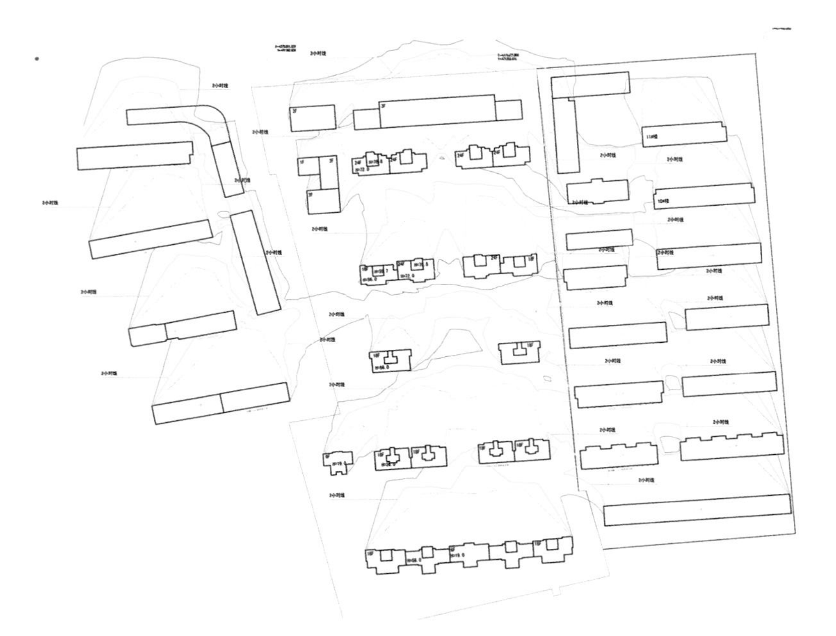

日照分析图

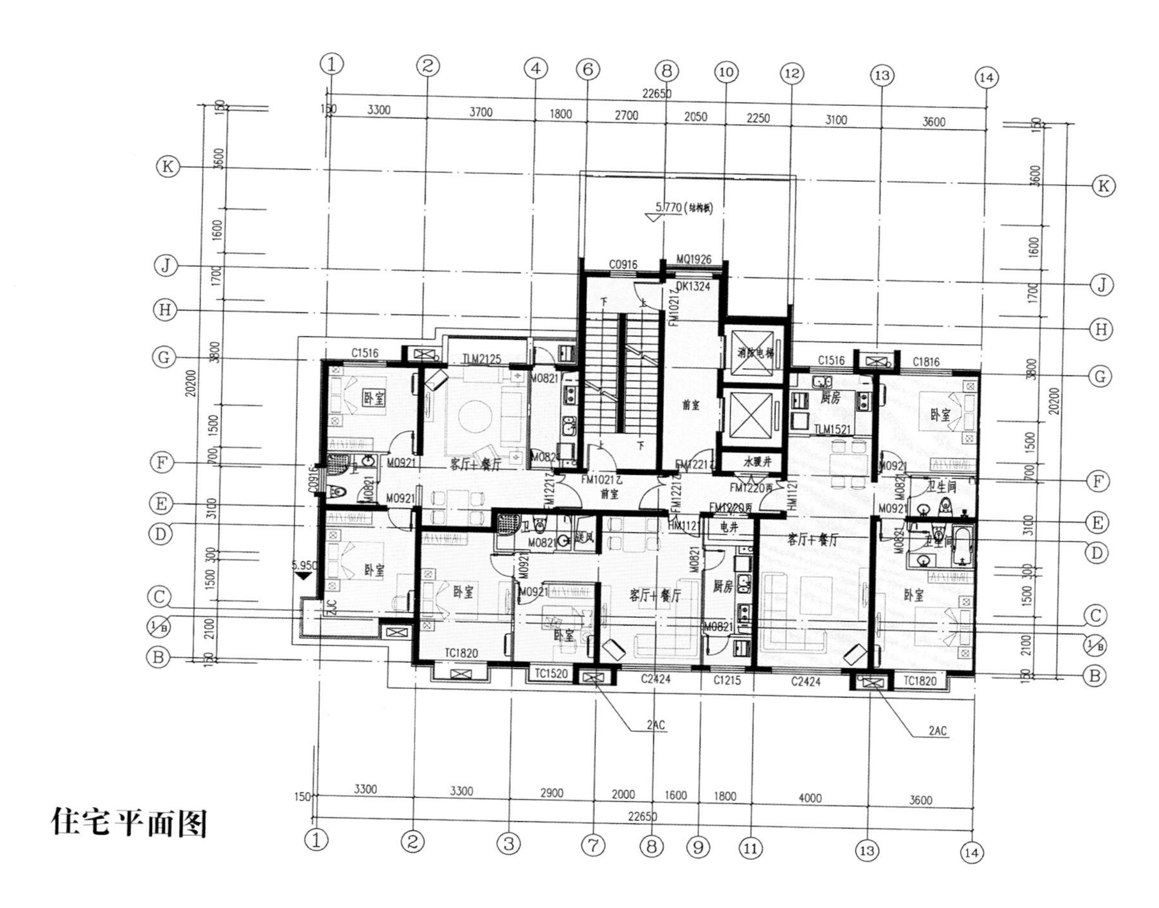

22650
3300
3700
1800
2700
2050
2250
3100
3600
5.770（结构板）
C0916
MQ1926
DK1324
C1516
TLM2125
M0821
卧室
客厅+餐厅
前室
消防电梯
厨房
TLM1521
C1816
卫生间
水暖井
电井
M0921
FM1021乙
FM1221乙
HM1121
TC1820
TC1520
C2424
C1215
2AC
5.950
20200
2900
2000
1600
1800
4000

住宅平面图

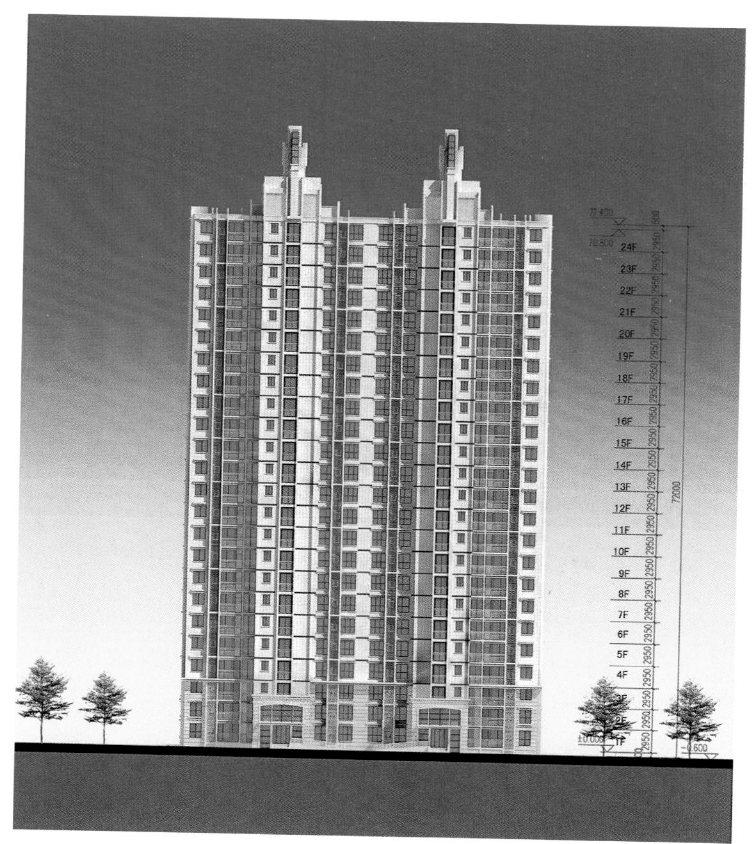

24F
23F
22F
21F
20F
19F
18F
17F
16F
15F
14F
13F
12F
11F
10F
9F
8F
7F
6F
5F
4F
1F
72000
±0.000
-0.600

立面图

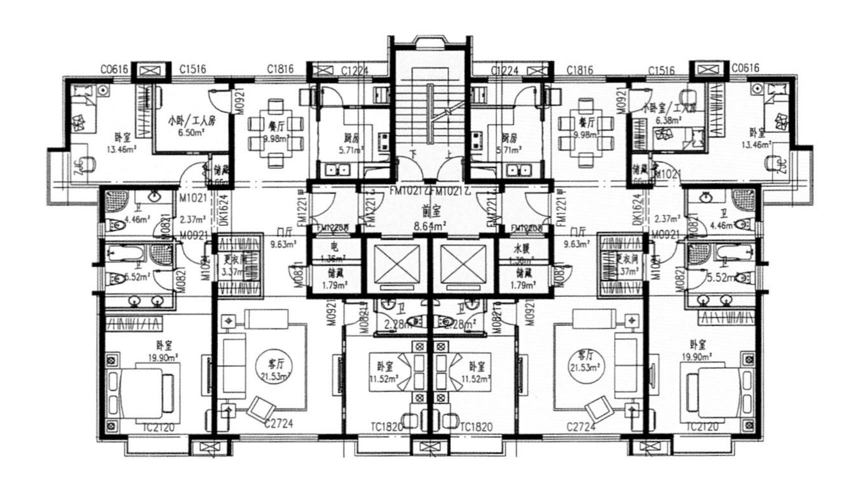

标准层平面图

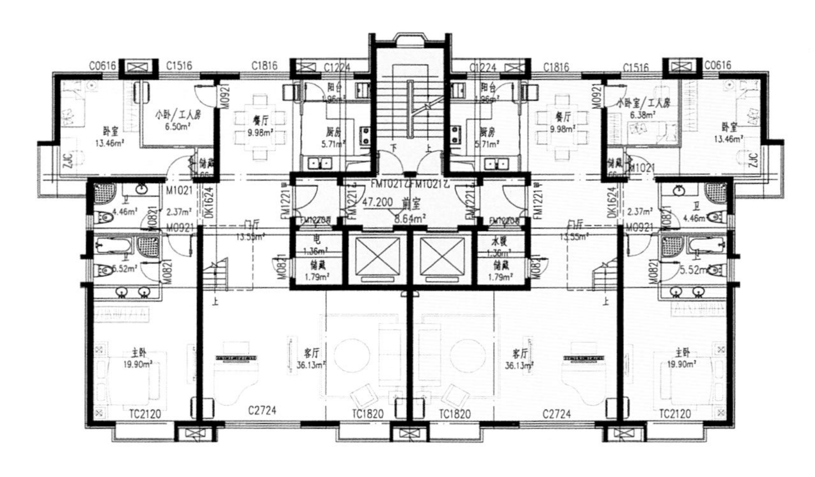

十七层平面图

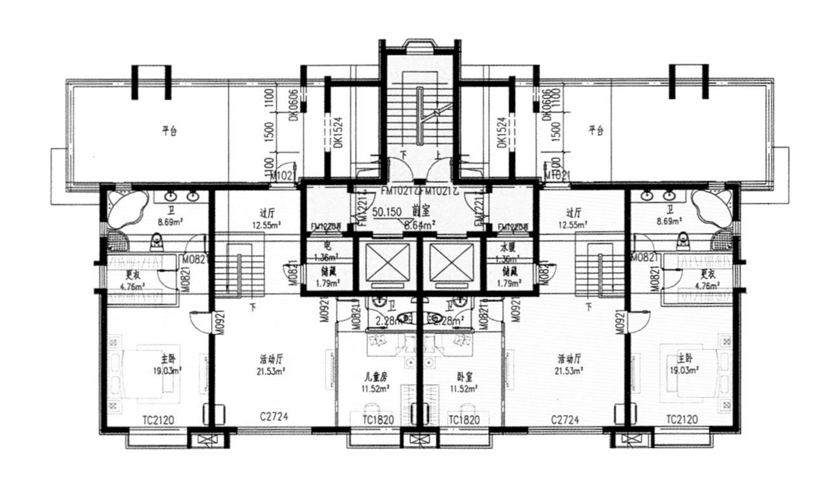

十八层平面图

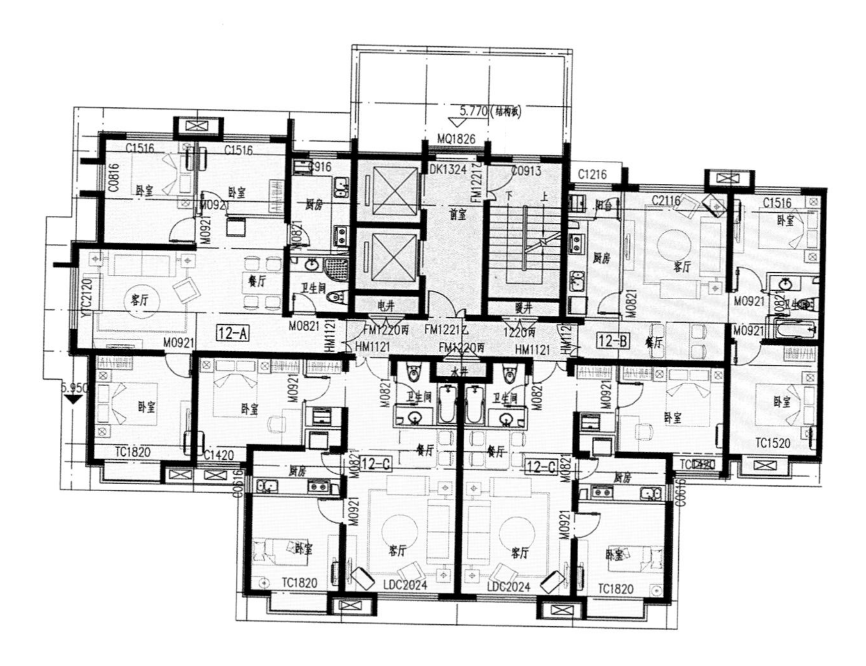
MQ1826
DK1324
C0913
C1516
C1216
C2116
C0816
YTC2120
12-A
12-B
12-C
卧室
客厅
餐厅
厨房
卫生间
前室
电井
水井
M0921
M0821
FM1220丙
FM1221乙
HM1121
TC1820
C1420
TC1520
LDC2024
5.950

标准层平面图

透视图

廊坊市韩村镇小镇改造项目

规划设计单位：北京市中外建建筑设计有限公司

开发建设单位：廊坊鼎尚房地产开发有限公司

专家评审意见

总体评价

1. 该小区沿北侧、东侧城市道路连续布置沿街商业；西南角沿城市支路交叉口布置幼儿园；地段核心以18层为主的短板式高层住宅组成院落，规划结构合理，功能分区明确，空间层次清晰，能够做到节地、节能，有利于邻里交往和居民生活的便捷安全。
2. 道路交通系统架构清晰、分级明确合理、联系顺畅，与城市道路交通联系合理。
3. 景观绿化系统做到集中绿地与院落绿地相结合，与空间序列相匹配，注意点、线、面的结合。绿化覆盖率满足要求。
4. 小区公建及服务设施配套齐全，布局合理。商业沿街布局并与住宅主体脱开，方便使用，并避开对居民的干扰。幼儿园位置方便接送，有利管理。

几点意见

1. 规划结构宜强化院落空间、淡化组团概念。
2. 小区中心处的楼座宜适当调整移位，以便适当扩大中心公共绿地，水景设置宜慎重。
3. 取消东南角预留地；调整东侧住宅间距。
4. 停车率宜提高到100%，增加地下停车库。
5. 地面停车不应设在院落空间内，应移到院落外部的消极空间。
6. 东侧临街商业应避免与住宅楼骑跨，以利于商业布局及提高居住品质。
7. 道路系统适当调整，小区主路道路断面设计应完善人车分流。小区主入口与城市道路的接口宜适当减少。

小区效果图

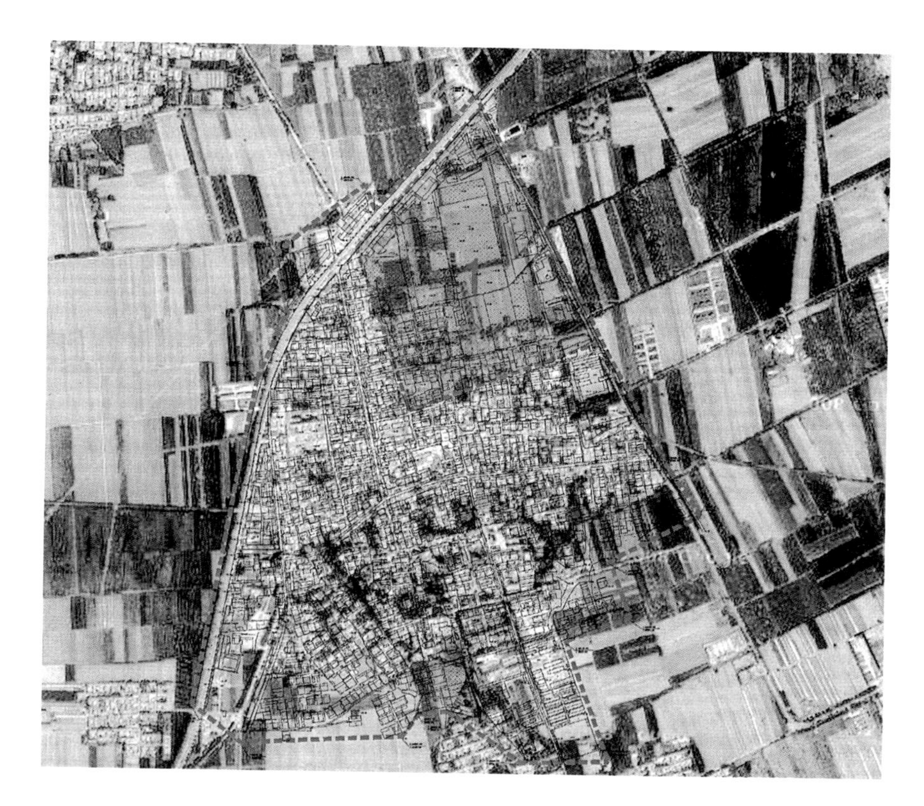

规划居住区总用地位于永清县韩村镇，用地西北为连接廊坊与霸县的省级干线公路“廊霸路”、东侧为现状道路“小康路”、南侧为农 田与村舍。规划居住区总用地由两条纵横交叉的规划居住区级道路分割，划分为四个居住小区。

区位分析图

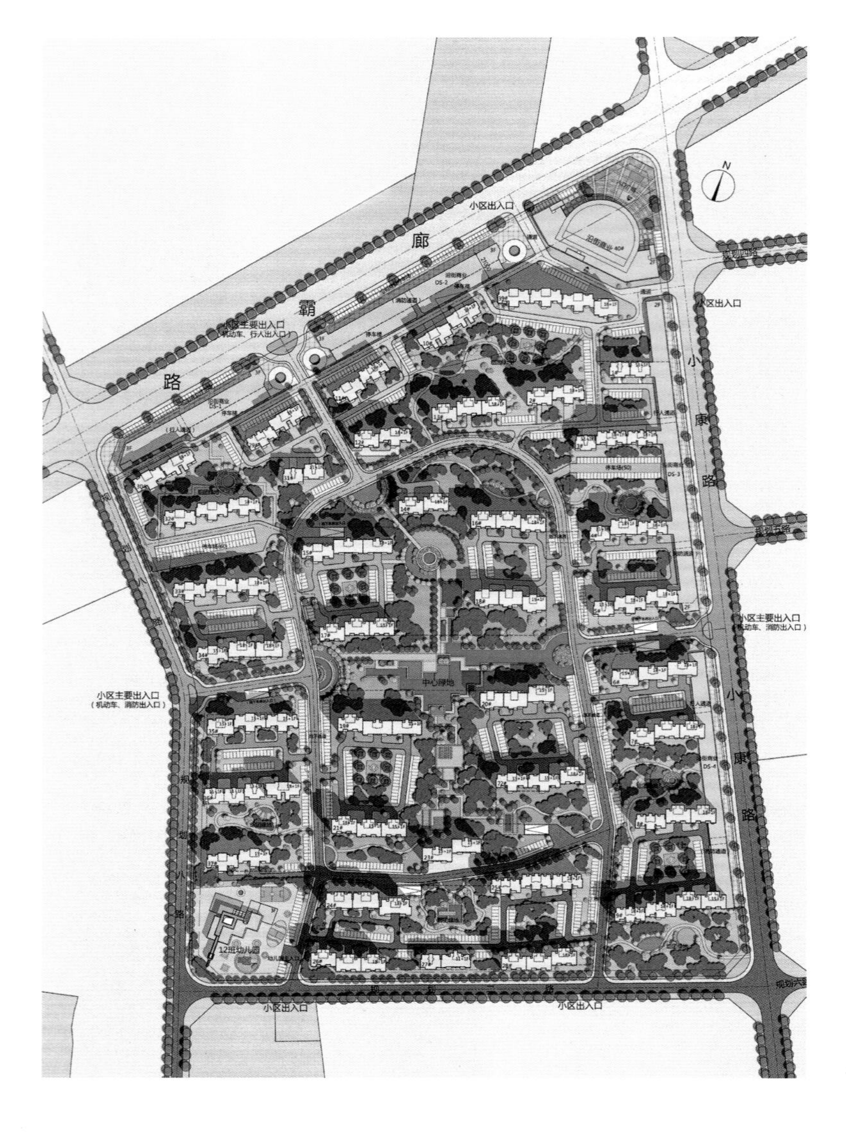

总平面图

主要经济技术指标

编号	项目		数量	单位
1	规划总用地		21.05	ha
1-1		住宅用地	13.02	ha
1-2		公建用地	3.31	ha
1-3		道路用地	2.68	ha
1-4		公共绿地	2.49	ha
2	居住户数		4244	户
3	居住人数		13580	人
4	户均人数		3.2	人/户
5	总建筑面积		56.71	万m²
5-1	地上建筑面积	居住部分建筑面积	43.28	万m²
		（对外）沿街商业建筑面积	1.90	万m²
		（沿街）配套公建建筑面积	0.89	万m²
		幼儿园建筑面积	0.31	万m²
5-2	地下建筑面积	住宅地下室面积	0.70	万m²
		配套公建地下室面积	0.73	万m²
		地下车库面积	8.90	万m²

编号	项目	数量	单位
6	人口毛密度	632	人/ha
7	住宅建筑套密度（毛）	197	套/ha
8	住宅建筑套密度（净）	326	套/ha
9	住宅建筑面积毛密度	2.01	万m²/ha
10	住宅建筑面积净密度	3.32	万m²/ha
11	容积率	2.12	
12	停车率（停车位/户数）	73.7	%
13	停车数量（仅指居民停车）	3128	辆
其中	地面停车	785	辆
	北侧公建停车楼	118	辆
	地下停车	2225	辆
14	总建筑占地面积	3.784	万m²
15	总建筑密度	17.6	%
16	绿地率	38.5	%

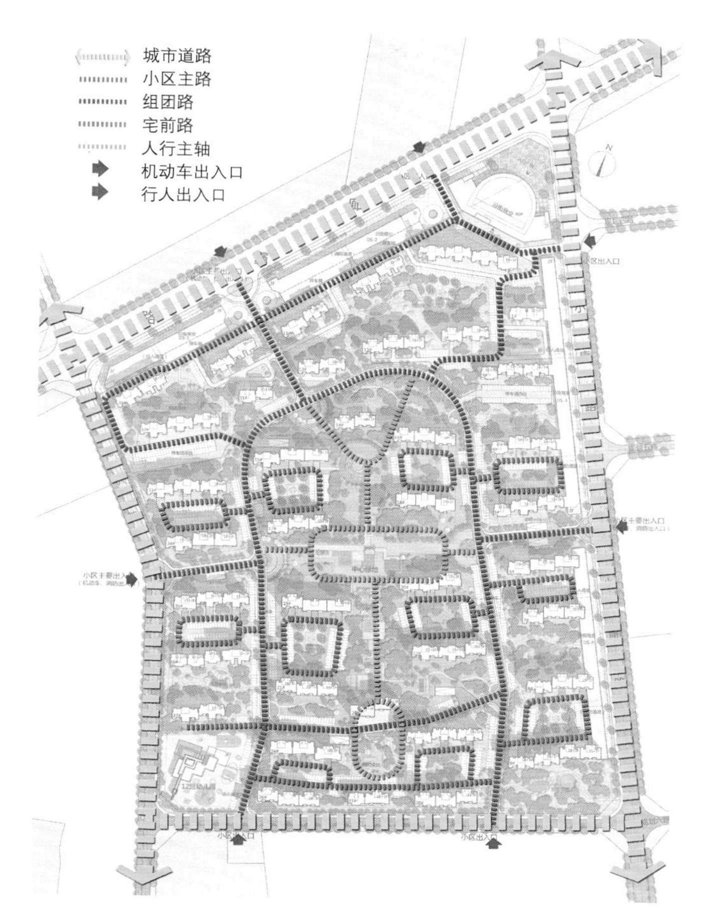

交通分析图

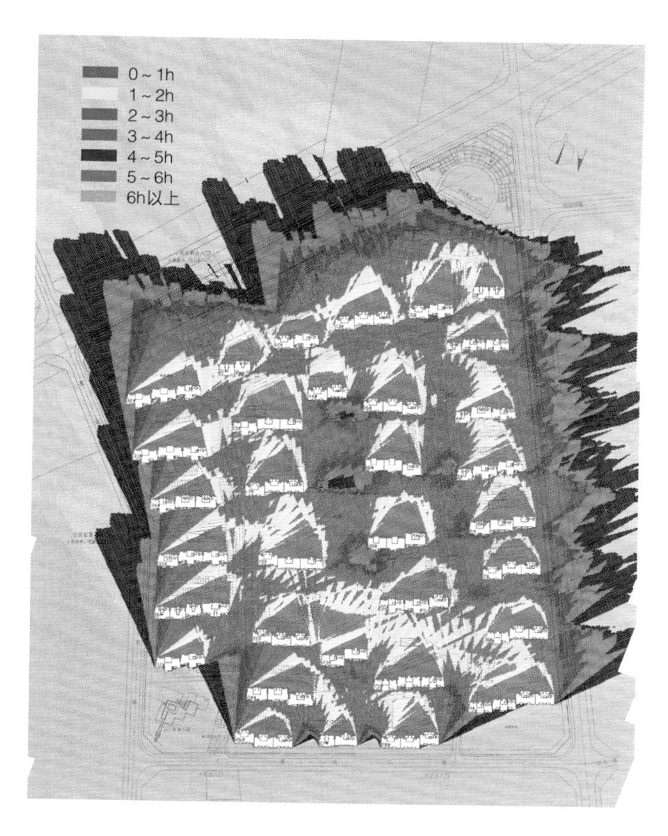

日照分析图

小区主入口

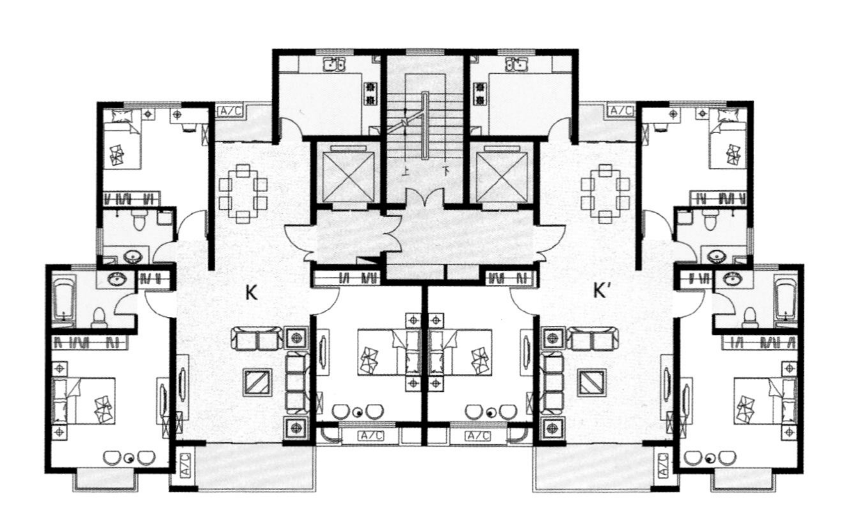

K+K′户型标准层平面图

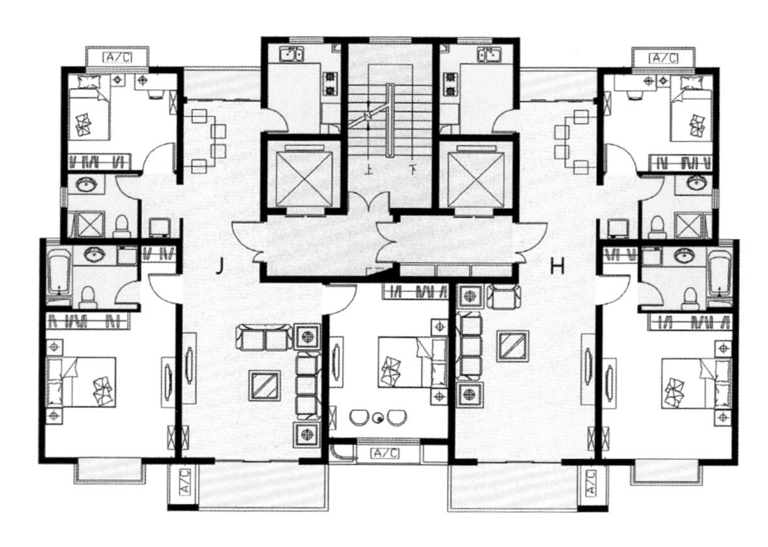

J+H户型标准层平面图

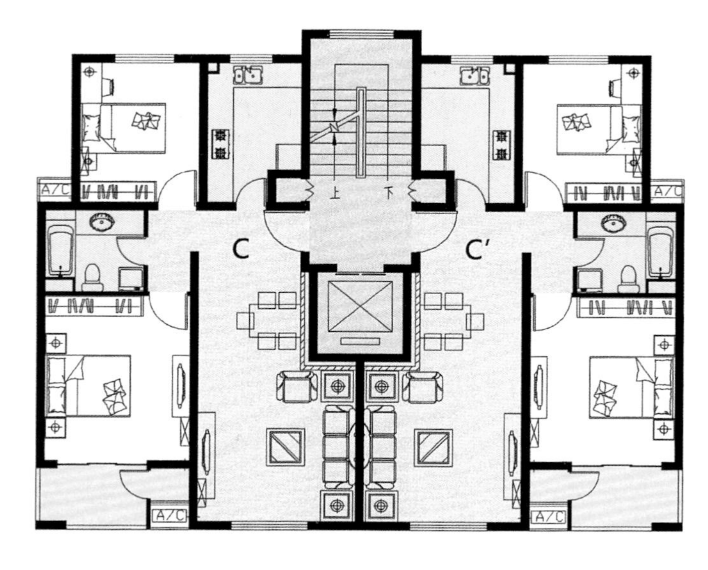

C+C′户型标准层平面图

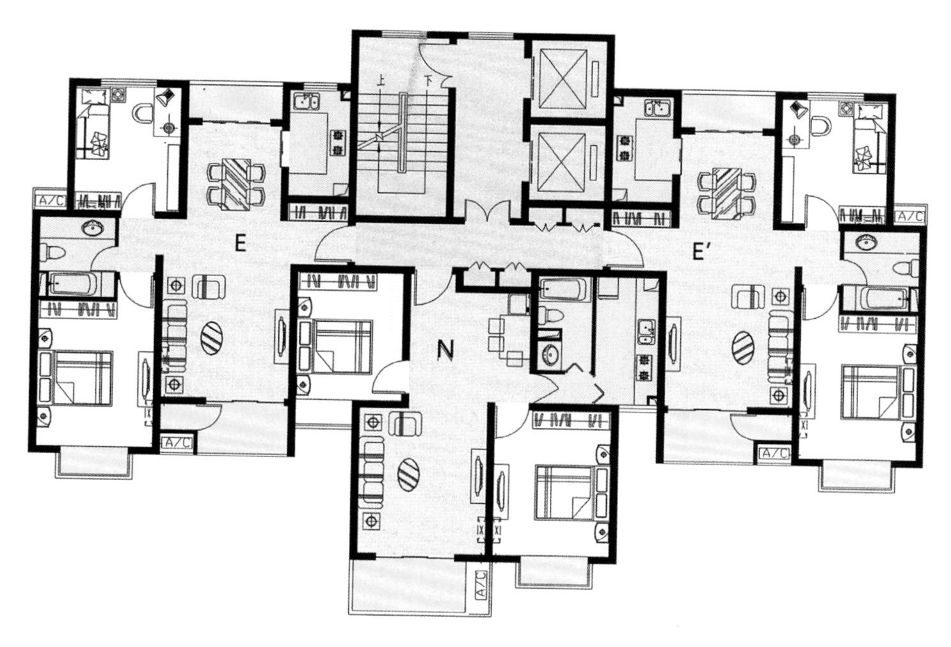

E+N+E′户型标准层平面图

G+R户型标准层平面图

呼和浩特 希望·加州华府住宅小区

规划设计单位：北京世纪安泰建筑工程设计有限公司

开发建设单位：内蒙古希望阳光实业股份有限公司

专家评审意见

总体评价

1. 规划按三个板块采用行列式布局，多层、高层搭配，空间富有变化，用地充分，采光通风良好。
2. 小区出入口分布合理，区内机动车车位率100%，其中地下停车80%，可满足居民的使用需要，减少了机动车对居民生活安静、安全的影响。
3. 小区公建及服务设施基本配套。

几点意见

1. 布局结构不清晰，应进一步明确和强化，4号地块被城市道路分隔，应相对独自成系统，不宜勉强与5号地块连通，5号地块为狭长型，不宜用商业内街将地块分割。
2. 三级道路系统不清晰，密度过大，占地过多，应更加简洁，层次更清晰。地面停车分布不均，使用不便。
3. 4号地块缺少集中绿地，5号地块公共绿地仅两小块，只能称之为组团绿地，且面积不足，建议严格按规范要求进行调整。
4. 幼儿园位置不当，且不应为东西向，建议幼儿园在5号地块偏东位置布置，且应满足场地采光及日照要求。
5. 各项技术经济指标应按国家规范标准计算和表达，并应符合规范强制性条文的要求。

区位分析图

本项目产品定位为：

・一个充满艺术气息，具有现代简约风格的高档社区。

・一个具有创新理念，宜居空间的理想社区。

本项目将打造一种以人为本，以自然为本，能渗透出高水准人文素质的宜居社区，在为业主提供舒适的居住环境的同时，也将为开发商创造出极具文化价值的优质产品。

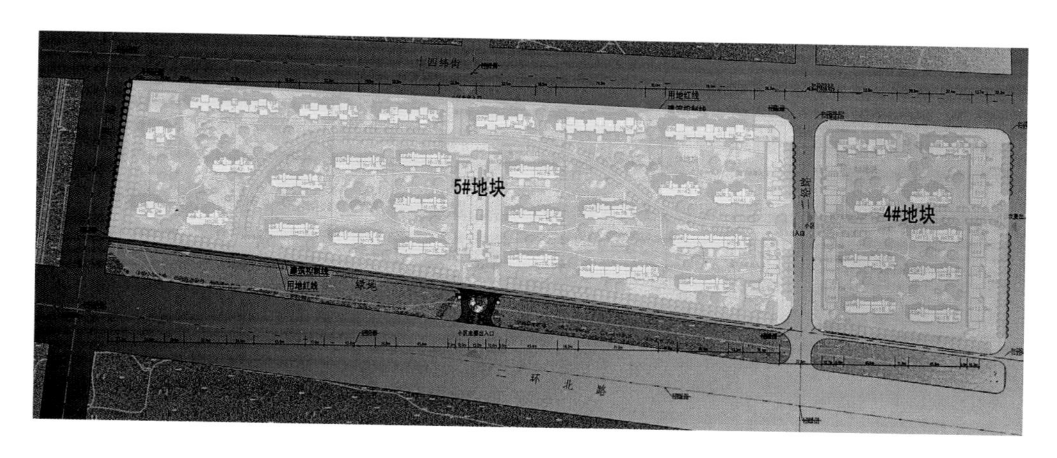

地块分区图

总平面图

主要经济技术指标

指标名称	5号地块经济技术指标表
总用地面积	168999.755m²(合253.500亩)
规划建设用地面积	99388.816m²(合149.083亩)
道路用地面积	48318.201m²(合72.477亩)
辅路用地面积	2946.933m²(合4.421亩)
代征绿地面积	18345.805m²(合27.519亩)
总建筑面积	212702m²
地上总建筑面积	172402m²
住宅总建筑面积	162249m²
高层住宅面积	116714m²
多层住宅面积	45535m²
商业建筑面积	10153m²
地下总建筑面积	40300m²
其他地下建筑面积	14600m²
地下车库建筑面积	25700m²
地上车位	319
地下车位	601
总户数	1390
容积率	1.74
绿化率	35%

指标名称	4号地块经济技术指标表
总用地面积	59693.842m²(合89.541亩)
规划建设用地面积	34603.656m²(合51.905亩)
道路用地面积	19046.601m²(合28.570亩)
辅路用地面积	864.339m²(合1.297亩)
代征绿地面积	5179.246m²(合7.769亩)
总建筑面积	69810m²
地上总建筑面积	58480m²
住宅总建筑面积	53627m²
高层住宅面积	39148m²
多层住宅面积	14479m²
商业建筑面积	4853m²
地下总建筑面积	11330m²
其他地下建筑面积	5080m²
地下车库建筑面积	6250m²
地上车位	100
地下车位	155
总户数	372
容积率	1.69
绿化率	35%

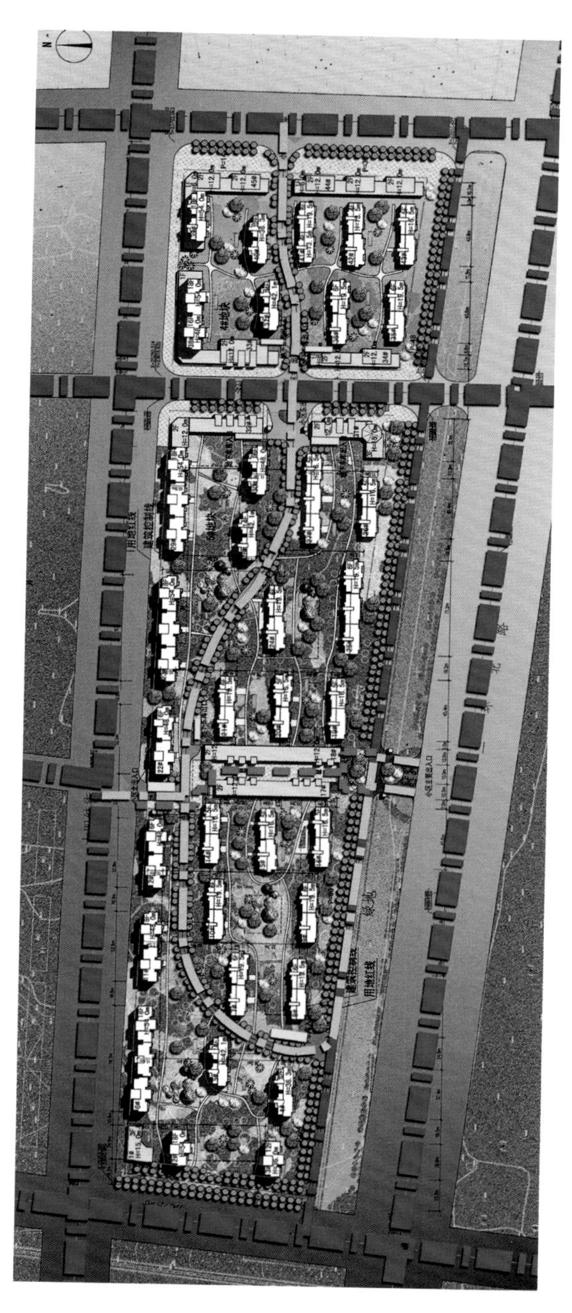

交通分析图

城市道路

小区交通动线

商业步行街

地下车库出入口

日照分析图

日照1小时范围

日照2小时范围

日照3小时范围

日照4小时范围

日照5小时范围

日照6小时范围

日照7小时范围

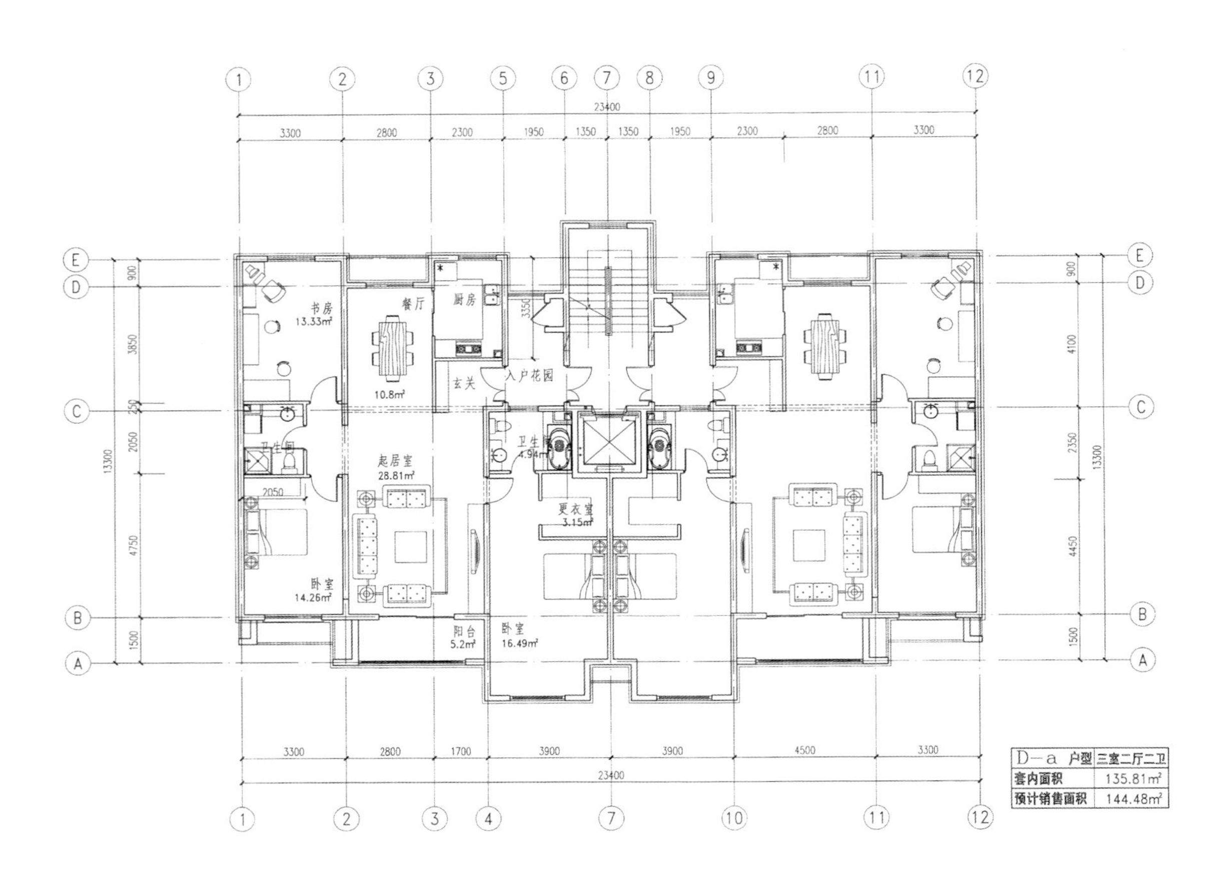

D—a 户型	三室二厅二卫
套内面积	135.81m²
预计销售面积	144.48m²

多层住宅平面图

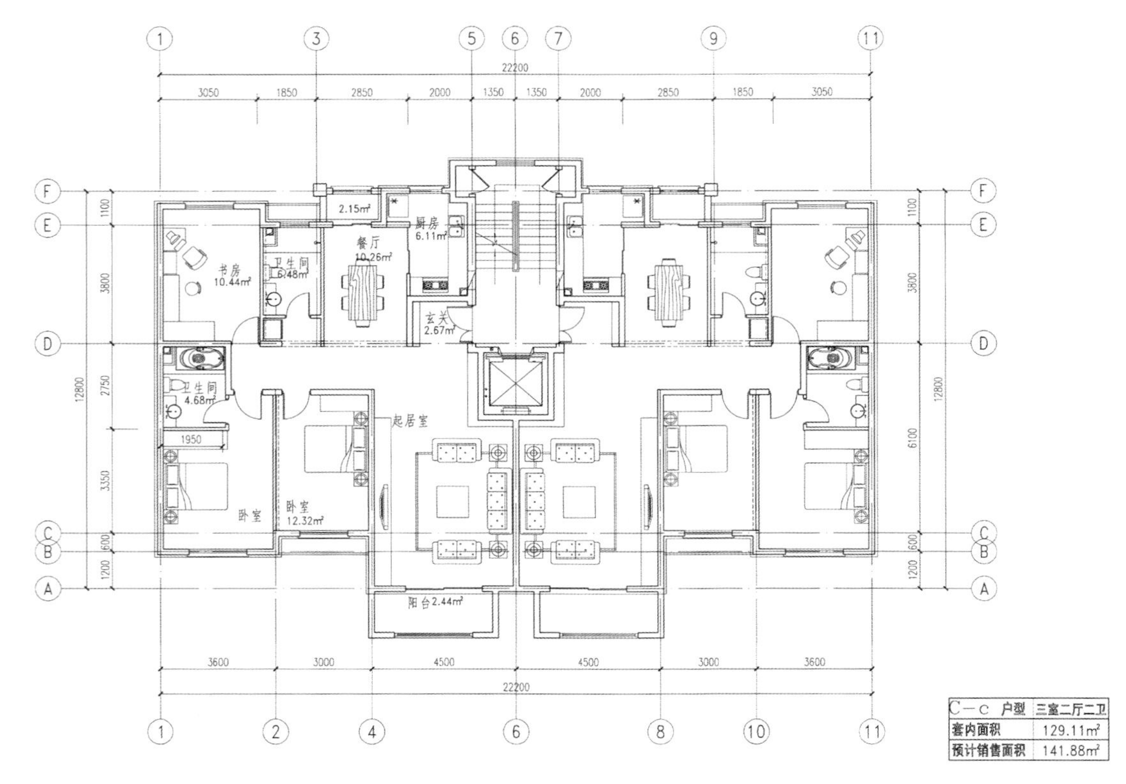

C—c 户型	三室二厅二卫
套内面积	129.11m²
预计销售面积	141.88m²

多层入户花园方案图

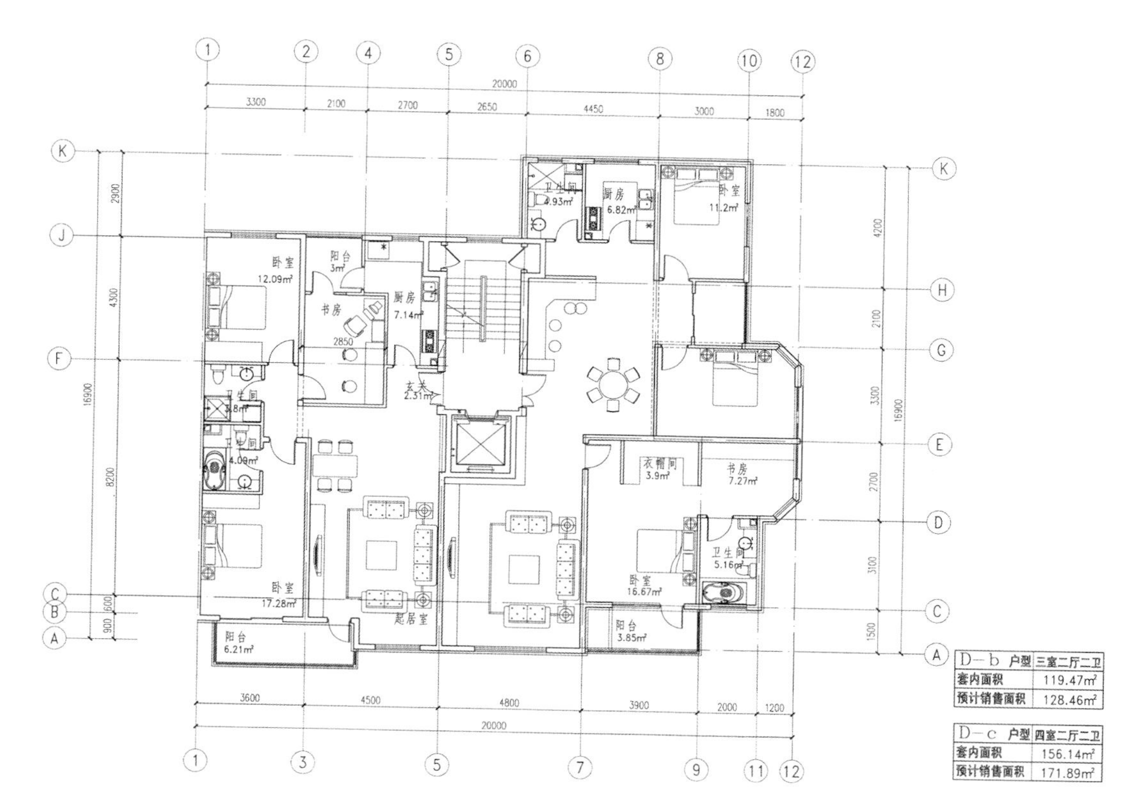

D−b	户型	三室二厅二卫
套内面积		119.47m²
预计销售面积		128.46m²

D−c	户型	四室二厅二卫
套内面积		156.14m²
预计销售面积		171.89m²

多层边单元平面图

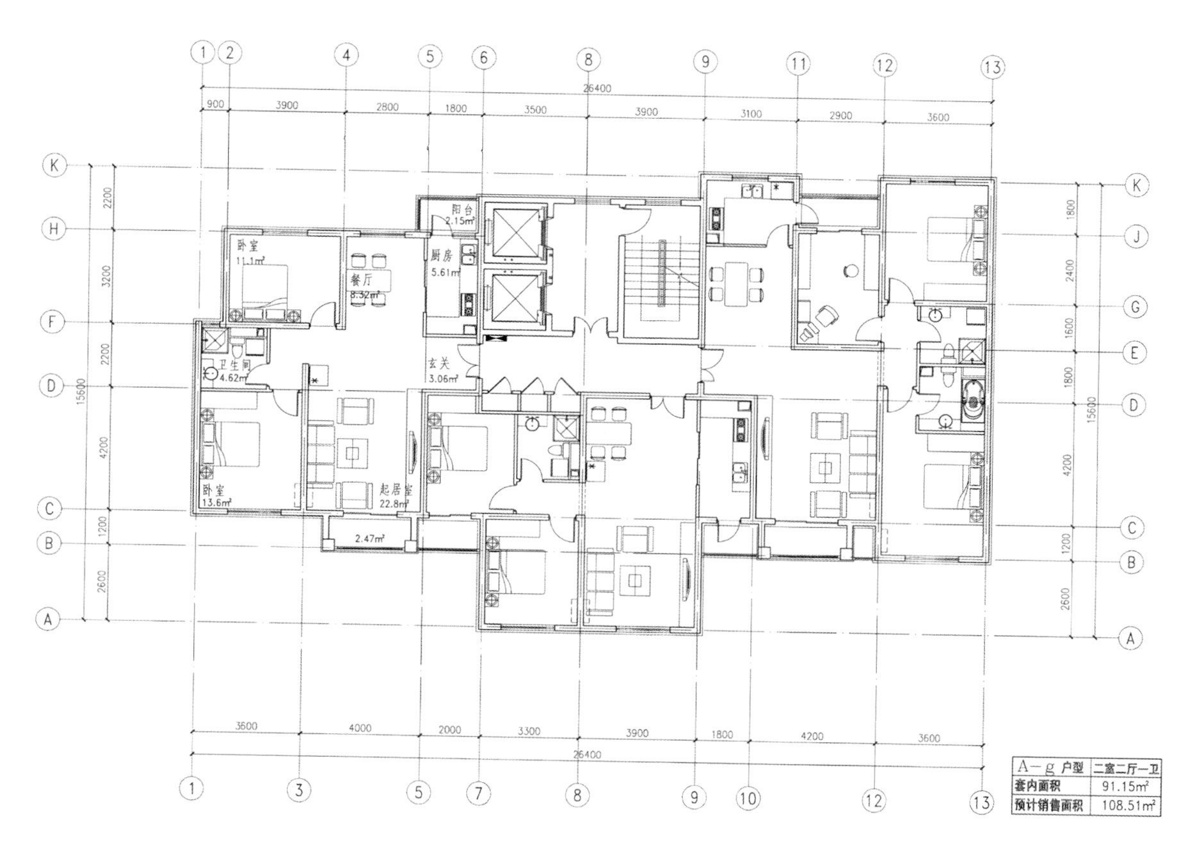

A−g	户型	二室二厅一卫
套内面积		91.15m²
预计销售面积		108.51m²

高层住宅平面图

太原阳光长风商住区

规划设计单位：山西省建筑设计研究院

开发建设单位：山西阳光大地集团房地产开发有限公司

专家评审意见

总体评价

1. 住区实际上是两个相对独立的组团，每个组团都采用南北入口的办法，布局适当闭合，形成了比较完整的组团空间，规划合理，布局结构清晰。
2. 道路交通方面，每个组团都规划了一个组团级环路，两个出入口与城市道路相连，宅前路兼消防车道，居民出行交通方便。住区机动车停车以地下停车为主，地上为辅，停车率达94%以上，较好地解决了居民停车问题及机动车对居民居住安静、安全的干扰问题。
3. 住区的两个组团各自都规划了独立的组团级公共绿地，加之宅前、屋后的绿化，绿地率达35%以上，为居民创造了一个较好的绿色休闲环境空间。
4. 两个组团都配置有足够的商业及公共服务设施。

几点意见

1. 建议6号楼尽可能再向东南向移动一下，以扩大中心公共空间。
2. 建议西组团的地下室车库出入口都设置于东西的出入口附近，以避免日常车辆穿越住宅单元出入口过多。东组团最好在西面再开一个机动车出入口，将更加方便。

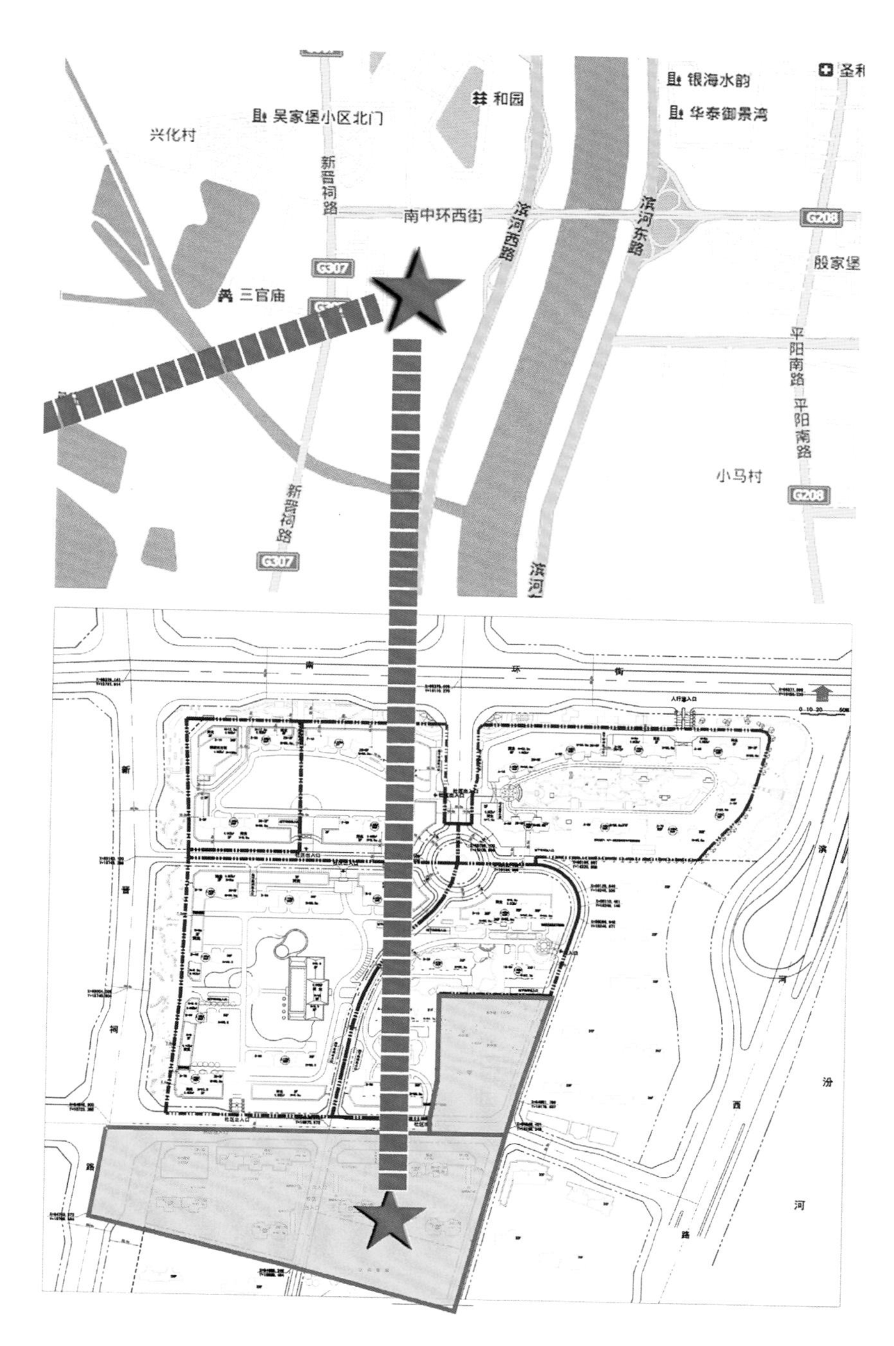

区位分析图

3号地块主要经济技术指标

名称	数量	单位
用地性质	公共管理与公共服务设施用地	
规划总用地面积	15679	m^2
公共服务设施用地面积	14500	m^2
总建筑面积	7189	m^2
容积率	0.49	
建筑密度	14.3	%
绿地率	35	%

总平面图

4号地块主要经济技术指标

项　目	数值	计量单位	所占比例（%）	人均面积（m²/人）
居住区规划总用地	66381	m²		
1.居住区用地	10700	m²	100	10.49
①住宅用地	26414	m²	64.9	6.80
②公建用地	5291	m²	13	1.36
③道路用地	5454	m²	13.4	1.41
④公共绿地	3541	m²	8.7	0.92
2.其他用地	25898.4	m²		
居住户数	1206	户		
居住人数	3959	人		
户均人口	3.2	人/户		
总建筑面积	223561	m²		
1.居住区用地内建筑总面积	177466.6	m²	100	46.2
①住宅建筑面积（地上）	156536	m²	92	40.6
②公建面积（地上）	20931	m²	8	5.4
2.地下建筑面积	46094.5	m²		
①地下车库建筑面积	40909.5	m²		
②地下其他建筑面积	5185	m²		

项　目	数值	计量单位
住宅平均层数	32	层
人口毛密度	948	人/hm²
住宅建筑套毛密度	296.3	套/hm²
住宅建筑套净密度	456.6	套/hm²
住宅建筑面积毛密度	3.98	万m²/hm²
住宅建筑面积净密度	6.13	万m²/hm²
居住区建筑面积毛密度（容积率）	4.3	万m²/hm²
停车率	94	%
停车位	1210	辆
地面停车率	22	%
地面停车位	350	辆
地下停车位	860	辆
商业停车位	80	辆
住宅建筑净密度	19.6	%
总建筑密度	24	%
绿地率	35	%

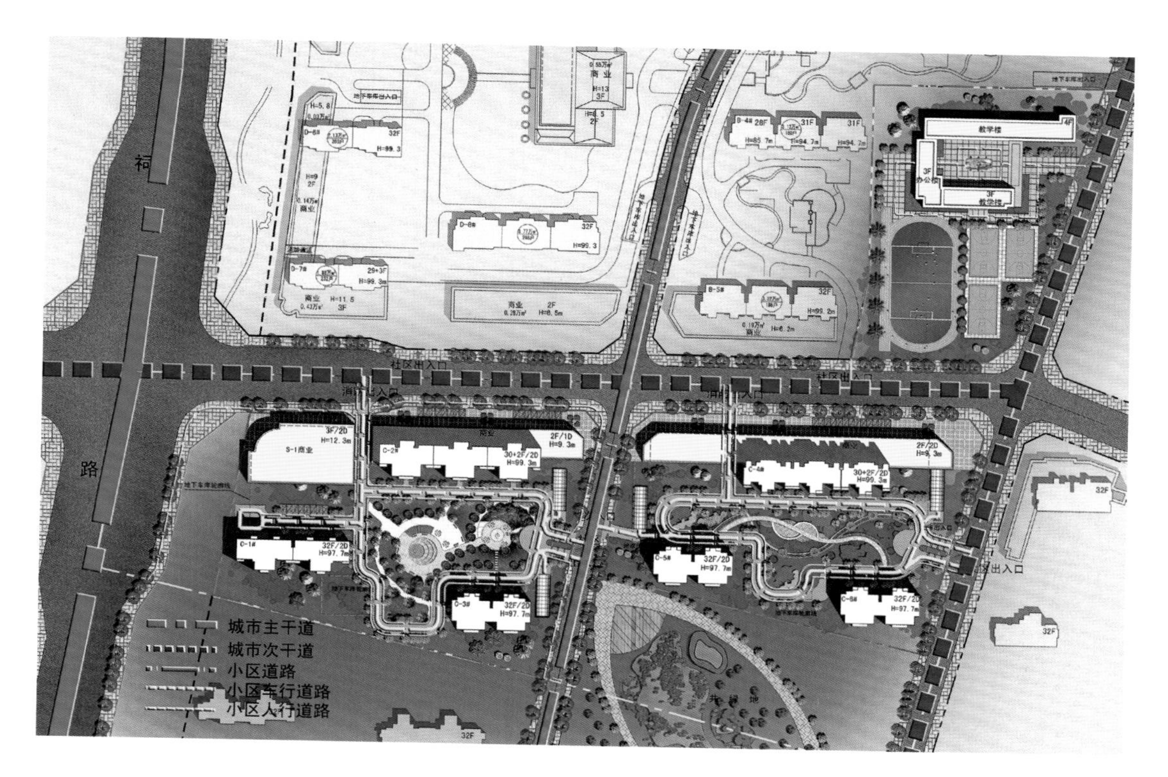
城市主干道
城市次干道
小区道路
小区车行道路
小区人行道路

交通分析图

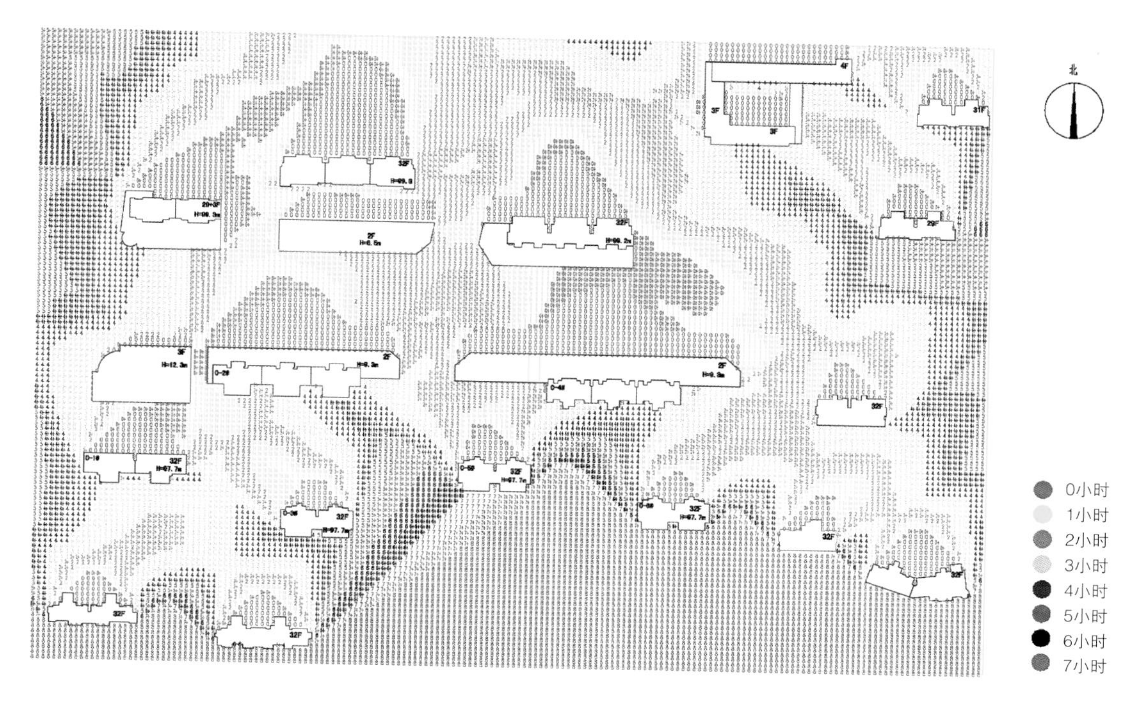
北
0小时
1小时
2小时
3小时
4小时
5小时
6小时
7小时

日照分析图

A、B户型平面图

户型	套型	建筑面积	阳台全面积
A户型	两室一厅一卫	97.78m^2	8.86m^2
B户型	两室一厅一卫	111.93m^2	5.62m^2

注：建筑面积中含公摊面积和阳台一半面积。

C、D户型平面图

户型	套型	建筑面积	阳台全面积
C户型	三室两厅两卫	136.73m^2	9.54m^2
D户型	三室一厅两卫	126.21m^2	6.46m^2

注：建筑面积中含公摊面积和阳台一半面积。

户型	套型	建筑面积	阳台全面积
E户型	三室二厅二卫	161.82m²	9.16m²
F户型	三室二厅二卫	185.59m²	10.08m²

注：建筑面积中含公摊面积和阳台一半面积。

E、F户型平面图

户型	套型	建筑面积	阳台全面积
G户型	三室一厅两卫	130.07m²	9.46m²
H户型	二室一厅一卫	94.41m²	4.96m²

注：建筑面积中含公摊面积和阳台一半面积。

G、H户型平面图

大同太阳城二期

规划设计单位：北京市建筑设计研究院
开发建设单位：山西全盛房地产开发有限公司

专家评审意见

总体评价

1. 规划方案采用行列式布局，土地利用充分，住宅建筑朝向好，通风好。
2. 规划方案以小区内环主路、宅前路及地上停车位和地下停车库构成较完善的小区道路交通系统，道路结构清晰、交通顺畅；小区出入口分布及位置恰当；机动车车位率达135%，且以地下停放为主，减少了机动车对居民日常生活、安全、安静的影响。
3. 小区集中绿地规模适中，分布均衡，小区绿地率30%，符合相关规定。
4. 小区配套服务设施齐全，位置恰当，满足居民日常生活。
5. 各项技术经济指标符合相关规范要求。

几点意见

1. 小区两侧高层住宅登高面及消防车道设置等应严格按国家相关防火规范进行调整。
2. 小区内环主路北段建议南移至17号楼北侧。地下车库出入口数量、位置建议调整，且应将南部商业停车区域进行隔离，以满足规范要求，方便管理和使用。两侧高层住宅配套底商应结合小区物业管理、其他临近商业综合考虑出入口。
3. 换热站结合高层消防及消防通道要求，调整至临街为宜，有利改善小区内部环境，方便管理。
4. 日照影响分析应按要求进行复核。

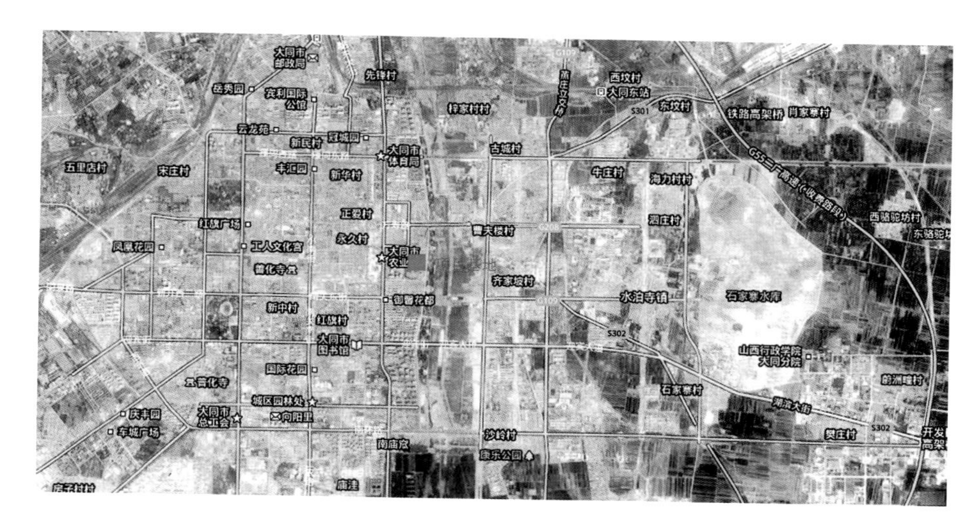

大同市邮政局
岳秀园
先锋村
西坟村
大同东站
东坟村
铁路高架桥
肖家寨村
云龙苑
新民村
大同市体育局
古城村
五里店村
宋庄村
新华村
牛庄村
红旗广场
正弘村
凤凰花园
工人文化宫
永久村
大同市农业
西驼驼村
东驼驼村
齐家坡村
水泊寺镇
石家寨水库
新中村
大同市图书馆
山西行政学院大同分院
国际花园
普化寺
石家寨村
湖滨大街
庆丰园
城区园林处
大同市总工会
向阳里
沙岭村
车站广场
南庙窑
魏庄村
开发高架
S301
S302

区位分析图

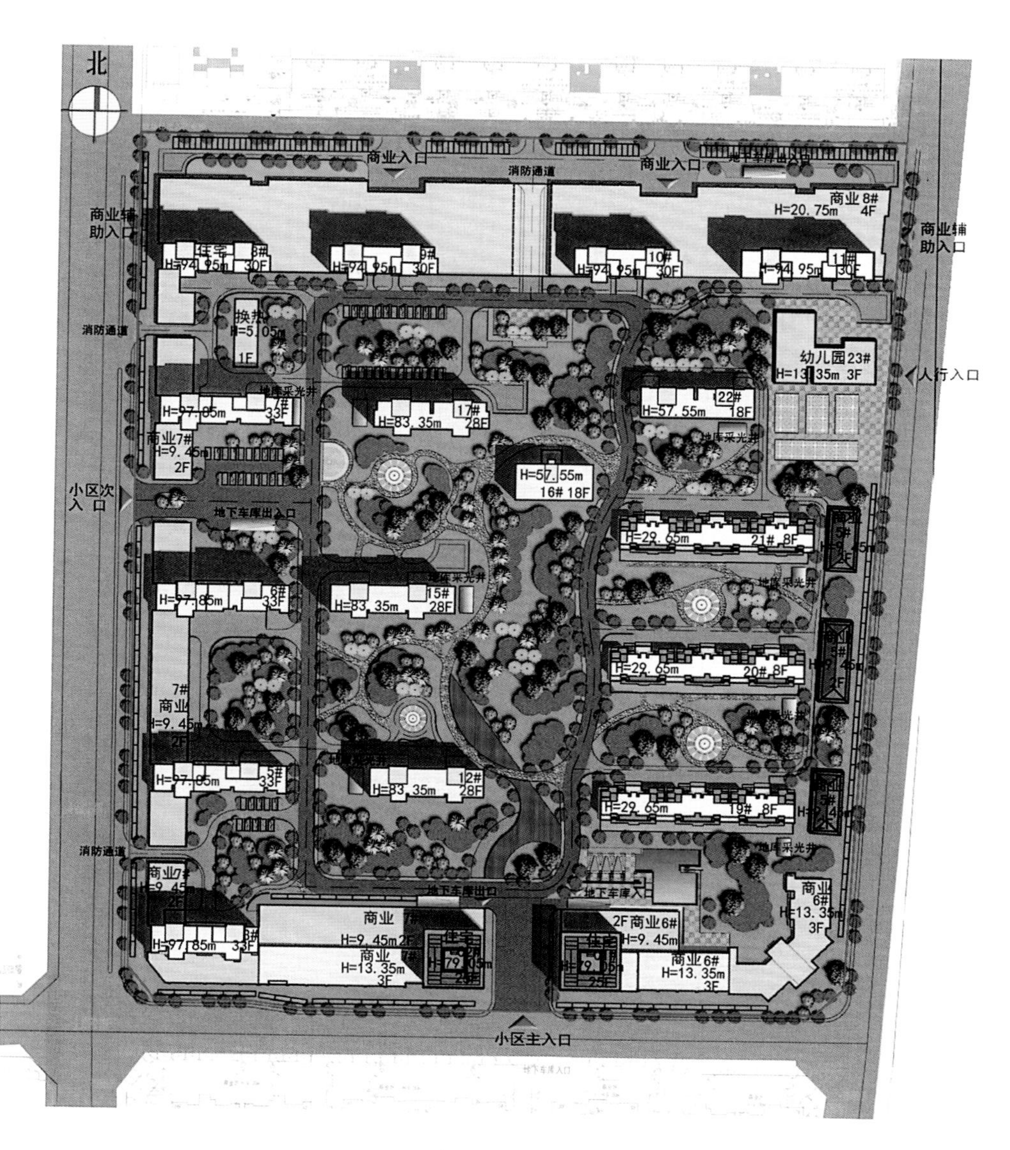

北
商业入口
消防通道
商业入口
商业 8#
H=20.75m 4F
商业辅助入口
商业辅助入口
住宅
H=94.95m 30F
换热站
H=5.05m 1F
消防通道
幼儿园23#
H=13.35m 3F
人行入口
H=97.05m 33F
H=83.35m 17# 28F
H=57.55m 22# 18F
地库采光井
商业7#
H=9.45m 2F
H=57.55m 16# 18F
小区次入口
地下车库出入口
H=29.65m 21# 8F
H=97.85m 33F
H=83.35m 15# 28F
H=29.65m 20# 8F
7# 商业
H=9.45m 2F
H=97.05m 33F
H=83.35m 12# 28F
H=29.65m 19# 8F
消防通道
地下车库出口
地下车库入口
商业
H=9.45m
H=97.85m 33F
商业
H=9.45m 2F
商业
H=13.35m 3F
2F商业6#
H=9.45m
商业6#
H=13.35m 3F
商业 6#
H=13.35m 3F
小区主入口

总平面图

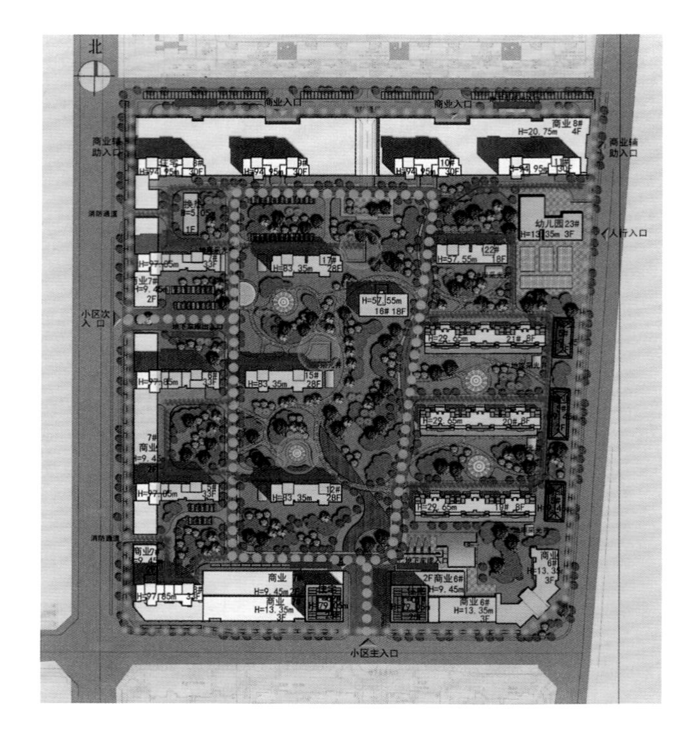
北
商业入口
商业辅助入口
人行入口
小区次入口
消防通道
小区主入口
幼儿园23#
小区级道路
消防车道
尽端式回车场
地下车库出入口

交通分析图

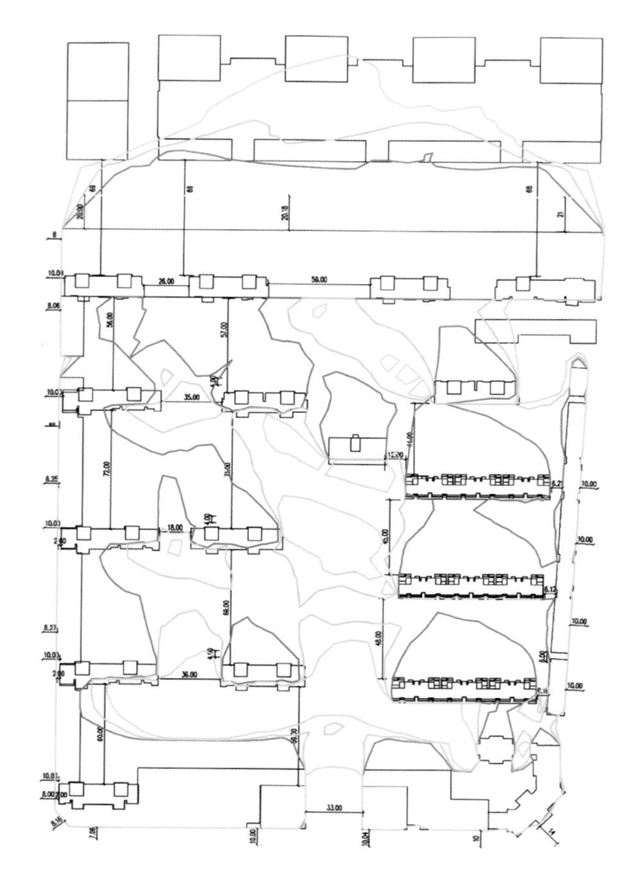
0小时
1小时
2小时

日照分析图

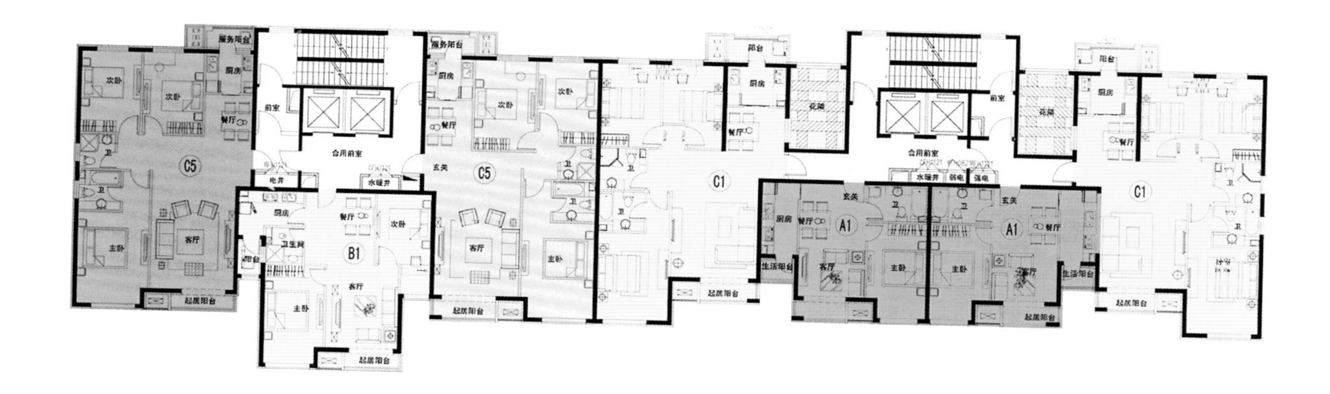

一梯三、四户单元图

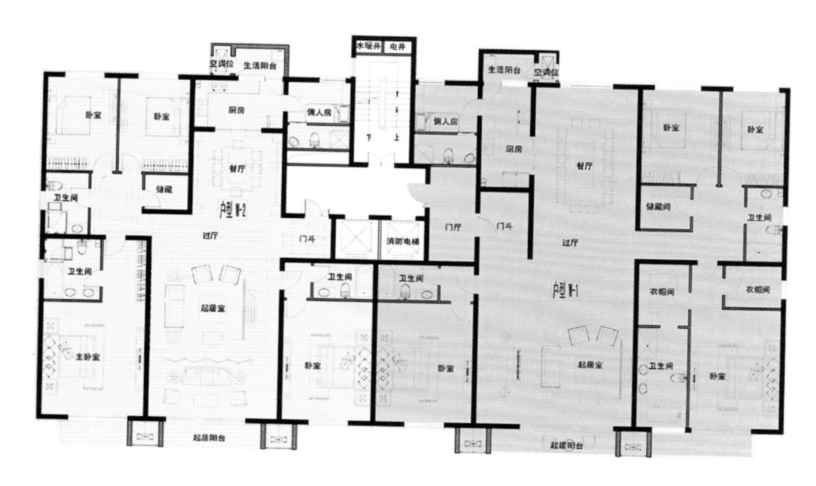

一梯二户单元图

一梯二户单元图

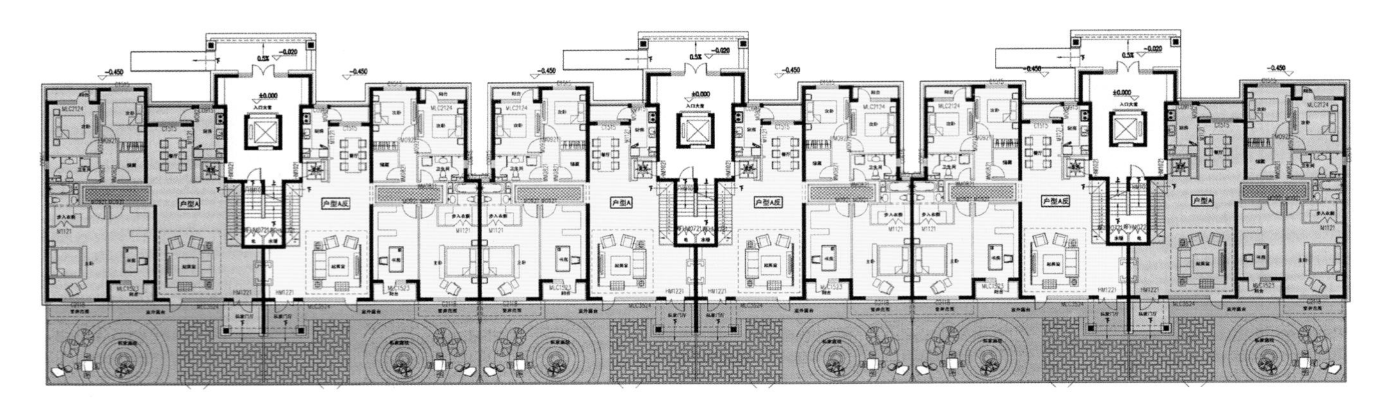

花园洋房 首层平面图

花园洋房 二层平面图

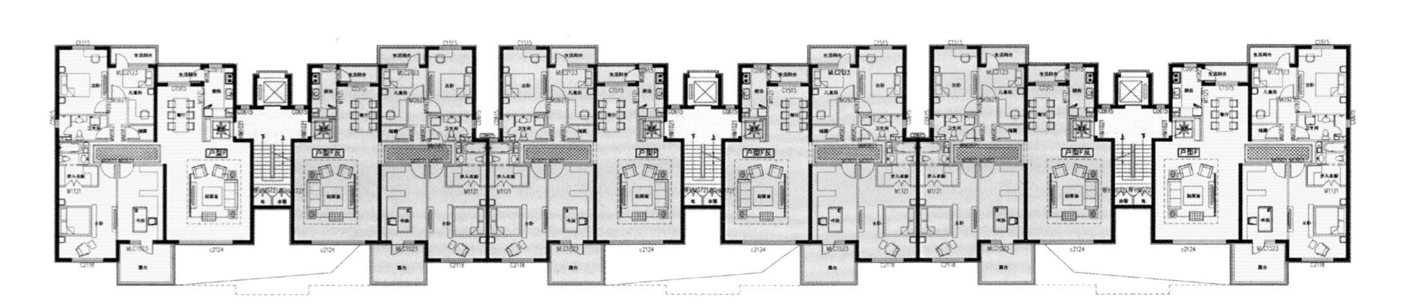

花园洋房 三层平面图

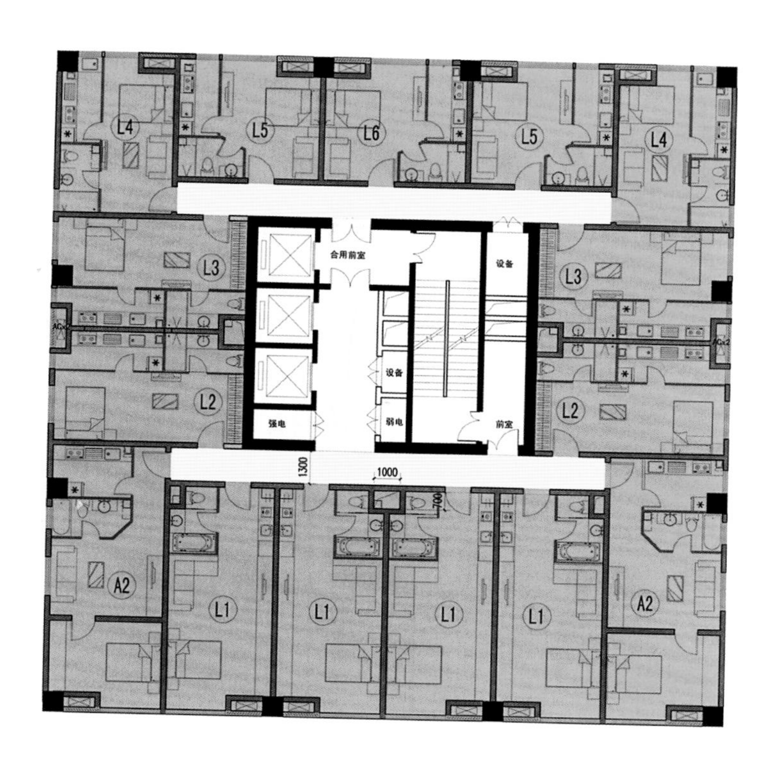

公寓户型图

花园洋房透视图

大同市御河九号

规划设计单位：中国建筑设计研究院
南京建筑工程学院建筑设计研究院

开发建设单位：大同市欣美房地产开发有限公司

专家评审意见

总体评价

1. 总体规划采用行列式布局形式，采光和通风状况良好。
2. 道路布局采用了环形交通系统，北区设三个出入口与城市道路相连，南区设两个出入口与城市道路相接，宅前路兼消防车道，两级道路功能明确，居民出行交通便利，小区机动车停车以地下为主，地上为辅，停车位每户1辆以上，较好地解决了居民停车问题。
3. 小区规划了中心绿地及房前屋后绿化，绿地面积达到32.4%，为居民创造了良好的休闲空间。
4. 小区设幼儿园、房管所、商业服务业等公共配套设施较齐全。

几点意见

1. 建议复核日照分析，若不满足国家规范的要求应妥善处理。
2. 高层建筑消防车道应达到建筑周边长度及尽端式消防车道的设置应满足国家规范要求，特别应复核南区东侧三幢建筑的消防车道。
3. 复核北区公共绿地面积，应满足国家规范要求，公共绿地中水面偏大，建议适当减少。
4. 经济技术指标中，住宅建筑面积净密度偏大，建议重新复核，使其满足国家规范要求。

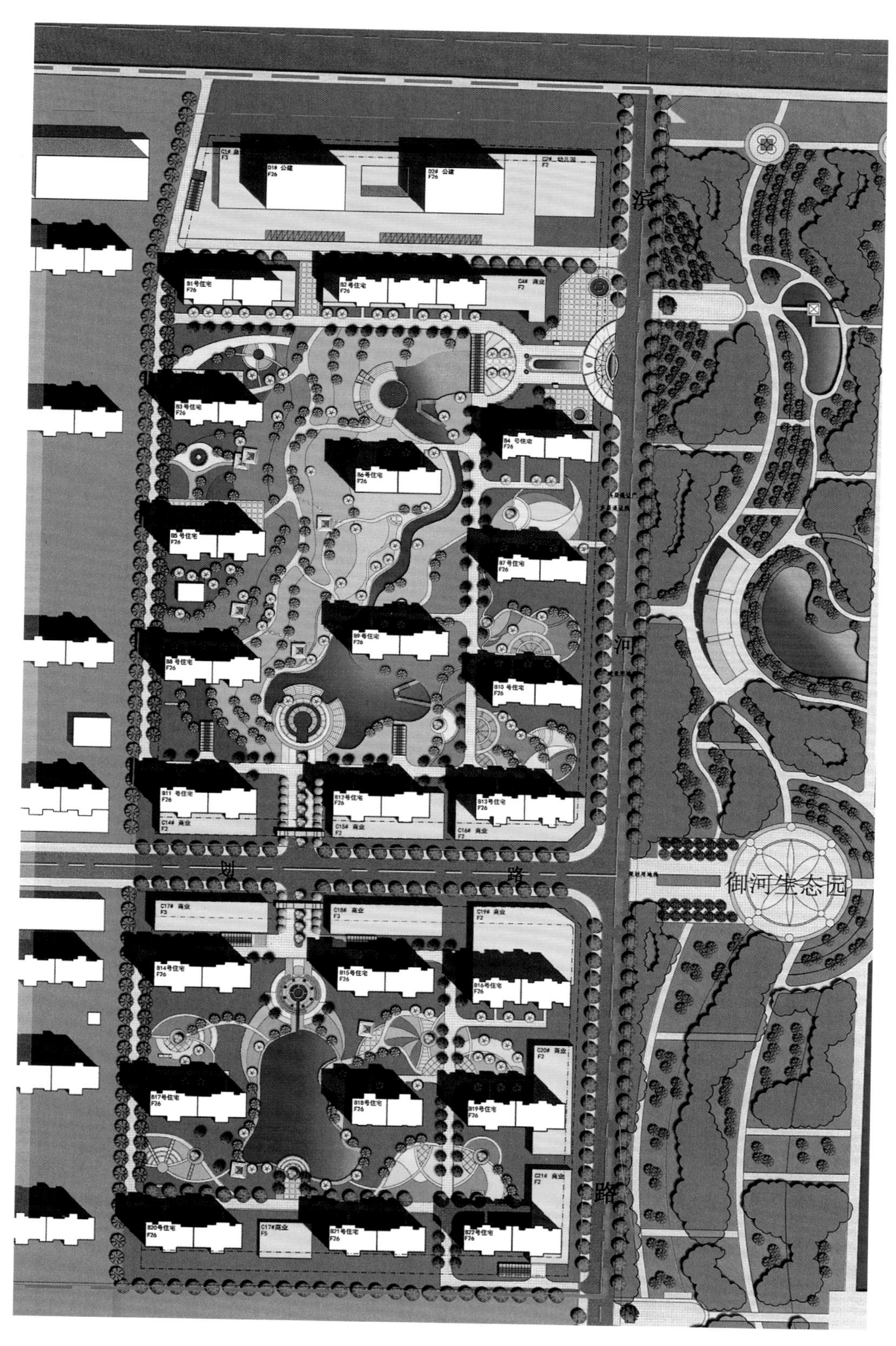

总平面图

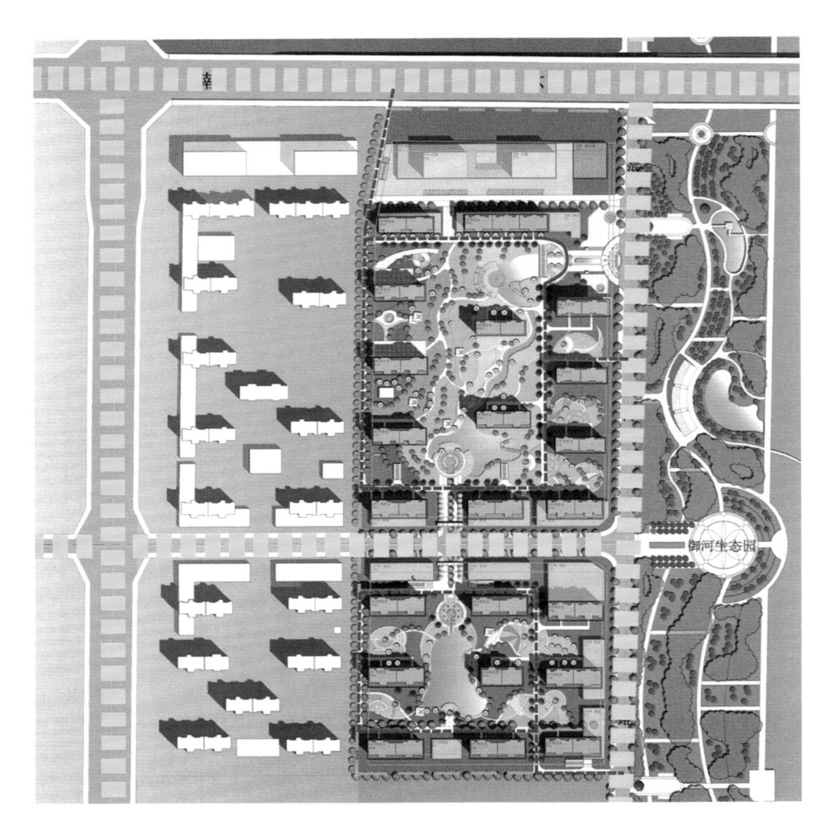
御河生态园
城市干道
住宅分布
沿街商铺
消防通道
配套公建

交通分析图

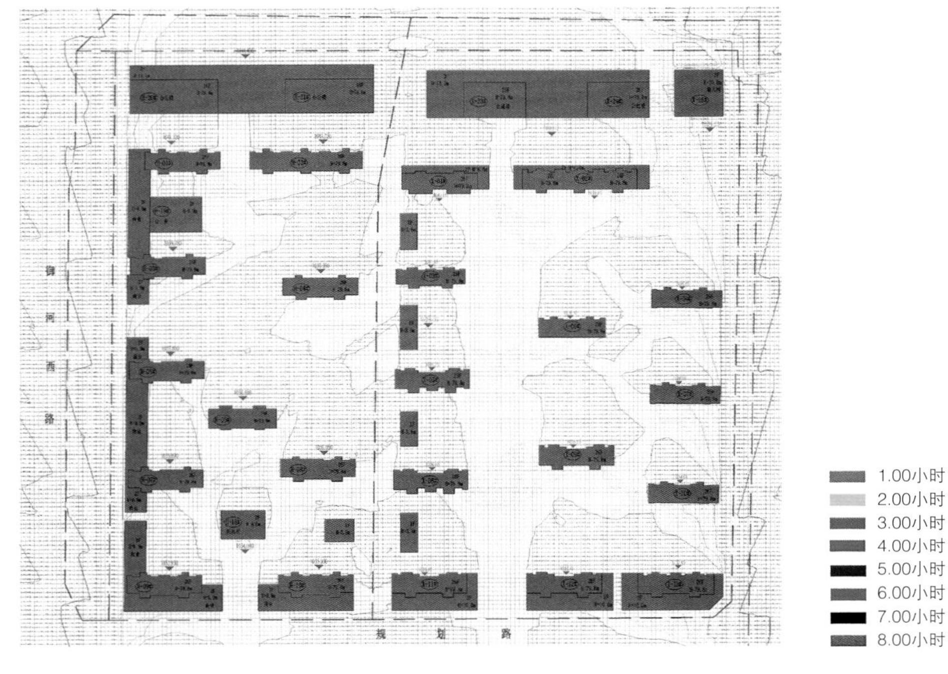
1.00小时
2.00小时
3.00小时
4.00小时
5.00小时
6.00小时
7.00小时
8.00小时

日照分析图

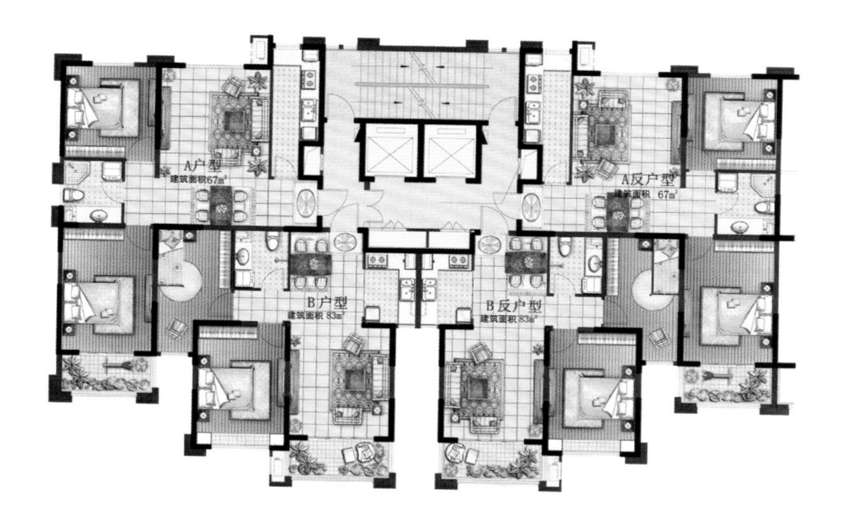

一梯四户平面图

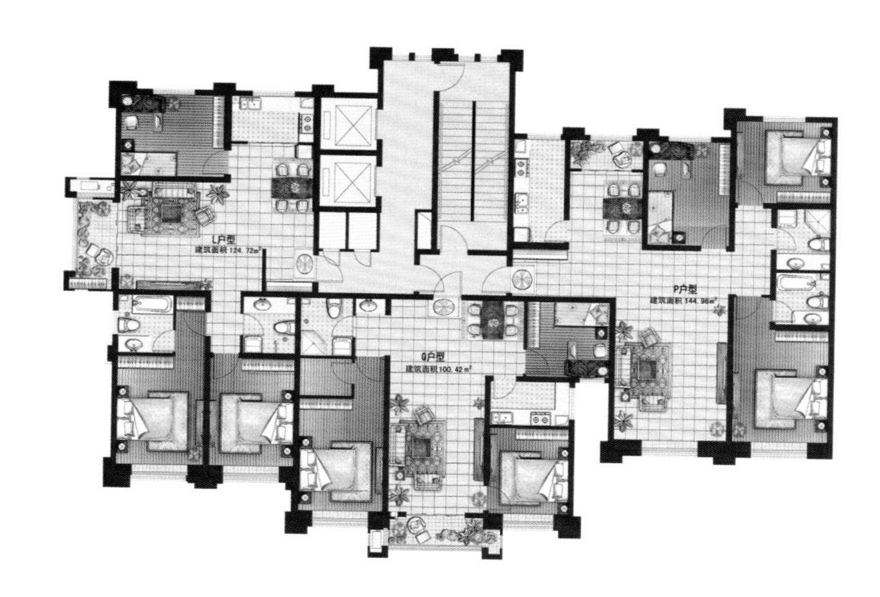

一梯三户平面图

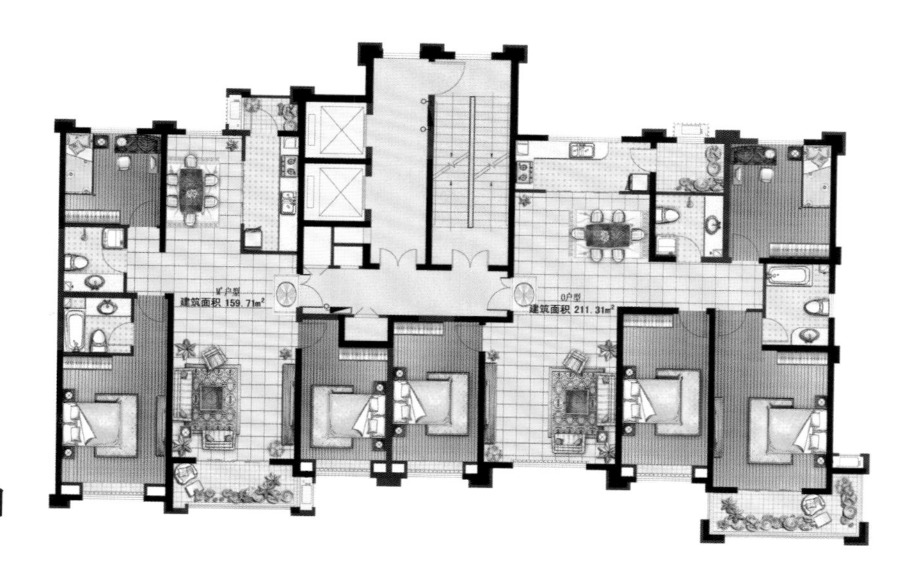

一梯二户平面图

规划设计单位：晋城市建筑设计院

开发建设单位：晋城住房和城乡建设局

专家评审意见

总体评价

1. 小区整体布局整齐，层次分明，组团划分明确，分布均衡，形成两个院落式的围合，建筑设计布局规整，朝向好，有利于通风散热。
2. 公共配套设施齐全，分布合理。
3. 幼儿园位置及朝向安排合理。

几点意见

1. 道路交通方面
   ① 小区道路交通系统结构不够清晰，道路面积过大。建议小区内主干道宽7m即可，取消小区中段主干道，使幼儿园南侧形成较大的公共绿地。
   ② 小区车行出入口少，人行出入口多。建议小区东南角设一个车行出入口，减少一个人行出入口或不设人行出入口。
   ③ 小区宅前院落内最好不要停车，建议停车位设在主干路两侧。
2. 建议重新复核日照分析，保证规范规定的大寒日3小时的日照要求。
3. 小区内缺乏居民活动的完整空间，组团内积极空间与消极空间分布不明确，建议幼儿园略向北移，使其南侧形成较大的公共绿地。

透视图

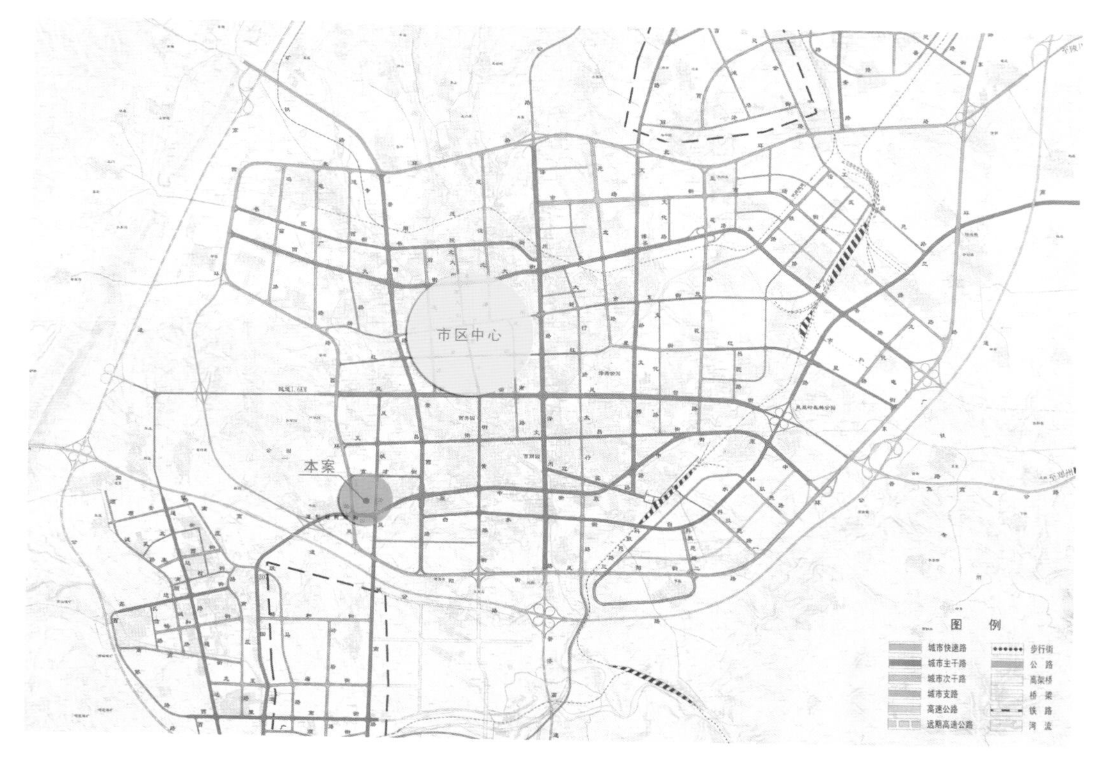
市区中心
本案
图 例
城市快速路
城市主干路
城市次干路
城市支路
高速公路
远期高速公路
步行街
公 路
高架桥
桥 梁
铁 路
河 流

区位分析图

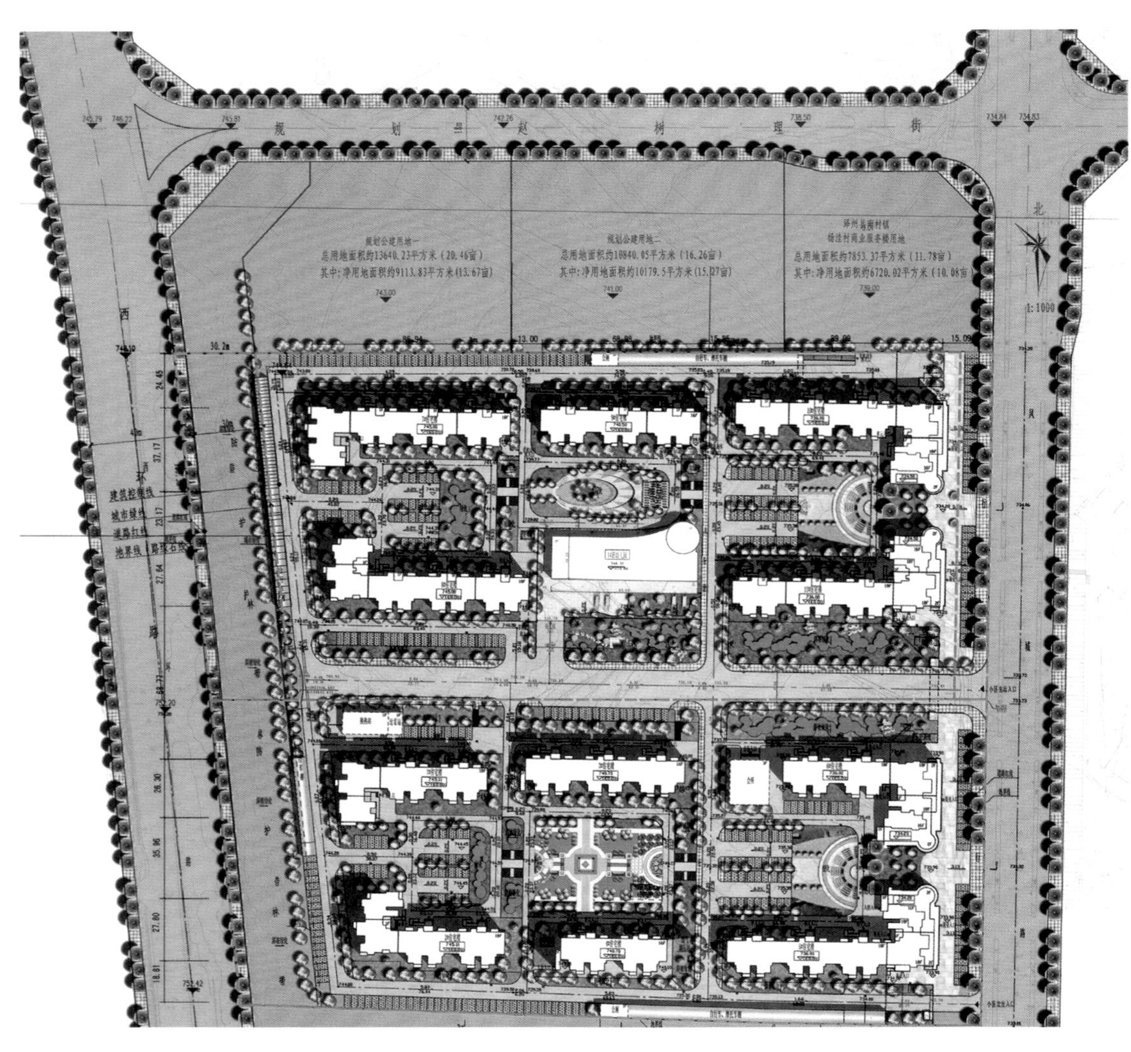

总平面图

规划主要经济技术指标

项目			合计	单位	一期	二期
总用地面积			10.0099	hm^2	4.6658	5.3441
净用地面积			8.8022	hm^2	3.9791	4.8231
其中	地上总建筑面积		221221.47	m^2	107210.20	14011.27
	住宅建筑总面积		200670.47	m^2	99702.2	100968.27
	公共建筑总面积		10275	m^2	3754	6521
	其中	商业服务	4643	m^2	2321	2322
		会所	1071	m^2	1071	
		幼儿园	4200	m^2		4200
		设备用房	362	m^2	362	
建筑密度			17.49	%	18.19	16.92
绿地率			35	%	35	35
容积率			2.51		2.69	2.36
户数			2712	户	1312	1400
停车位（全地面停车）			401	个	212	189

快速道路
城市道路
小区一级路
小区二级路
人行道
宅前道路
机动停车位
非机动停车
小区出入口

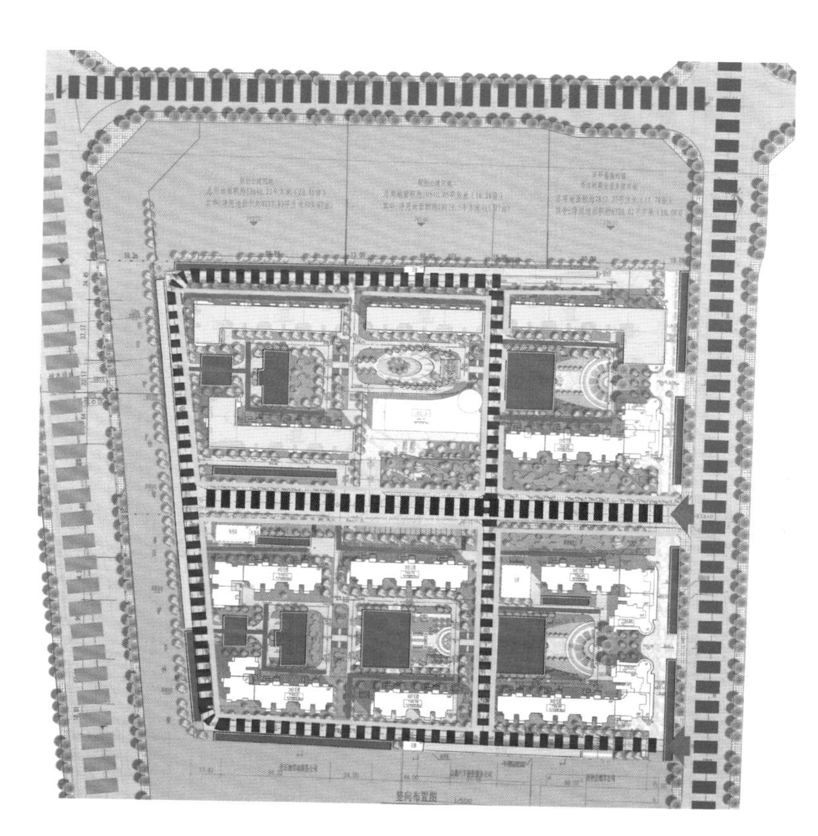

交通分析图

透视图

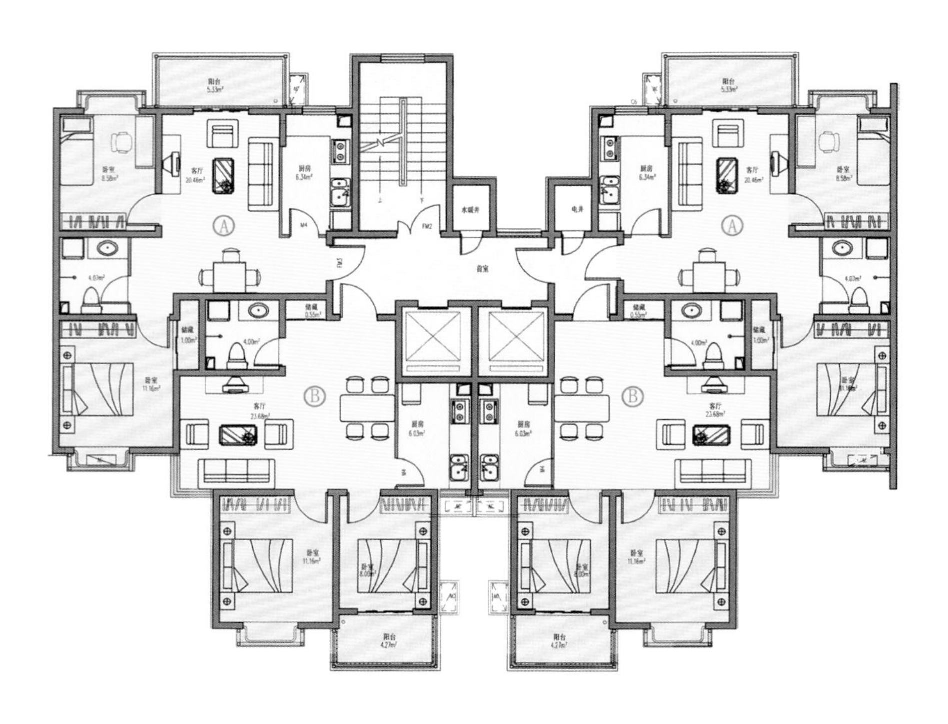

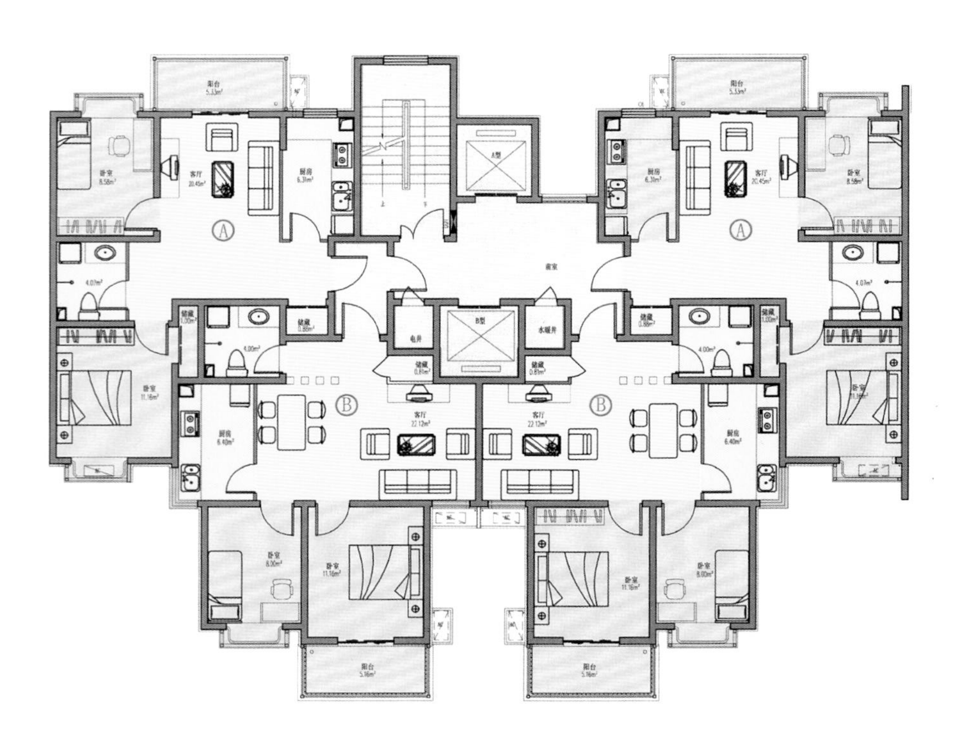

一梯四户住宅平面图

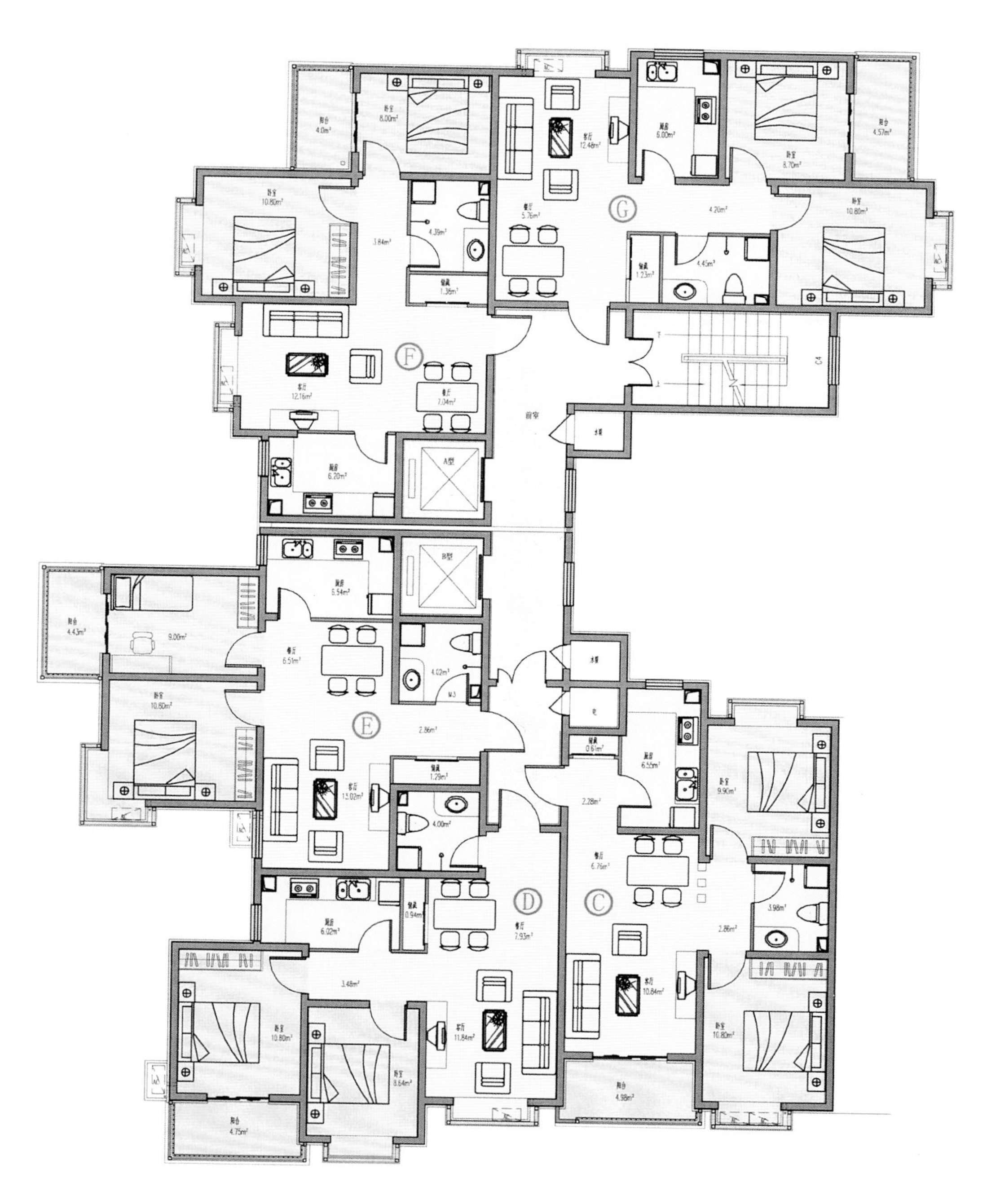

一梯五户住宅平面图

山西大同市紫润芳庭

规划设计单位： 广州番禺区市桥建筑设计院有限公司

开发建设单位： 大同市恒翔房地产开发有限公司

专家评审意见

总体评价

大同紫润芳庭小区规划用地6.17hm^2，共十幢17~31层住宅楼，规划采用行列式的布局方式，道路交通以两级道路环形布局，两个出入口与城市道路相连，小区建筑朝向好，通风好，居民出行交通方便。

小区机动车停车全部为地下停车，较好地解决了居民机动车的停车问题及对居民安静、安全的干扰问题。

几点意见

1. 小区部分建筑有比较突出的日照不足问题，建议应重新复核一下日照分析，结合建筑布局调整，以确保满足规范的要求。
2. 小区规划公共绿地严重不足，建议应调整规划布局。
3. 对于消防车道可到达建筑周边长度的要求，5号、6号、11号楼有不足的问题，建议应严格按照《高层民用建筑设计防火规范》进行修改完善。
4. 小区技术经济指标，建议应符合国家规范要求，特别是强制性指标。

地图
卫星
地形
府南街
文 大同十一中
城区实验幼儿园
城区园林处
大同永泰医院
向阳街
大同城区第四十一小
大同市第四人民医院
向阳里
工农路
南环路
新旺花园
基地位置
城市主干道
城市次干道

区位分析图

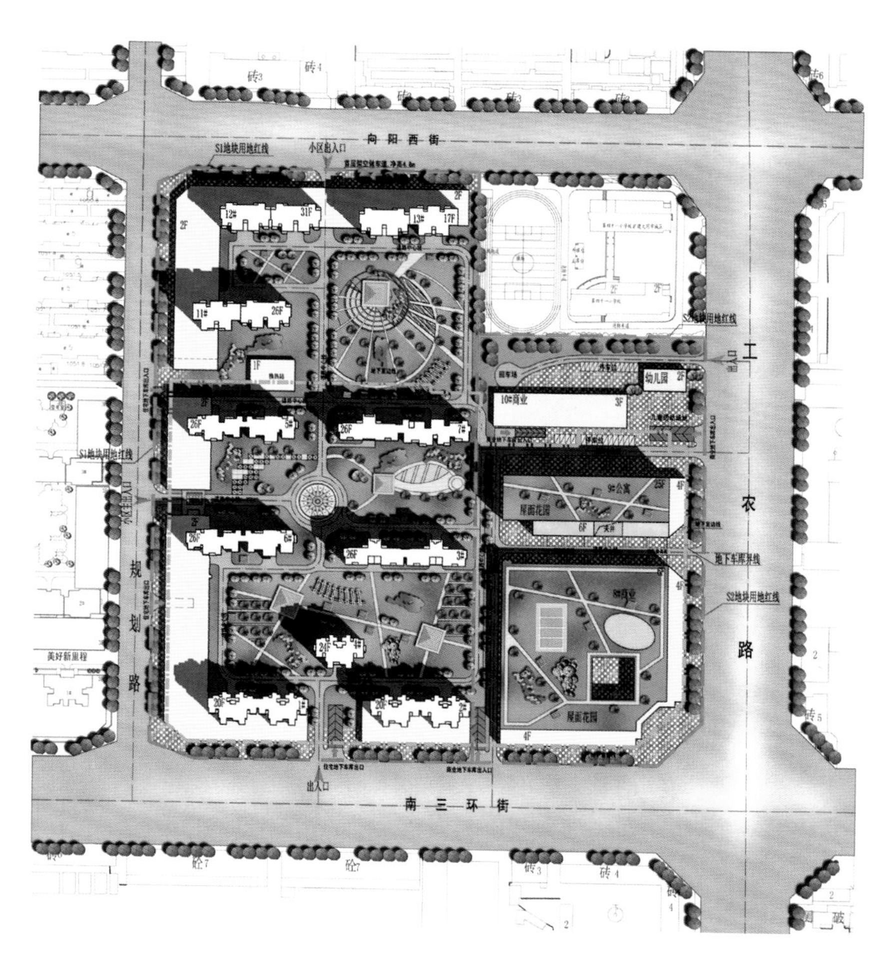
向阳西街
小区主入口
幼儿园
10#商业
办公
屋面花园
工
农
路
规
划
路
南三环街
出入口

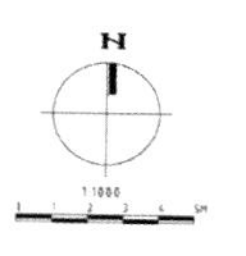

总平面图

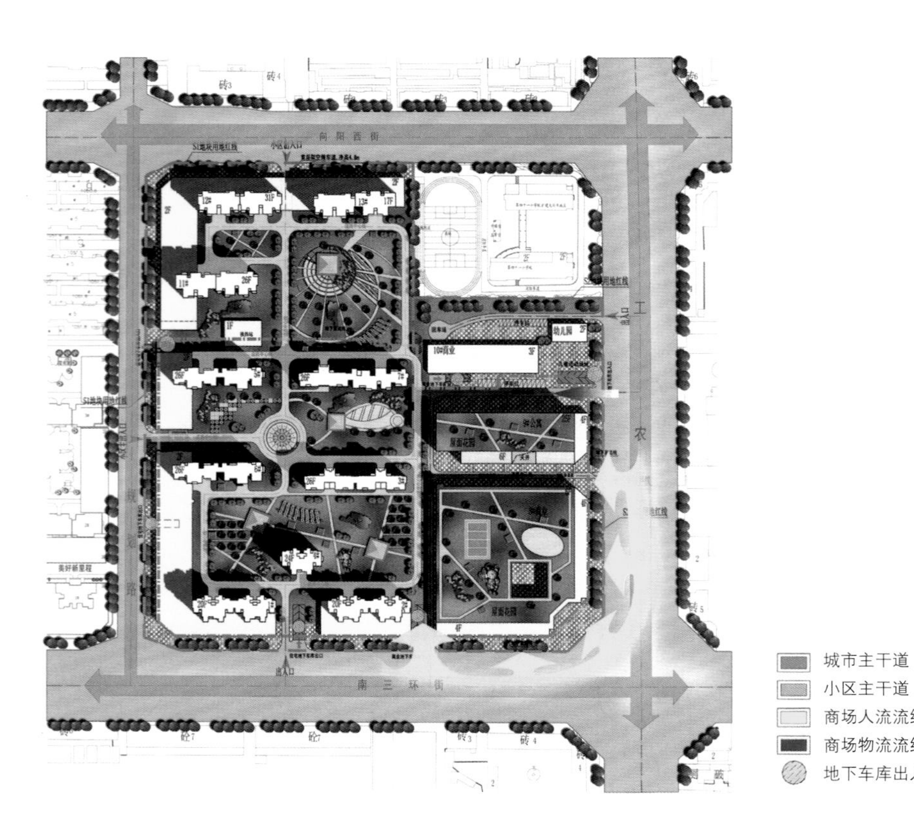
城市主干道
小区主干道
商场人流流线
商场物流流线
地下车库出入口

交通分析图

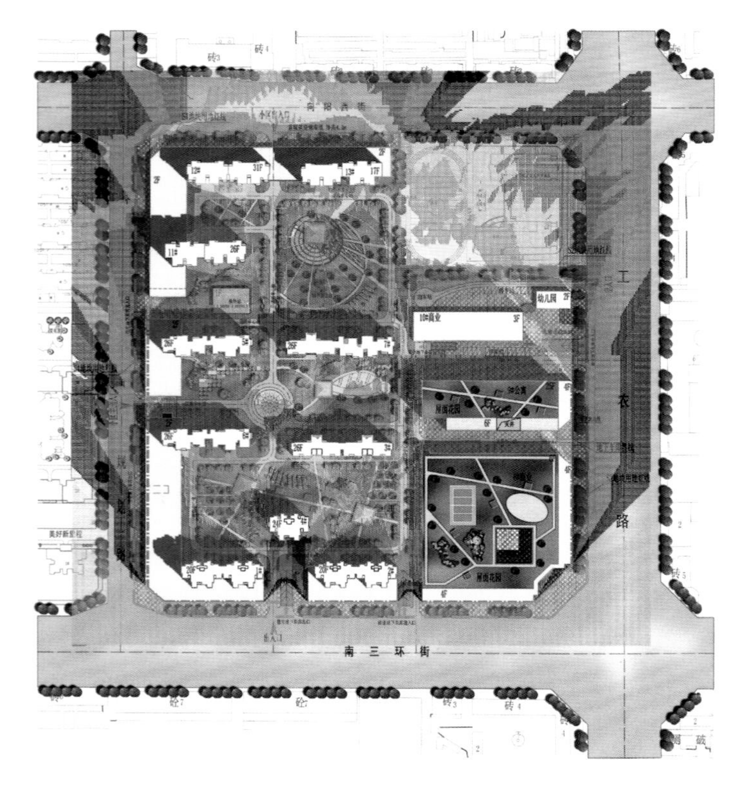
1小时以内
1小时
2小时
3小时
4小时
5小时
6小时

日照分析图

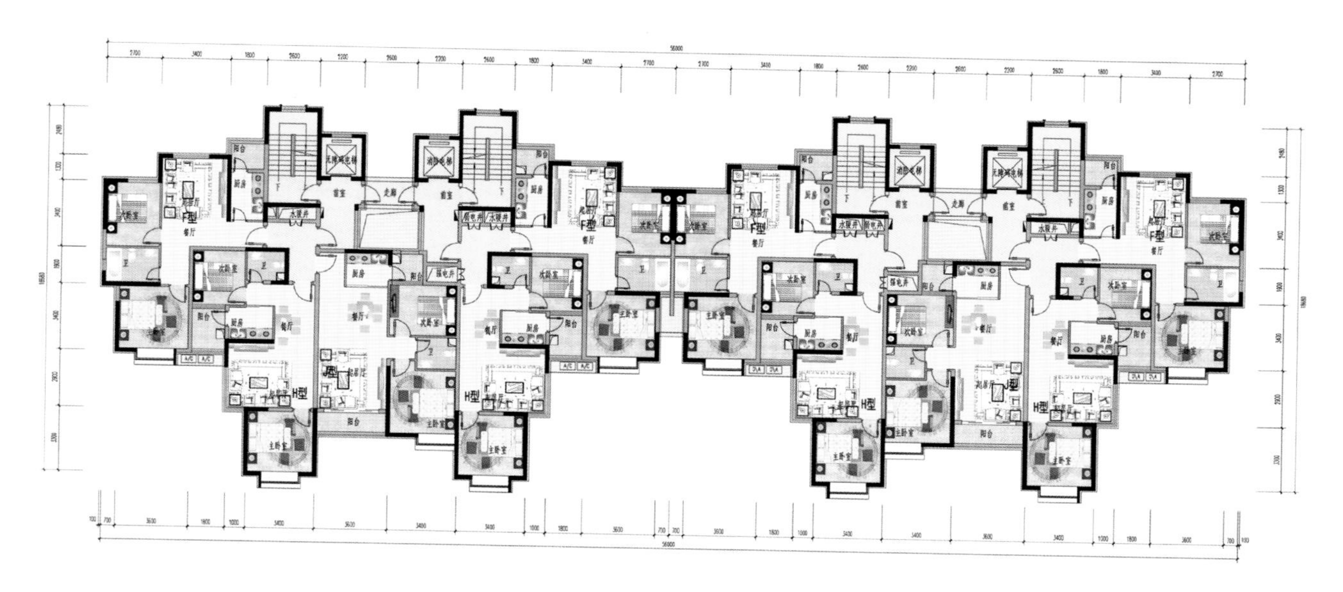

1号、2号标准层平面图

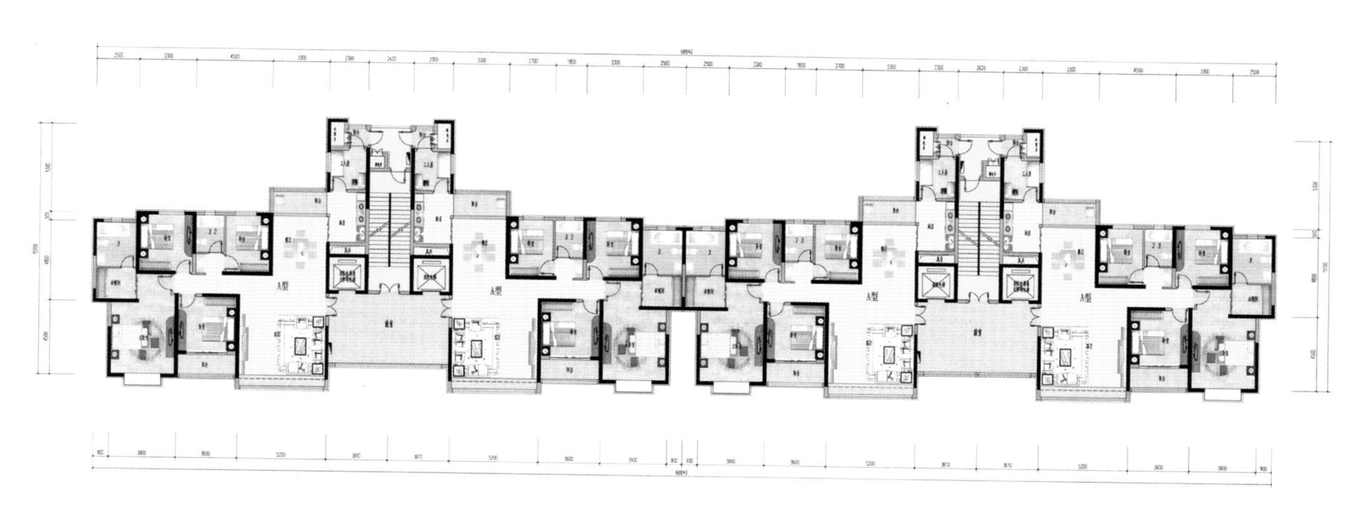

3号标准层平面图

5号、6号标准层平面图

7号标准层平面图

太原市丽泽花苑住宅小区

规划设计单位：山西省城乡规划设计研究院

开发建设单位：山西九昌房地产开发有限公司

专家评审意见

总体评价

1. 小区规划设计采用组团院落的布局形式，形成了二心三团的布局，结构清晰，布局合理，空间丰富，朝向好，通风好。
2. 小区道路交通规划了一个基本外环的交通系统，宅前路兼消防车道，二级道路功能清晰，三个出入口与城市路相连，居民出行交通方便。居民机动车停车以地下为主、地上为辅，停车率达100%以上，较好地解决了居民机动车的停车问题，及机动车对居民居住安静、安全的干扰。
3. 小区设有幼儿园、会所及商业服务等，公共服务设施配套较齐全。
4. 小区规划了两个中心公共绿地，加之房前屋后的充分绿化，绿化率达42%以上，为居民创造了一个绿色满园的休闲环境空间。

几点意见

1. 建议B3号楼与幼儿园、会所相互调位，既使幼儿园靠近主入口，又满足幼儿园日照要求，且不减少建筑面积。
2. 建议B组团北面的主路改为外环，南 B3号、4号、5号楼作为南入口、南宅前路，这样中心公共绿地空间将更大，更好利用。
3. 建议宅前路要做成南北入口庭院的形式，尽可能避免东西两栋楼宅前路连通。
4. 建议不要在户门前停机动车，最好停在消极空间及主环路旁。

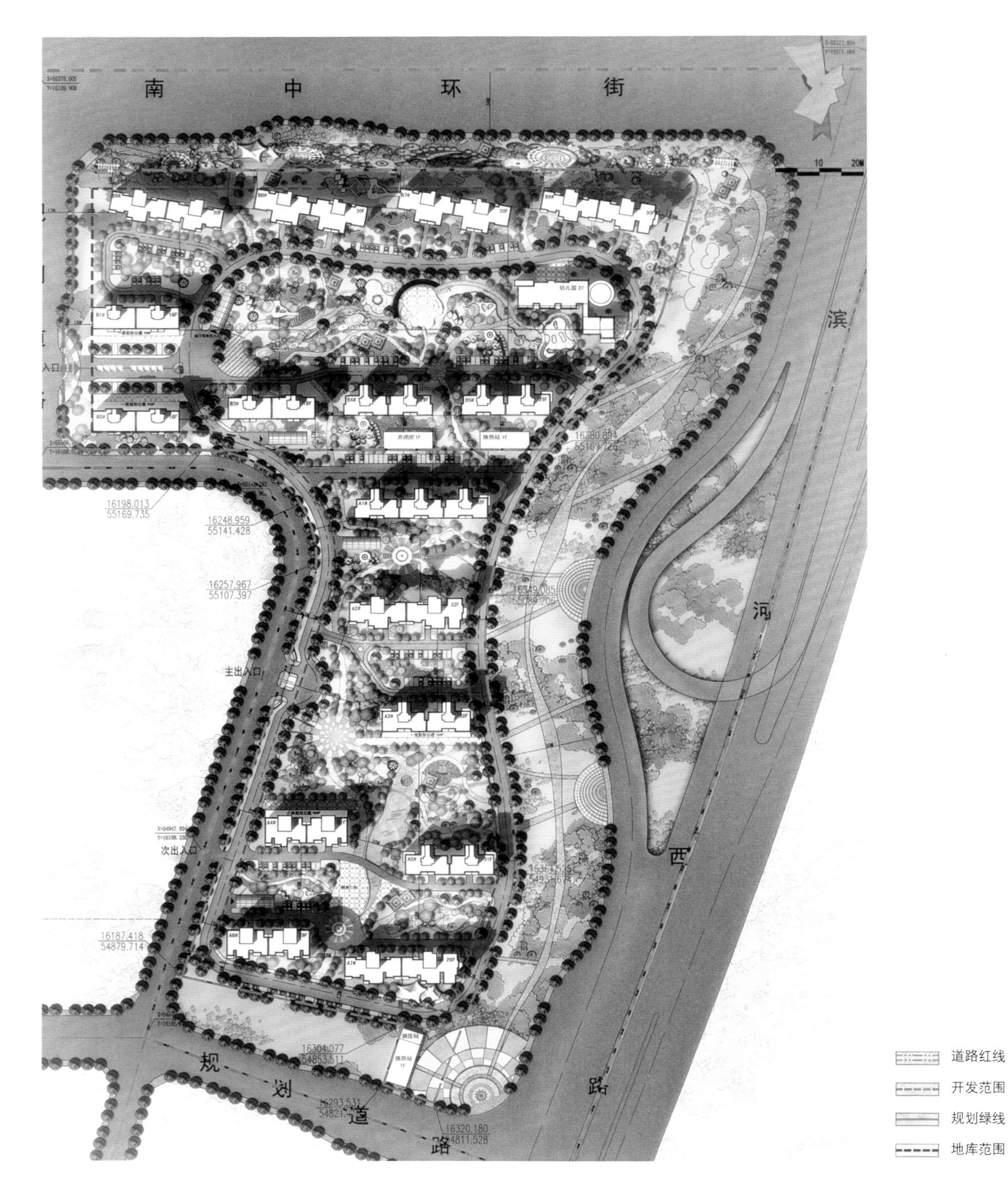

总平面图

总技术经济指标

项目		数值	计量单位
开发总用地面积		186547	m^2
开发总用地面积		87570	m^2
住宅净用地面积		85519	m^2
规划总建筑面积		425353	m^2
其中	地上建筑面积	303015	m^2
	地下建筑面积	122338	m^2
住宅建筑面积		297515	m^2
公建配套面积		5500	m^2
其中	六班幼儿园	1800	m^2
	居委会	365	m^2
	物业管理	600	m^2
	配套商业	1800	m^2
	换热站	600	m^2
	调压站	35	m^2
	开闭所	300	m^2
住宅平均层数		27	层
容积率		3.46	
住宅净容积率		3.48	
建筑占地面积		14056	m^2
住宅占地面积		11375	m^2
建筑密度		16.1	%
住宅净密度		13.3	%
绿地率		42.6	%
住宅户数		2490	户
居住人数		7968	人
其中	地面停车位	170	辆
	地下停车位	2420	辆

一期技术经济指标

项目		数值	计量单位
开发总用地面积		92246	m^2
开发总用地面积		40814	m^2
住宅净用地面积		40544	m^2
规划总建筑面积		201765	m^2
其中	地上建筑面积	142465	m^2
	地下建筑面积	59300	m^2
住宅建筑面积		140765	m^2
公建配套面积		1700	m^2
其中	居委会	365	m^2
	物业管理	300	m^2
	配套商业	700	m^2
	换热站	300	m^2
	调压站	35	m^2
住宅平均层数		30	层
容积率		3.48	
住宅净容积率		3.47	
建筑占地面积		5395	m^2
住宅占地面积		4779	m^2
建筑密度		13.2	%
住宅净密度		11.7	%
绿地率		43.0	%
住宅户数		1228	户
居住人数		3930	人
户均人口		3.2	人
住宅停车位		1280	辆
其中	地面停车位	90	辆
	地下停车位	1190	辆

二期技术经济指标

项目		数值	计量单位
开发总用地面积		94301	m^2
开发总用地面积		46756	m^2
住宅净用地面积		44975	m^2
规划总建筑面积		223588	m^2
其中	地上建筑面积	160550	m^2
	地下建筑面积	63038	m^2
住宅建筑面积		156750	m^2
公建配套面积		3800	m^2
其中	六班幼儿园	1800	m^2
	物业管理	300	m^2
	配套商业	1100	m^2
	换热站	300	m^2
	开闭所	300	m^2
住宅平均层数		26	层
容积率		3.43	
住宅净容积率		3.49	
建筑占地面积		8661	m^2
住宅占地面积		5980	m^2
建筑密度		18.5	%
住宅净密度		13.3	%
绿地率		42.0	%
住宅户数		1262	户
居住人数		4038	人
户均人口		3.2	人
住宅停车位		1310	辆
其中	地面停车位	80	辆
	地下停车位	1230	辆

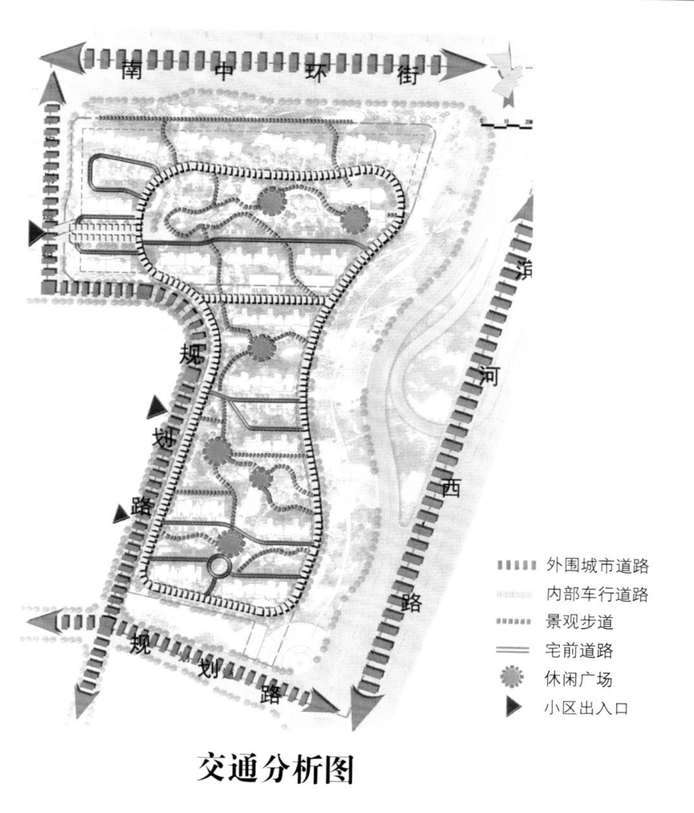

交通分析图

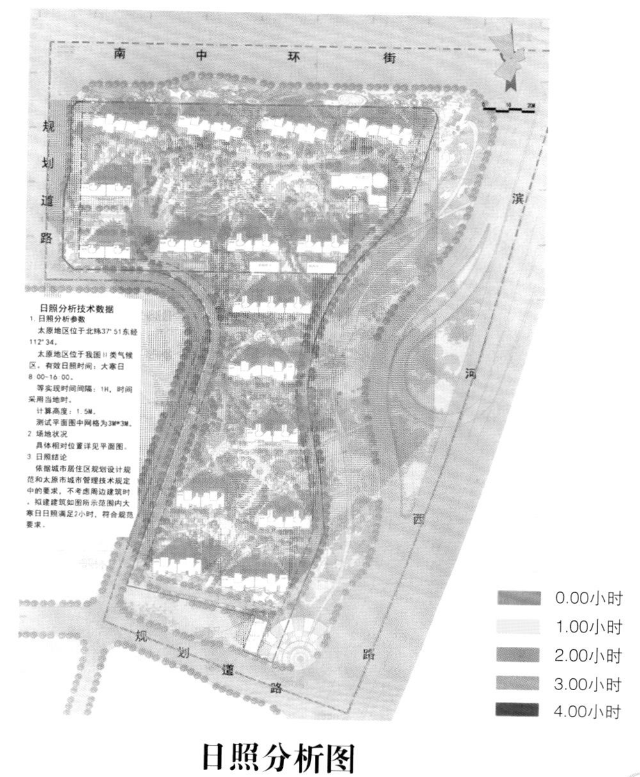

日照分析图

A户型

户型	户型描述	套内建筑面积（m^2）	建筑面积（m^2）
A型	三室二厅二卫	101.01	141.01
A-1型	二室二厅二卫	116.95	156.75

B户型

户型	户型描述	套内建筑面积（m^2）	建筑面积（m^2）
B-A型	二室二厅一卫	68.96	88.33
B-B型	二室二厅一卫	70.21	91.75
B-C型	三室三厅二卫	98.63	128.69

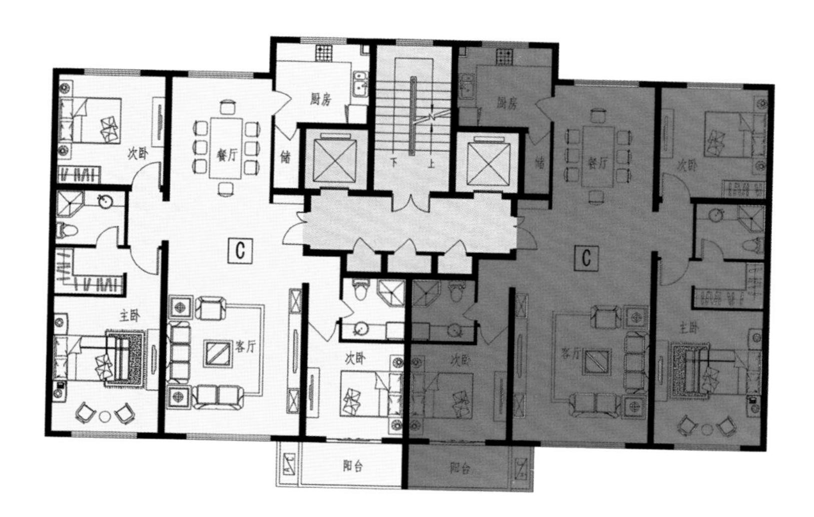

C户型

户型	户型描述	套内建筑面积（m^2）	建筑面积（m^2）
C型	三室二厅二卫	127.81	147.22

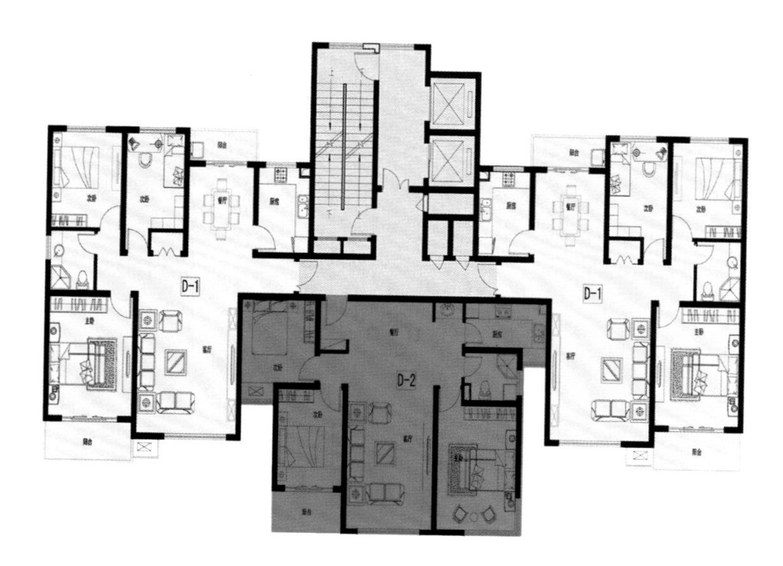

D户型

户型	户型描述	套内建筑面积（m^2）	建筑面积（m^2）
D-1型	三室两厅一卫	104.05	140.10
D-2型	三室两厅一卫	96.23	130.41

E户型

户型	户型描述	套内建筑面积（m^2）	建筑面积（m^2）
E-1型	三室两厅一卫	104.05	123.80
E-2型	三室两厅一卫	96.23	114.49
E-3型	三室两厅两卫	146.68	174.52

F户型

户型	户型描述	套内建筑面积（m^2）	建筑面积（m^2）
F-A型	二室二厅二卫	77.04	92.05
F-B型	二室二厅一卫	78.09	93.31
F-C型	二室二厅一卫	75.93	90.73
F-D型	三室二厅二卫	107.26	127.58

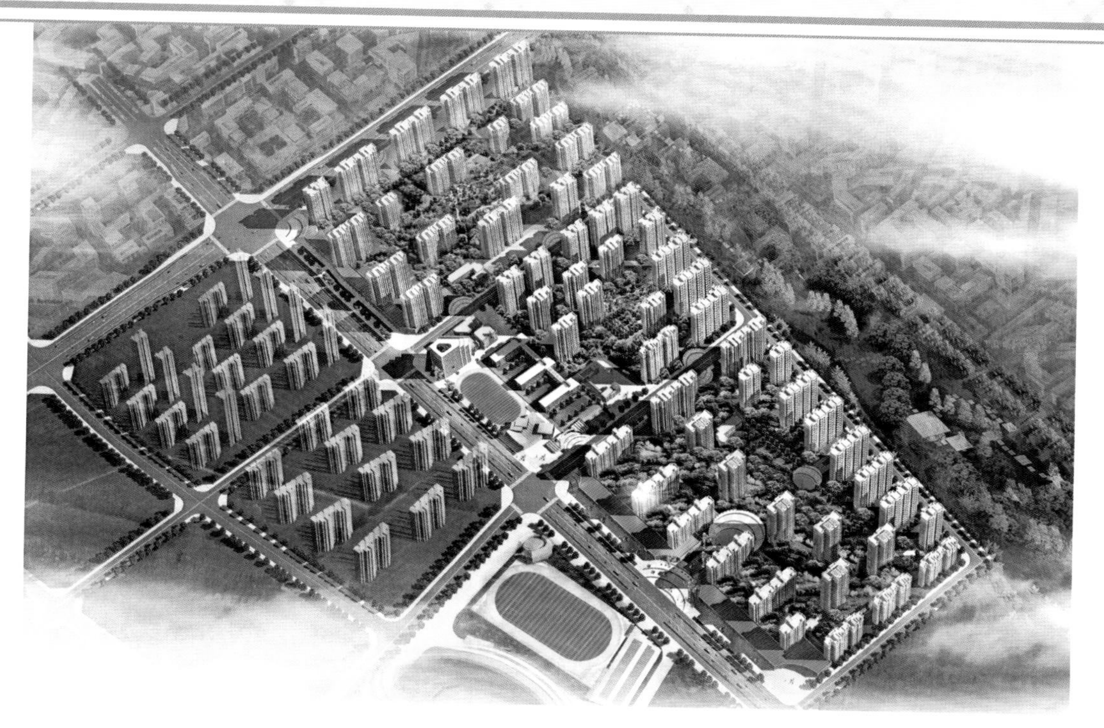

山西省长治市圣鑫园保障性住房小区

规划设计单位：长治市规划设计院

开发建设单位：长治市经济适用房发展中心

专家评审意见

总体评价

1. 长治“圣鑫园”居住区，规划用地面积32.87hm^2，分A、B、C三个地块，按三个完整的小区进行规划，建筑采取行列式的布局形式，并采用南北入口组织庭院的方式，为居民创造了一个交流空间，布局结构清晰，居民生活组织有序，朝向好，通风好。
2. 三个小区均采用一个环形交通系统，各有两个以上的出入口与城市道路相连，宅前路兼消防车道，二级道路功能清晰，居民出行交通方便。小区机动车停车以地下为主，地上为辅，停车率达64%以上，较好地解决了居民机动车的停车问题及居民居住对安静、安全方面的需求。
3. 每个小区都规划布置了一个中心公共绿地，加之宅前屋后绿化，绿地率达35%以上，为居民创造了一个良好的绿色休闲环境。
4. 住区配置有小学，每个小区都设有幼儿园、会所、商业服务等，布点均衡，服务设施配套较齐全。

几点意见

1. 建议重新复核一下日照分析，应完全满足大寒日满窗日照2小时的规范要求，若有不足，应妥善处理。
2. 复核消防车道的要求，有不少建筑未能满足最少一个长边长度等要求，建议应严格按照《高层民用建筑设计防火规范》要求进行完善与调整。
3. 小区中心公共绿地的硬铺装不宜过多，如C块小区的布局应自然一些。

透视图

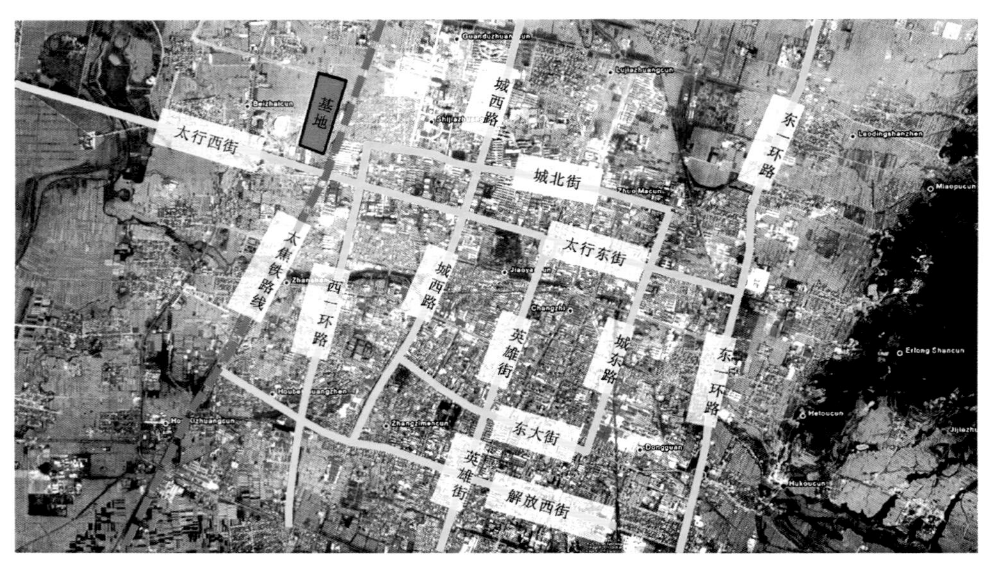

市区道路交通：

长治市太行街、英雄路、城东路、城西路、东外环路、城北街、东大街以及解放西街等组成了市区的主要交通网络。

区位分析图

基地周边交通情况分析：

基地位于长治市市区的西北侧，基地南北两侧有太行东西街、北一环路通过；西侧紧邻体育路东侧与太焦铁路有100m宽的绿化防护带。

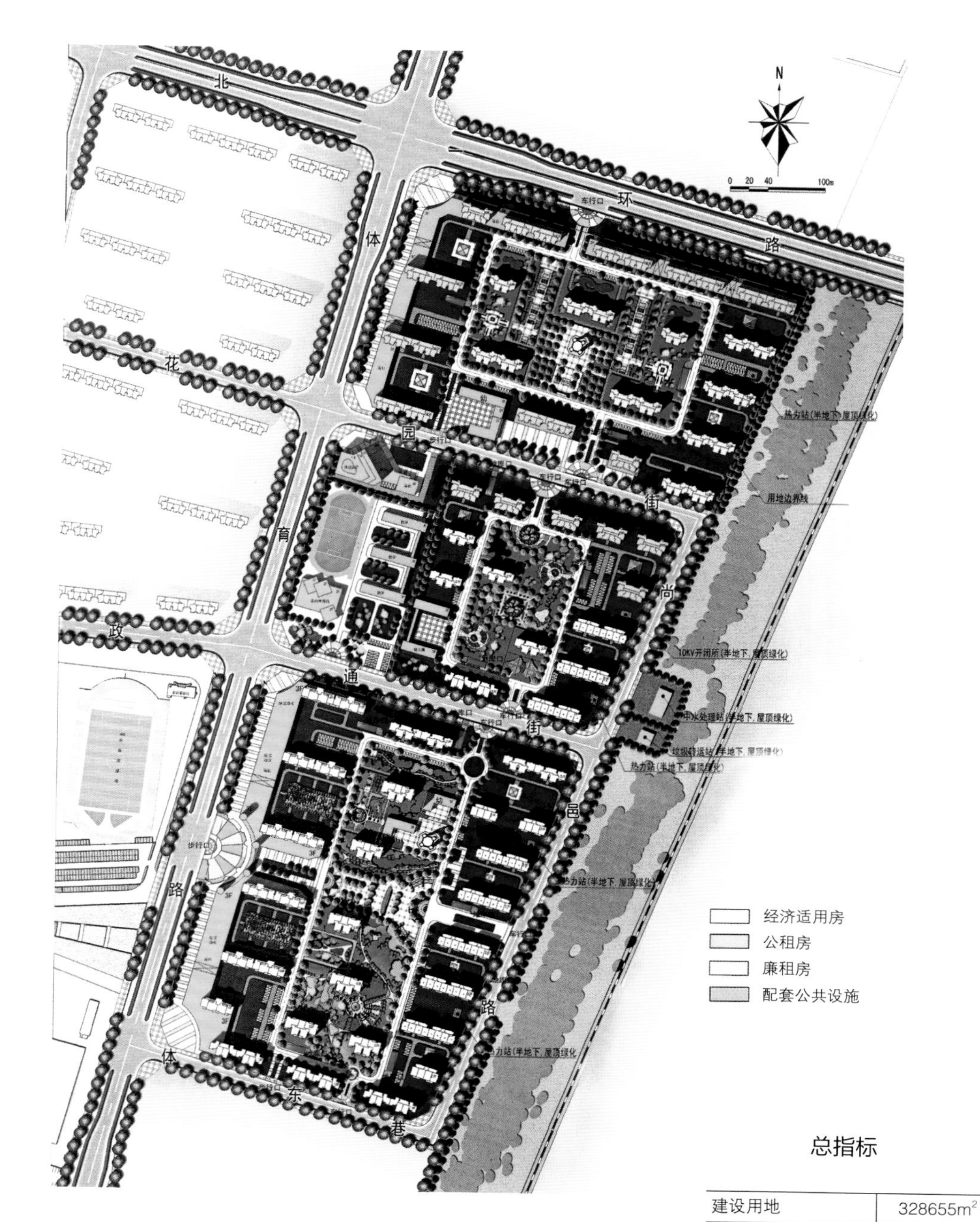

总平面图

地块A

用地面积	104312m²
建筑面积	295046m²
住宅	258869m²
幼儿园	2520m²
底商	33657m²
容积率	2.83
建筑密度	20.00%
总户数	5132
总人数	10469

地块B

用地面积	87667m²
建筑面积	216961m²
住宅	186732m²
独立商业	7200m²
快捷酒店	10000m²
小学	9429m²
幼儿园	3600m²
容积率	2.47
建筑密度	17.73%
总户数	2592
总人数	5573

总指标

建设用地	328655m²
地上建筑面积	914448m²
住宅	798722m²
底商	76377m²
独立商业	7200m²
快捷酒店	10000m²
小学	9429m²
幼儿园	9720m²
社区中心	3000m²
市政设施（半地下）	1500m²
总户数	11462
总人数	28004
容积率	2.78
建筑密度	21.51%
绿地率	35%

地块C

用地面积	136676m²
建筑面积	402441m²
住宅	353121m²
幼儿园	3600m²
商业	42720m²
社区服务	3000m²
容积率	2.94
建筑密度	25.11%
总户数	3738
总人数	11962

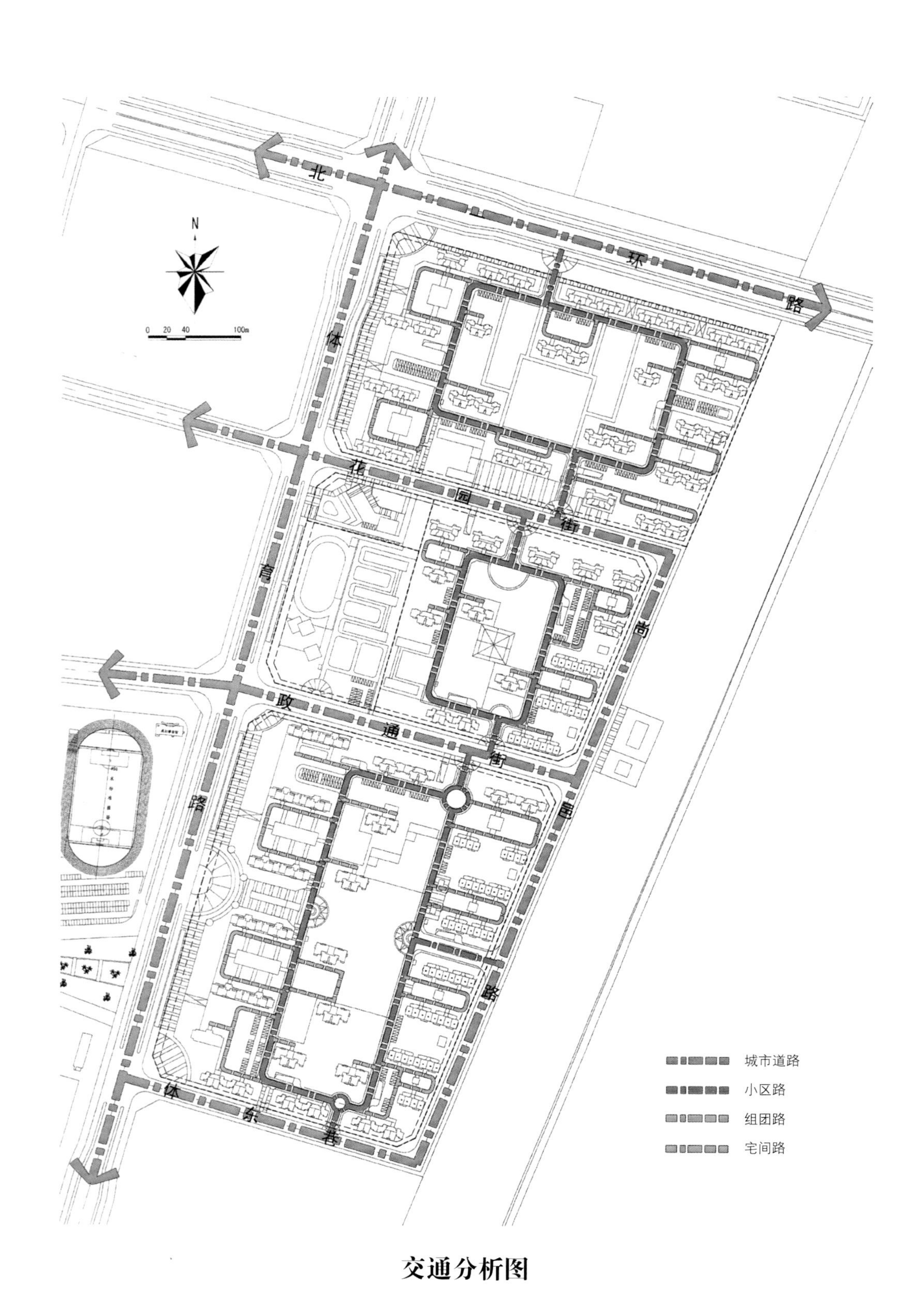
N
0 20 40 100m
北
环
路
体
育
路
花
园
街
政
通
街
尚
邑
路
体
东
巷
城市道路
小区路
组团路
宅间路

交通分析图

N
0 20 40 100m
北一环路
体育路
花园街
政通街
尚邑路
体东巷
0小时
1小时
2小时
3小时
4小时
5小时

日照分析图

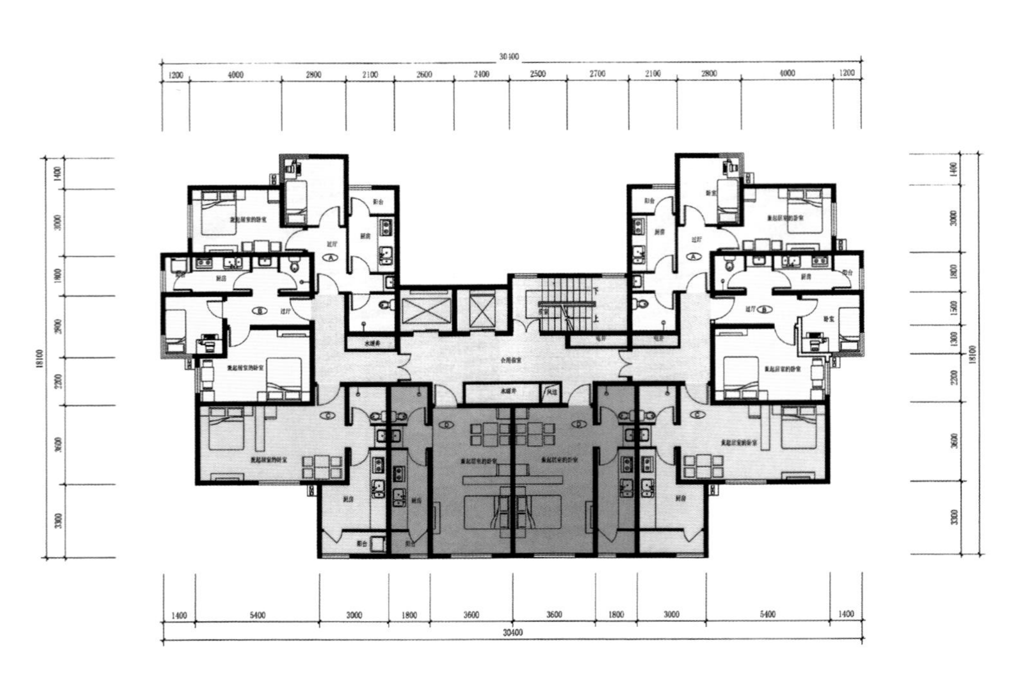

廉租房型 1 标准层平面图

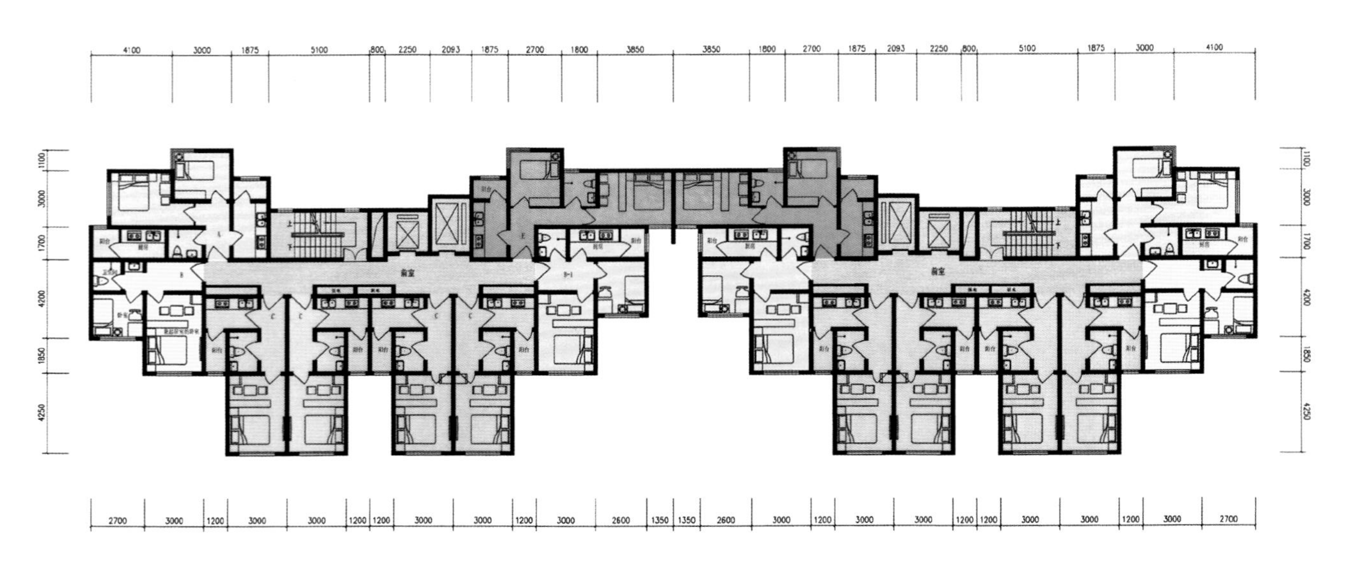

廉租房型 2 标准层平面图

房型 1

户型		套内建筑面积（m^2）	建筑面积（m^2）
A	两室	37.10	55.03
B	两室	36.74	53.93
C	一室	33.74	53.01
D	一室	31.88	50.57
合计			阳台面积50%

房型 2

户型		套内建筑面积（m^2）	建筑面积（m^2）
A	两室	33.96	49.20
B	两室	30.26	48.08
B－1	两室	30.27	49.52
C	两室	22.23	36.67
D	两室	32.44	51.06

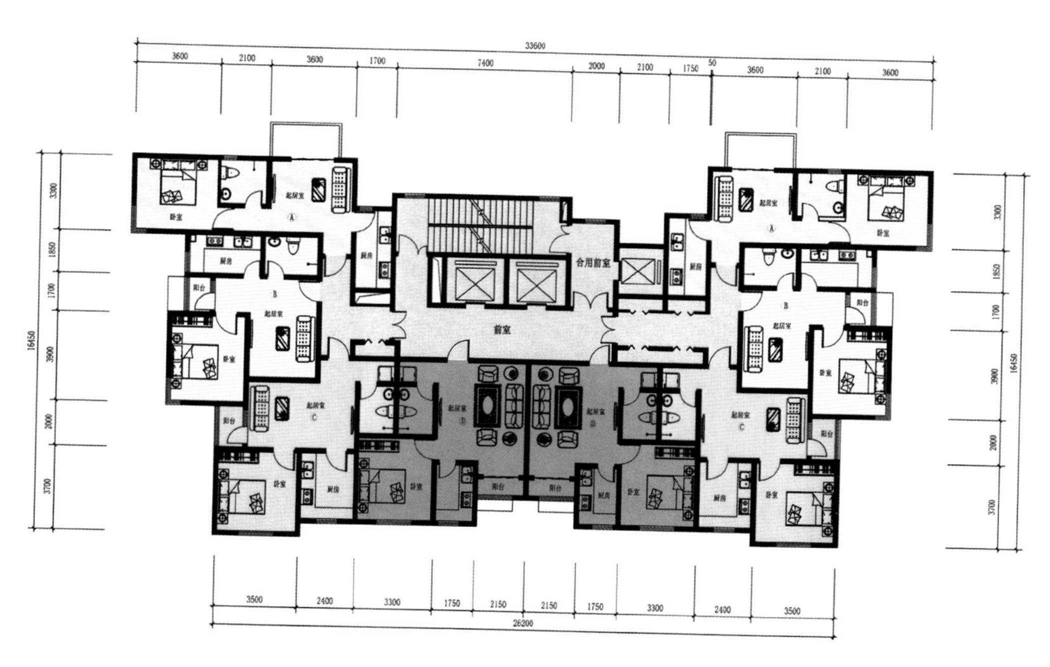

公租房型 1 标准层平面图

公租房型 2 标准层平面图

房型 1

户型		套内建筑面积（m^2）	建筑面积（m^2）
A	一室	33.2	53.33
B	一室	34.34	53.66
C	一室	36.72	57.57
D	一室	36.94	57.76
			阳台面积50%

房型 2

户型		套内建筑面积（m^2）	建筑面积（m^2）
A	两室	36.22	58.08
B	两室	37.28	59.04
C	两室	35.22	57.46

大同市亲水湾龙园住宅小区

规划设计单位：中外建工程设计与顾问有限公司

开发建设单位：大同翔龙集团房地产开发有限公司

专家评审意见

总体评价

1. 亲水湾龙园规划设计结构简洁清晰，功能分区明确，以一个水面、一条环形路统筹整个小区，创造了舒适的生活空间。
2. 小区建筑空间层次合理，满足日照、通风等要求，空间形态简约、流畅。
3. 道路系统合理，形成了小区主路、组团级道路及宅前路的有机布局。
4. 区内绿化及室外环境设计较适宜，与建筑空间有较好的融合。

几点意见

1. 在空间形态上，对于建筑形体及色彩在统一中要有所变化，要从形态及色彩上进一步研究、深化，以丰富建筑空间，同时增强识别性。
2. 绿化系统要进行精细化设计，在原有康居工程的经验上作进一步的提升，在尺度感和设计手法上要强化设计，水景水面要缩小，同时增加一定的室外活动场地。
3. 对配套设施的布局及设计应进一步推敲，以防止对园区内生活和使用带来影响。
4. 小区内道路周边不宜过多停车，应减少这部分车位。

经济技术指标

项目	面积	单位
1.总建筑面积	45.52	万m^2
1.1地上建筑面积	34.38	万m^2
1.1.1住宅建筑面积	29.76	万m^2
1.1.2商业建筑面积	4.08	万m^2
1.1.3配套建筑面积	0.54	万m^2
1.2地下建筑面积	11.14	万m^2
2.户数	2360	户
3.总人口	7552	人
4.户均人口	3.2	人／户
5.人口毛密度	655	人／hm^2
6.平均每户建筑面积	125.66	m^2
7.住宅建筑面积毛密度	2.57	万m^2／hm^2
8.住宅建筑面积净密度	3.76	万m^2／hm^2
9.住宅平均层数	23	层
10.地上停车位	568	辆
11.地下停车位	2870	辆
12.总停车率	145.68	%
13.总建筑密度	25.91	%
14.住宅建筑净密度	14.50	%
15.容积率	2.98	
16.绿地率	35	%

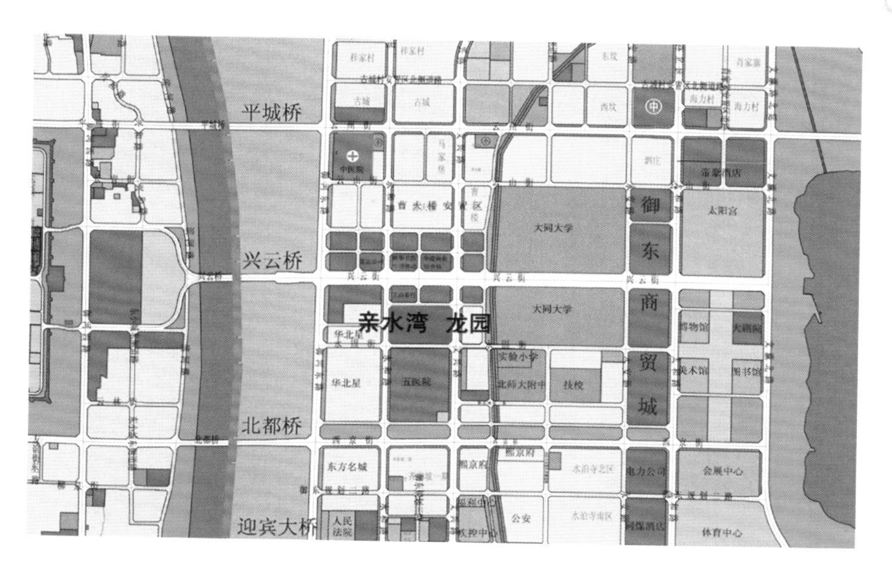

区位分析图

居住小区用地平衡表

项目		面积（hm^2）	百分比（%）
居住区用地（R）		11.53	100.00
其　中	住宅用地	6.92	60.00
	公建用地	1.96	17.00
	道路用地	1.50	13.00
	公共绿地用地	1.15	10.00

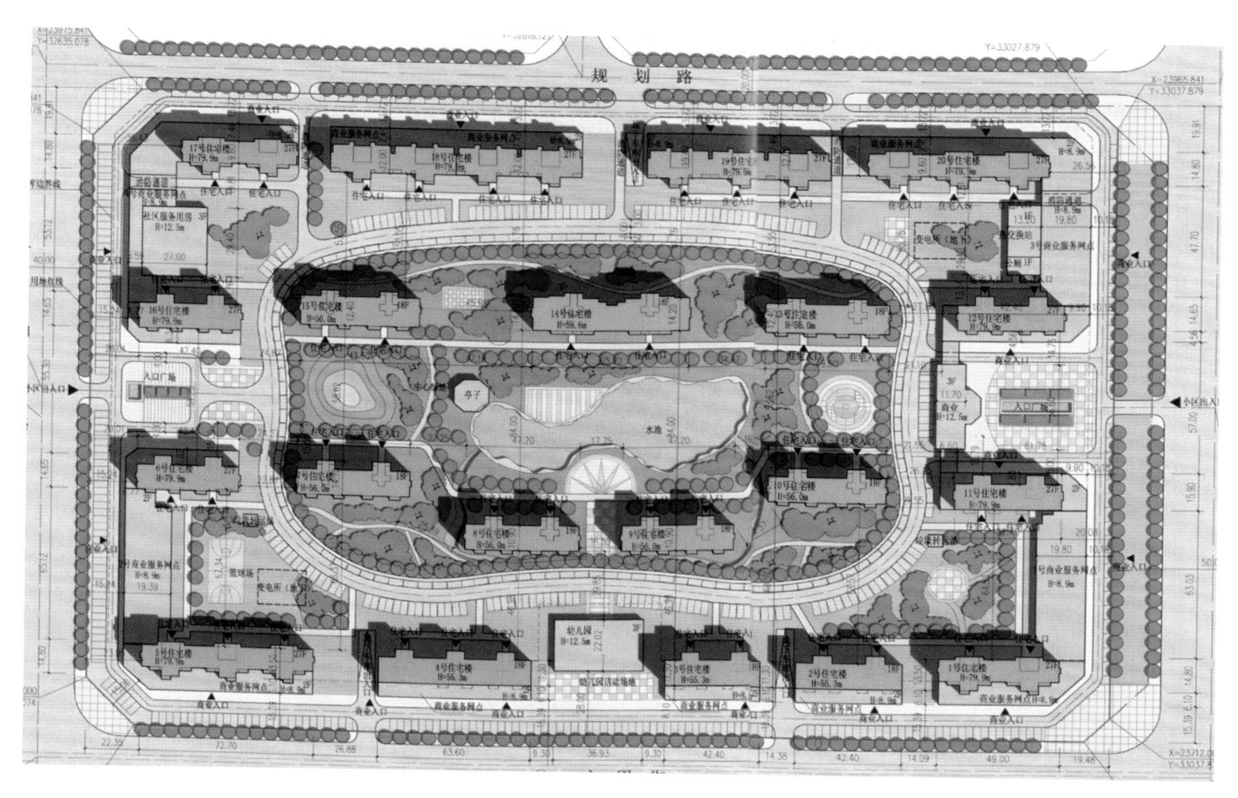

总平面图

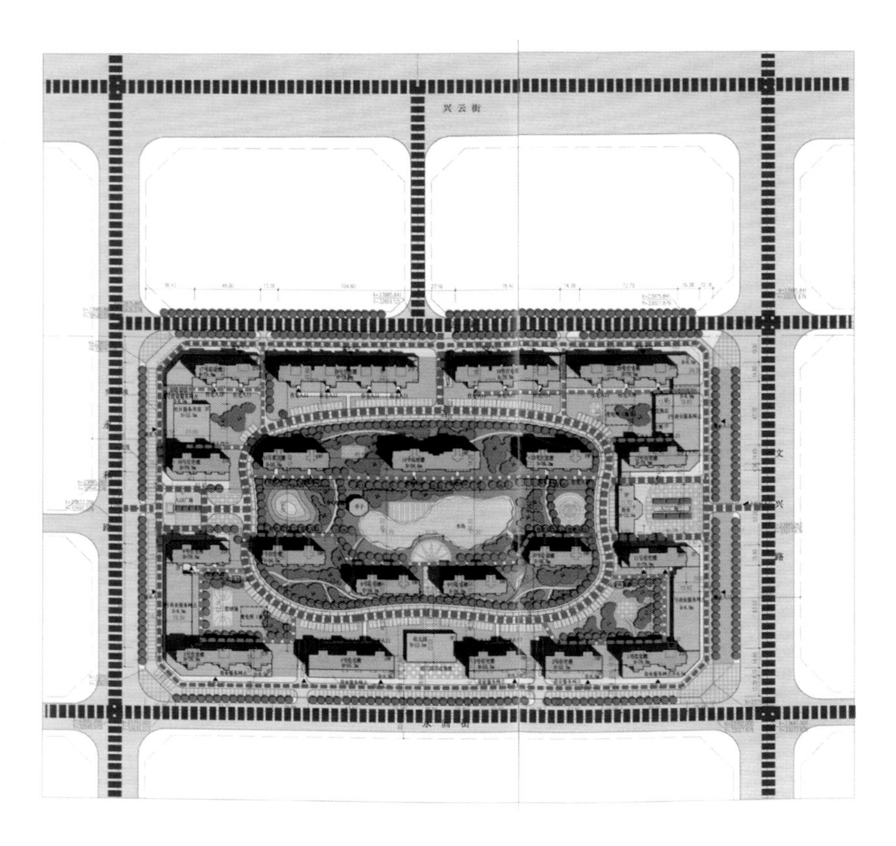

城市道路
小区级道路
宅间小路

交通分析图

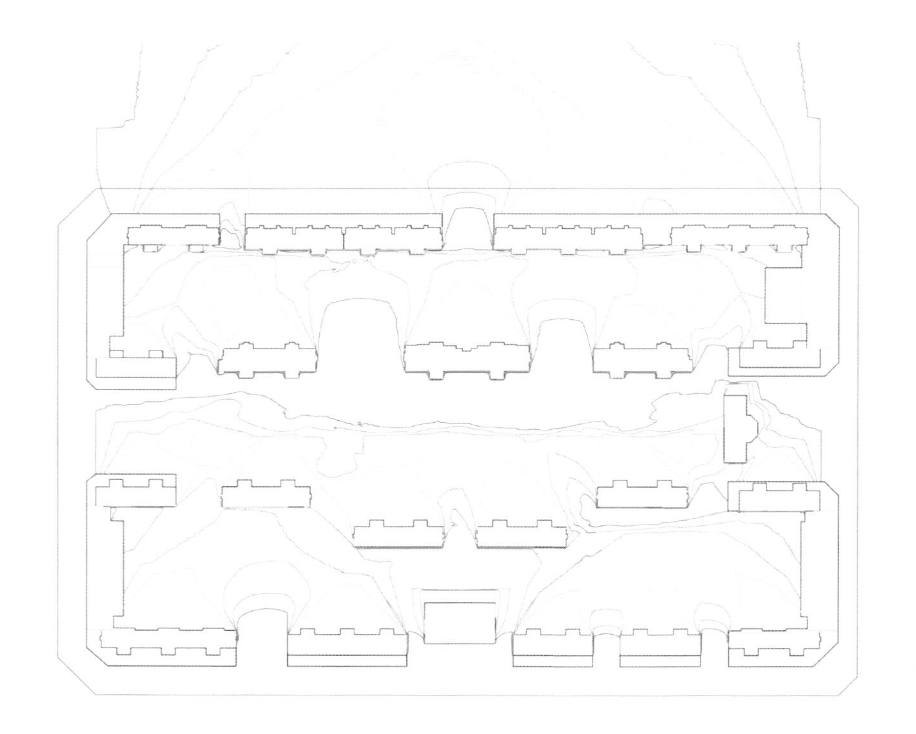

1小时等照时线
2小时等照时线
3小时等照时线
4小时等照时线

日照分析图

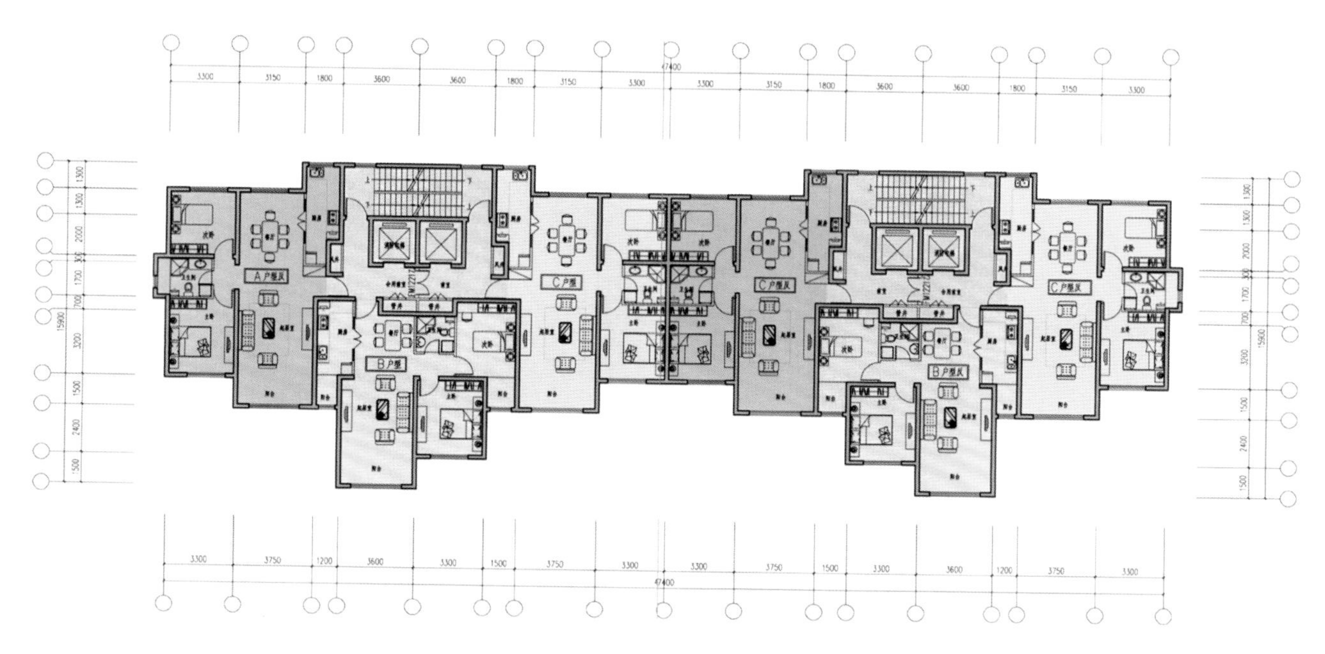

一梯三户住宅平面图

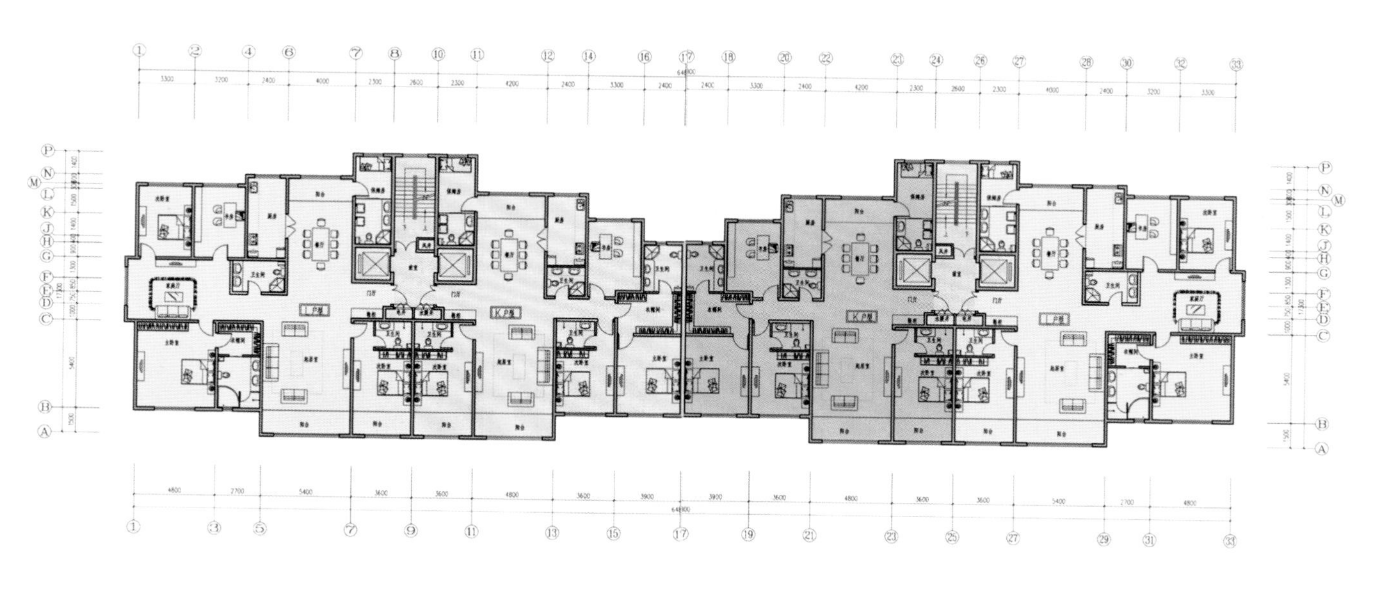

一梯二户住宅平面图

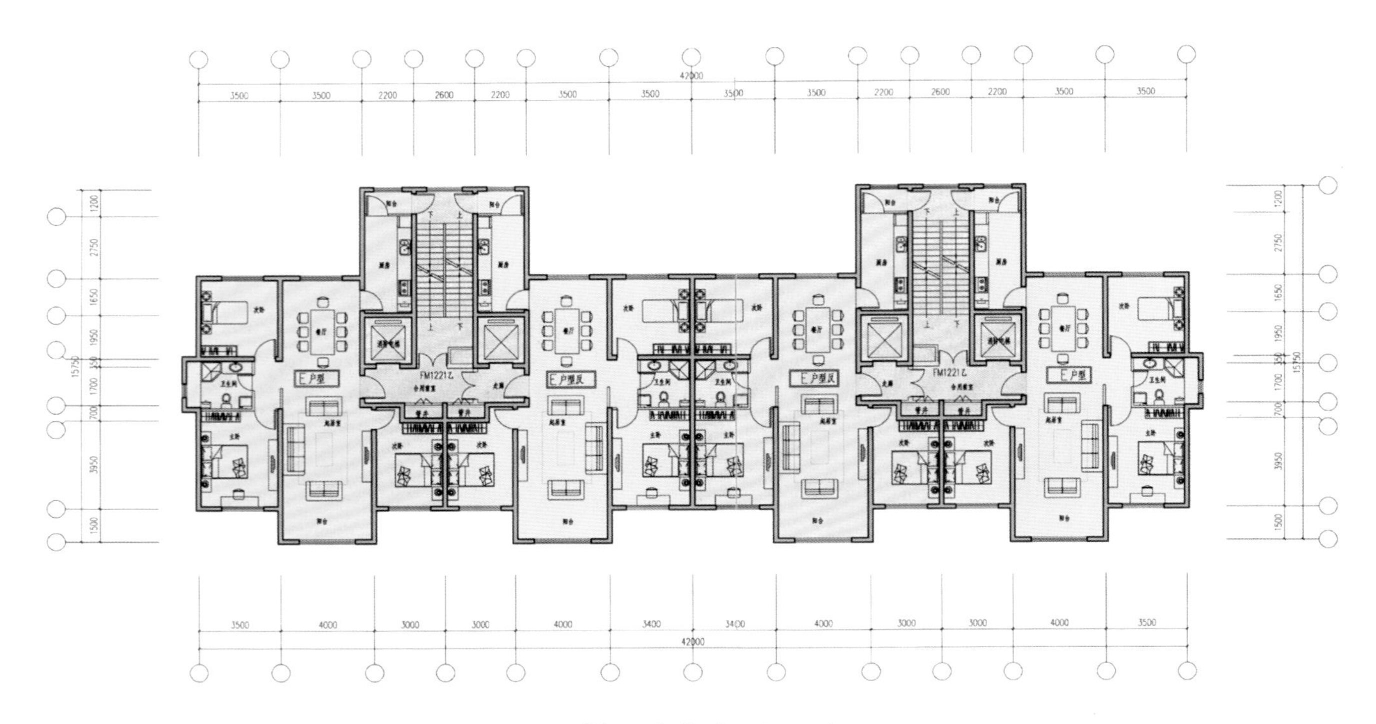

一梯二户住宅平面图

入口鸟瞰图

盐城钱江方洲

规划设计单位： 华汇工程设计集团

开发建设单位： 盐城市苏嘉房地产开发有限公司

专家评审意见

总体评价

1. 钱江方洲小区位于盐城新城几何中心，总用地33.43hm^2。依据盐城总体规划布局，本地块规划用于商业及住宅小区综合开发利用，周边与水绿公园、盐城中学比邻，环境优美，交通便捷，市政设施配套完善，该项目具有良好的区位优势，适居性强，选址得当。
2. 规划结构：钱江方洲小区依据控制性规划要点确定的原则和要求，以“大环境、小社区”的设计理念，较充分地整合周边现状资源，规划采用东西向分段转折商业步行街为轴，规划南北两个居住组团。规模容量相当，规划结构清晰，功能分区明确，统一规划，分期开发，较好地构筑商业、居住及环境与城市相融，有机互动。
3. 道路与交通：钱江方洲小区道路框架清晰，分级明确，规划相对独立的南区和北区各采用环路为主干道，通达便捷，以适度人车分流尽量减少人车互扰，基本满足消防、维护等要求。小区出入口选择适当，与城市交通有较好的衔接，方便居民出行。
4. 整体空间：规划的步行商业街为界，形成南区、北区，采用多层、中高层、高层结合商业配套公建围合院落的手法形成变化有序的群体空间。

5. 绿地与室外环境：钱江方洲小区规划注重绿地与景观环境整体设计，规划采用集中绿地与组团、庭院绿地点线面结合的手法，构筑良好的邻里交往、户外活动、健身休闲的绿色空间，较好地体现了居住环境的宜居性。

几点意见

1. 对步行商业街的规模、业态选择、定位及与住宅楼的关系应做市场调研，并进一步研究。
2. 补充完善与该小区定位相匹配的公共服务设施(如游泳池等运动场地等)。
3. 进一步完善落实行车系统设计。
4. 中心景观及庭园绿化小品的设计应进一步体现地方文化特色，并适当减少硬铺装。

主要经济技术指标

	项目		单位	指标
1	规划总用地		hm^2	33.43
2	总建筑面积		万m^2	60.97
3	规划总户数		户	3167
4	规划总人口		万人	1.10
5	住宅总面积		万m^2	41.53
6	北区	北区高层住宅面积	万m^2	22.08
7		北区多层住宅面积	万m^2	1.10
		合计	万m^2	23.18
8	南区	南区高层住宅面积	万m^2	10.78
9		南区多层住宅面积	万m^2	7.57
		合计	万m^2	18.35
10	配套公建建筑面积		万m^2	0.66
11	其中	会所及物管面积	万m^2	0.42
12		9班幼托面积	万m^2	0.24
13	商业面积		万m^2	5.80
14	其中	步行商业面积	万m^2	3.42
15		步行街入口大型商场面积	万m^2	2.38
16		解放路沿街底层商业面积	万m^2	0.44
17	单身公寓建筑面积		万m^2	4.38
18	SOHO办公楼面积		万m^2	4.80
19	商务酒店面积		万m^2	3.80
20	容积率		%	1.82
21	总建筑密度		%	24.2
22	绿地率		%	38.4
23	停车率		%	60
24	地下室面积		万m^2	7.50
25	住宅地下汽车库停车位		个	1330
26	住宅地下停车位		个	570
27	商业地上停车位		个	187
28	商业地下停车位		个	270

总平面图

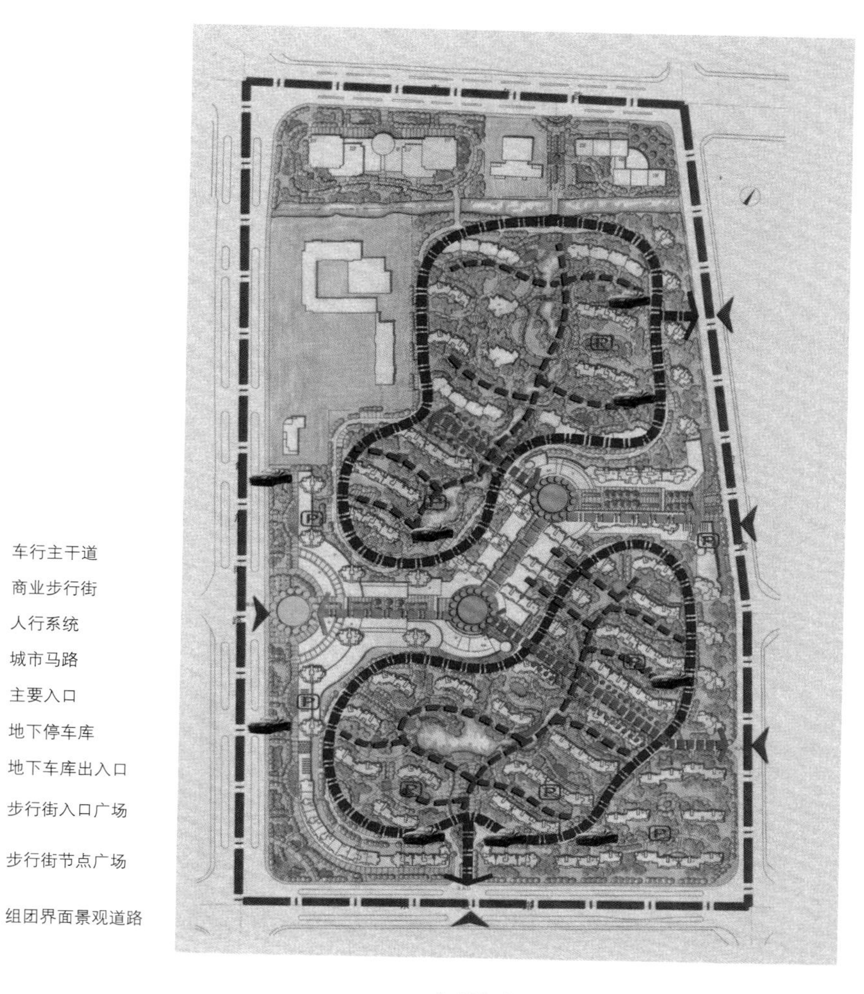

交通分析图

小区中心绿地透视图

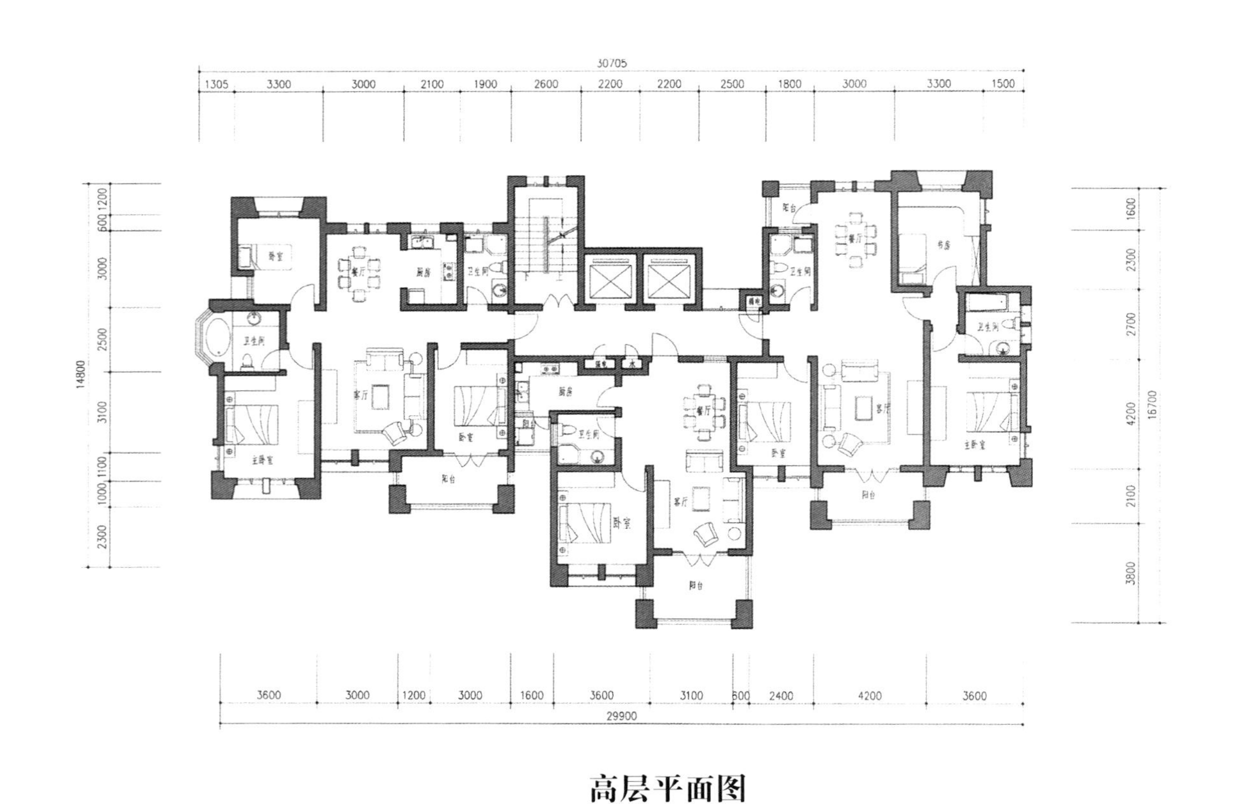

高层平面图

中高层平面图

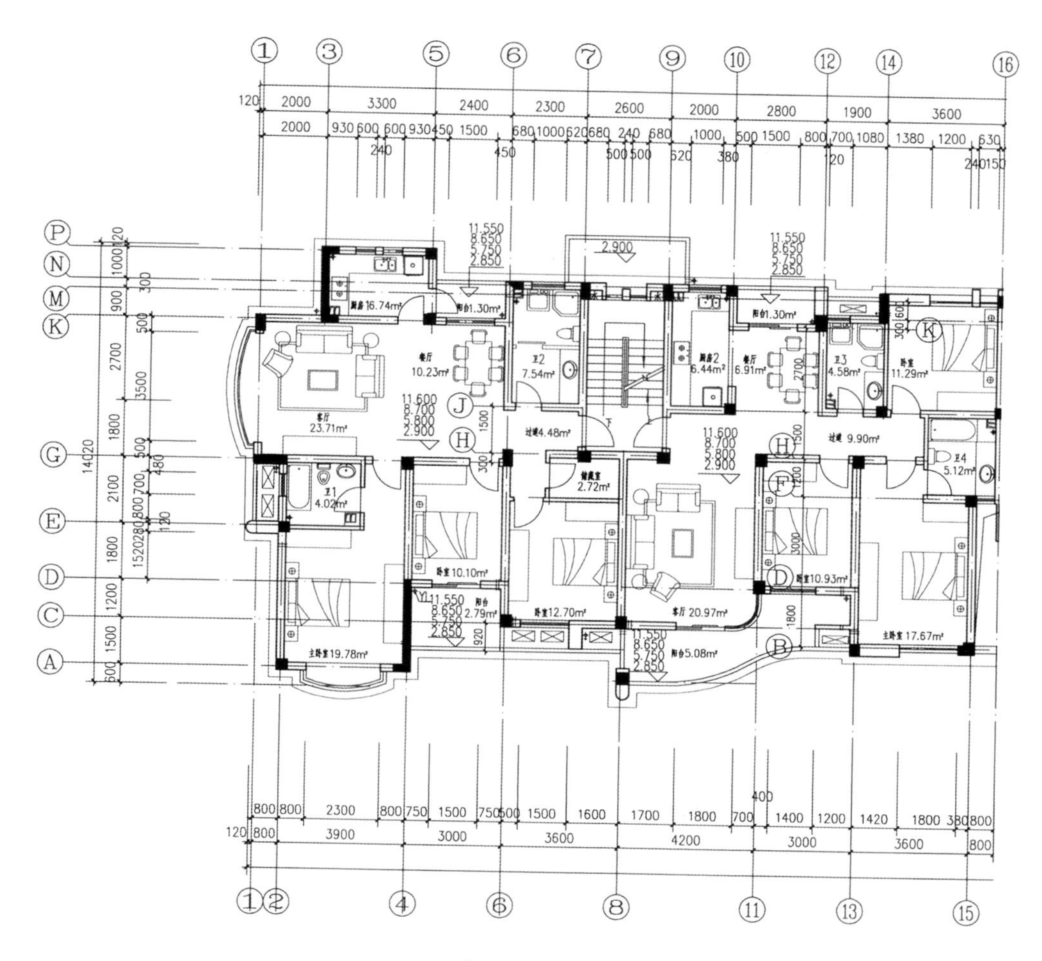

多层平面图

步行街街景透视图

南京市栖霞幸福城住宅小区

规划设计单位：中国建筑设计研究院

开发建设单位：徐州华美房地产开发有限公司

专家评审意见

总体评价

1. 南京“幸福城”居住区规划用地面积44hm^2，按我国传统的规划“里坊”的理念进行规划布局。住区共分为八个相对独立的街坊里弄，既有独立安静的居住环境，又有相互依存的、齐全的公共服务设施配套，形成了一个规划布局结构清晰、环境优美，教育、商业、公共服务设施配套非常齐全的大型居住区。建筑朝向好，通风好。
2. 整个居住区除两个公建及中小学街坊外，其余六个街坊都规划有一个较大的中心公共绿地，加上房前屋后的充分绿化，绿地率达35%以上，加之居住区南北两边城市绿化带的围合，为居民创造了一个绿化满园、安静舒适的、良好的居住环境。
3. 六个独立的居住街坊，都规划有主路、宅前路，二级道路功能清晰，线性流畅，两个主入口与城市道路相连，形成了自己独立的道路交通系统，居民出入方便。居民机动车停车地上、地下相结合，以地下停车为主，停车率达30%，较好地解决了居民当前机动车停车的需求。

总平面图

4. 整个居住区，规划设计了一个中学，两个小学，两个幼儿园，有社区服务中心、卫生院、派出所及商业街、大型商务中心等公共服务设施，商业、教育等配套非常到位，功能齐全，难能可贵。
5. 居住区有关技术经济指标符合国家有关规定要求。

经济技术指标

幸福城总建筑面积	约1190314m²
地上总建筑面（含底层架空）	约1000068m²
住宅建筑面积	约830959m²
商业建筑面积	约79309m²
幼儿园建筑面积	约12176m²
小学建筑面积	约27972m²
中学建筑面积	约19688m²
社区服务、商业办公	约25203m²
地下总建筑面积	约190245m²
居住总户数	12297户
容积率	2.20

几点意见

1. 规划中高层住宅扣除车道可到达建筑周边长度，最少不得小于建筑一个长边长度的要求，有一幢建筑有不到位的问题，建议一定要按高层居民建筑防火规范的要求，调整到位。
2. 从长远看，居住区机动车停车率还是低了一些，建议如有可能规划要留有发展的余地。

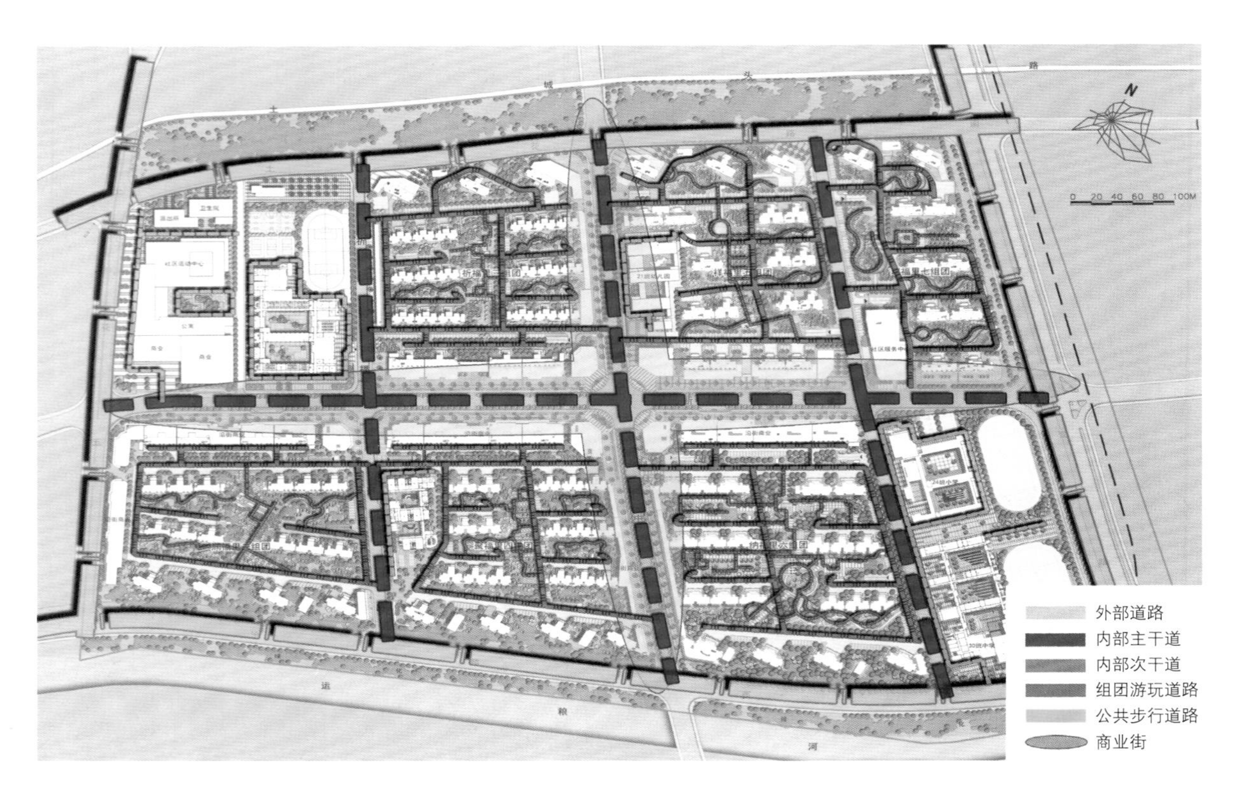
外部道路
内部主干道
内部次干道
组团游玩道路
公共步行道路
商业街

交通分析图

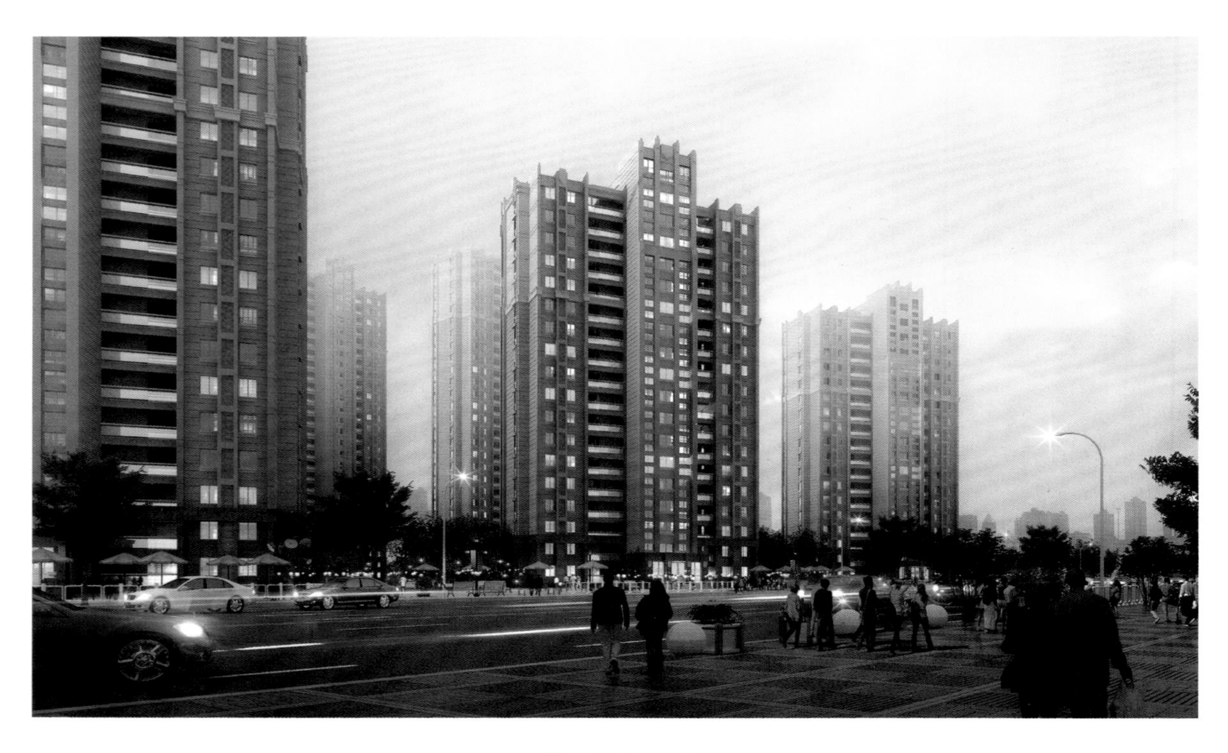

临街透视图

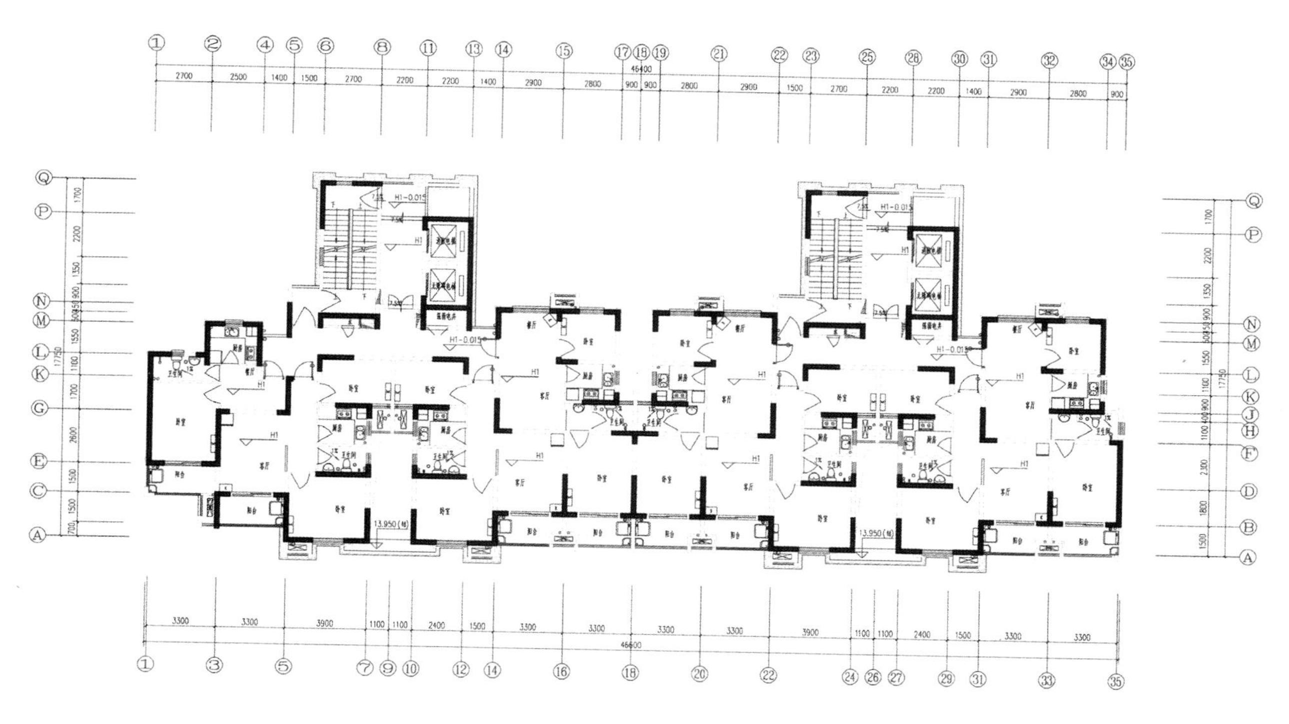

户型平面图

社区中心透视图

外滩首府

规划设计单位：上海华邦城市规划设计有限公司
上海江南建筑设计院有限公司

开发建设单位：山西通达集团运城市大运房地产开发有限公司

专家评审意见

总体评价

1. 小区规划布局及道路系统结构合理、清晰，景观结合地形、水体独具特色。规划布置文化广场，具地方文化特色。
2. 天际轮廓线清晰、层次分明，各组团的住区绿地、组团绿地、微型绿地分开，布局美观、合理。
3. 道路系统构架清晰、分级明确，停车系统规划较完善。
4. 小区公共服务设施系统配套比较齐全，布局合理。

几点意见

1. 小区内公共绿地南侧的主路转弯处应结合景观作合理调整。
2. 小区内景观轴尺度偏小，建议增大绿轴空间尺度，微型绿地亦作适当调整。
3. 幼儿园的活动空间和采光偏小，建议做适当调整。
4. 五幢高层建筑影响了多层组团的观湖效果，建议适当调整楼座朝向。
5. 多层住宅组团空间布局单调，土地利用效率低，建议小区开发综合考虑多层、中高层和高层相结合，提高土地利用效率和经济效益。

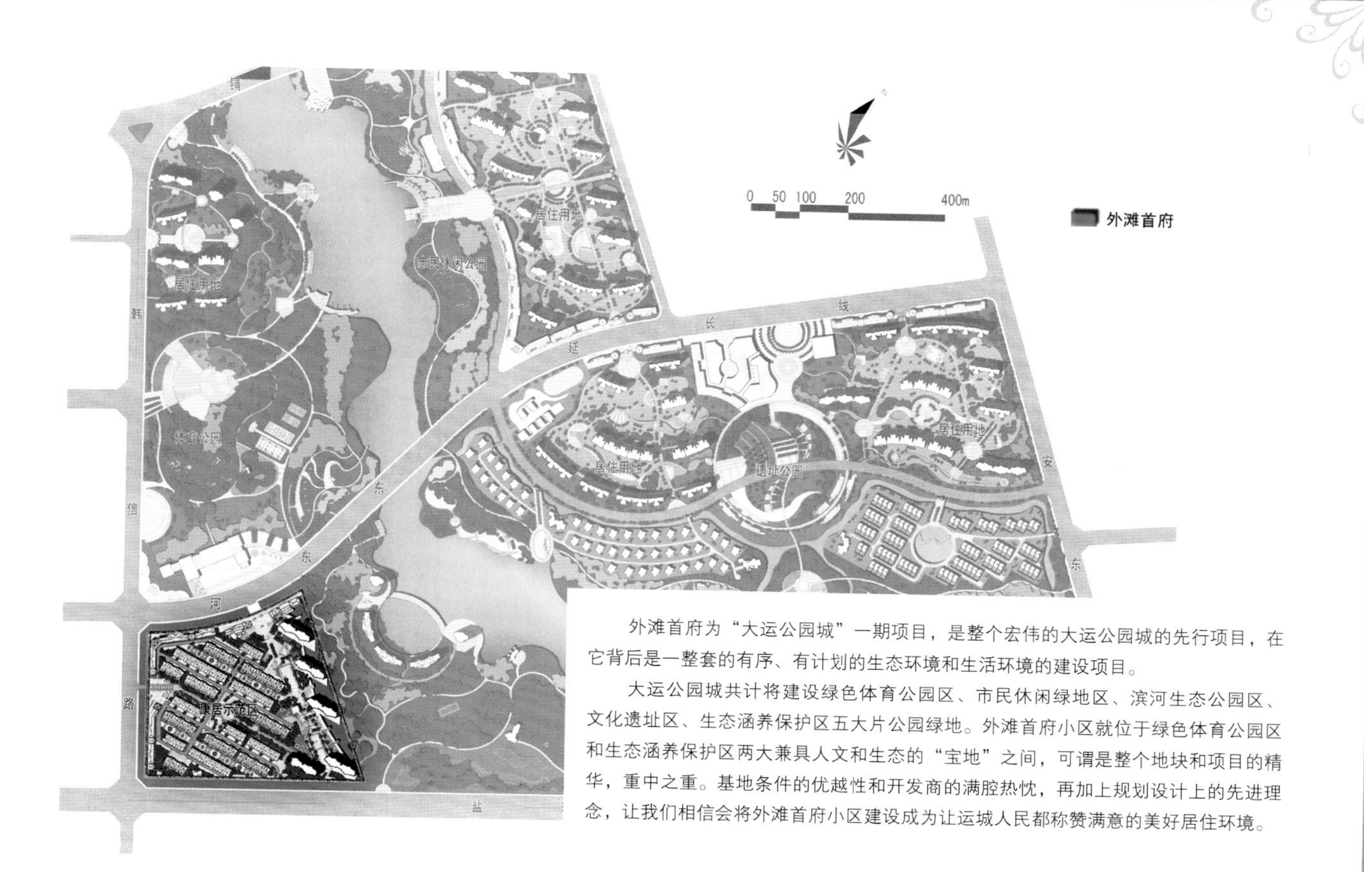

外滩首府为“大运公园城”一期项目，是整个宏伟的大运公园城的先行项目，在它背后是一整套的有序、有计划的生态环境和生活环境的建设项目。

大运公园城共计将建设绿色体育公园区、市民休闲绿地区、滨河生态公园区、文化遗址区、生态涵养保护区五大片公园绿地。外滩首府小区就位于绿色体育公园区和生态涵养保护区两大兼具人文和生态的“宝地”之间，可谓是整个地块和项目的精华，重中之重。基地条件的优越性和开发商的满腔热忱，再加上规划设计上的先进理念，让我们相信会将外滩首府小区建设成为让运城人民都称赞满意的美好居住环境。

区位分析图

1. 人行入口雕塑广场
2. 跌水水池
3. 下沉式庭院
4. 环形景墙
5. 铺装广场
6. 开敞式车库入口
7. 波浪形滨水步廊
8. 休息廊道
9. 景观树阵
10. 玫瑰园
11. 景观台
12. 游憩广场
13. 下沉广场
14. 亲水平台
15. 规则式花坛
16. 对景广场
17. 主入口
18. 对景景墙
19. 生态步行道
20. 文化广场
21. 中心广场
22. 生活广场
23. 交流广场
24. 街头绿地
25. 变电站
26. 规则式花坛
27. 整形绿篱
28. 景观步行廊道
29. 停车位
30. 高层A
31. 高层B
32. 洋房南户型
33. 洋房北户型

总平面图

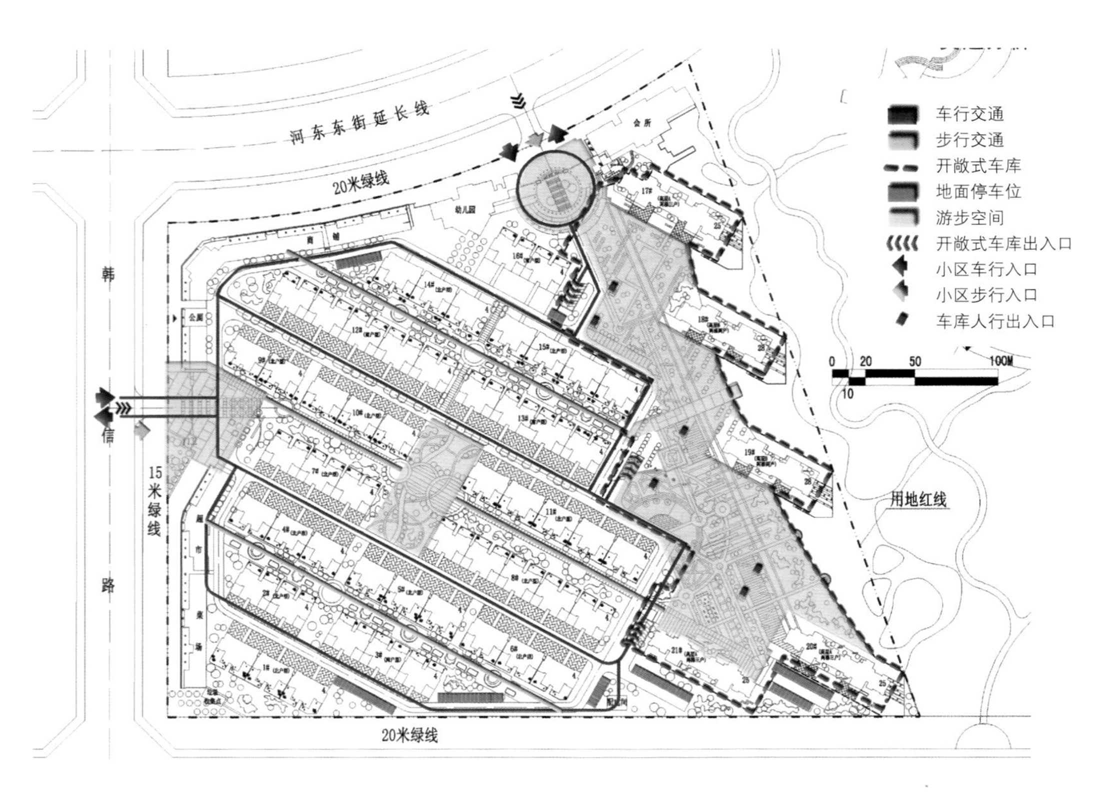

交通分析图

高层住宅透视图

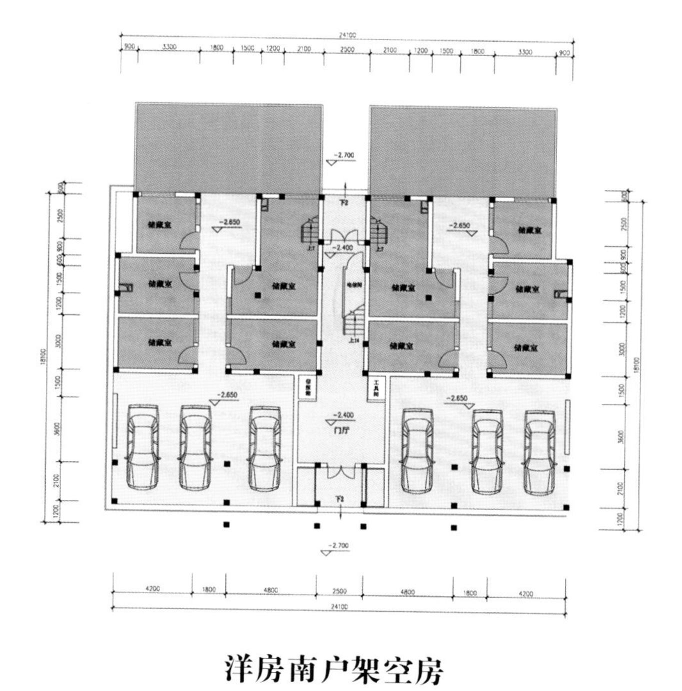

洋房南户架空房

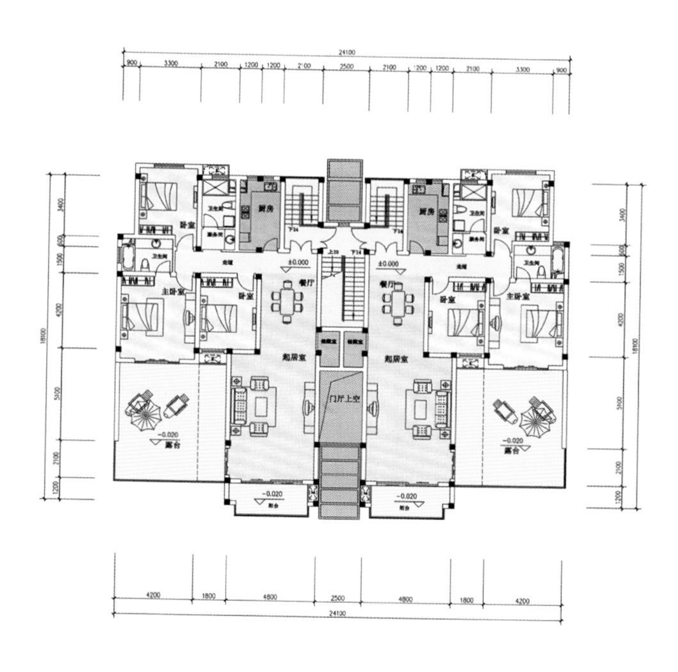

洋房南户 1 层

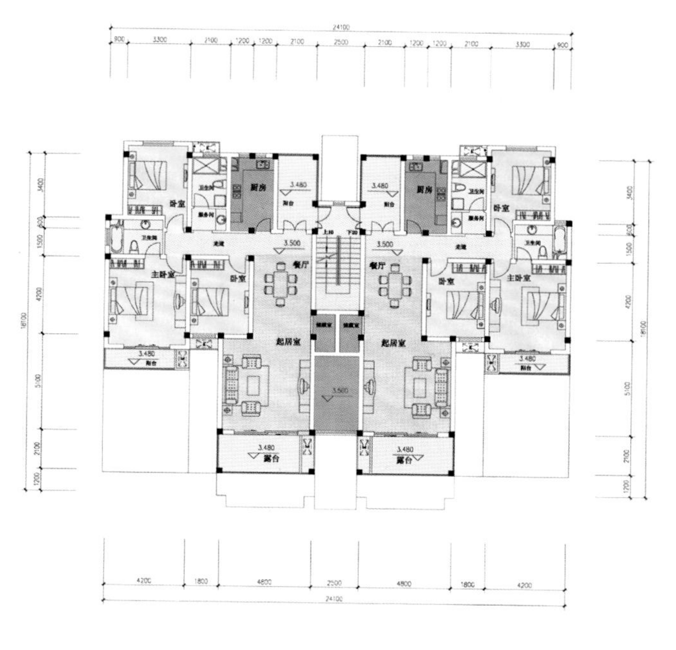

洋房南户 2 层

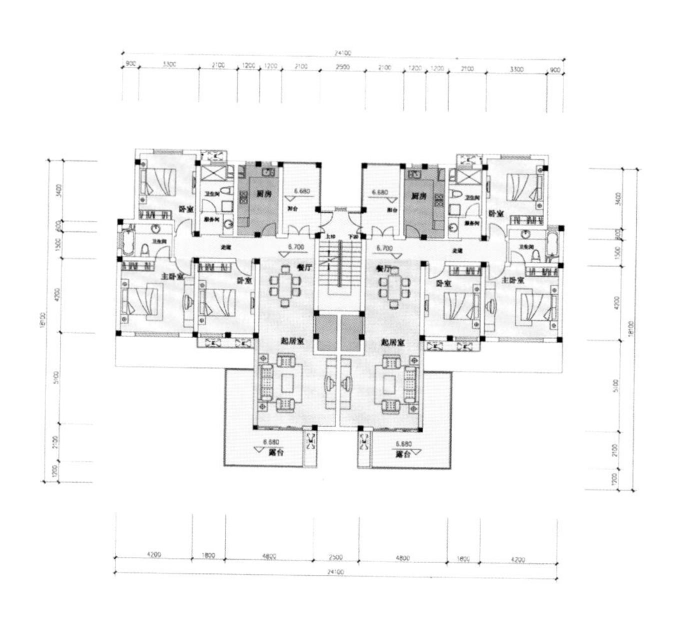

洋房南户 3 层

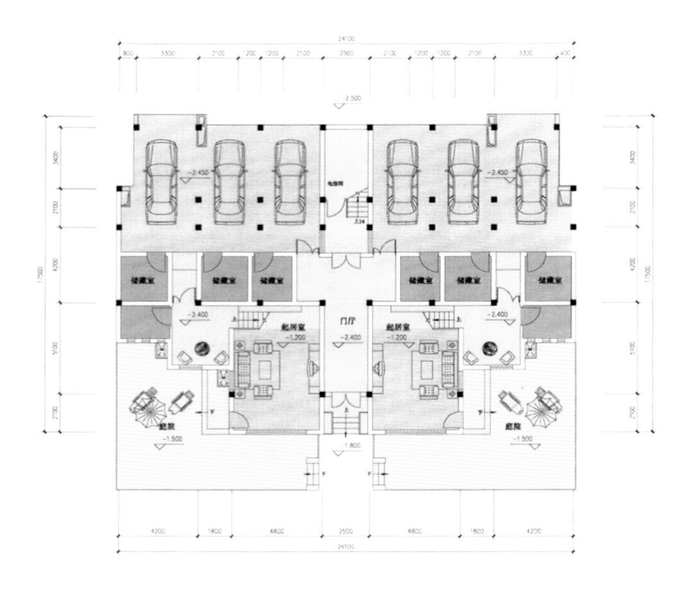

洋房北户架空房

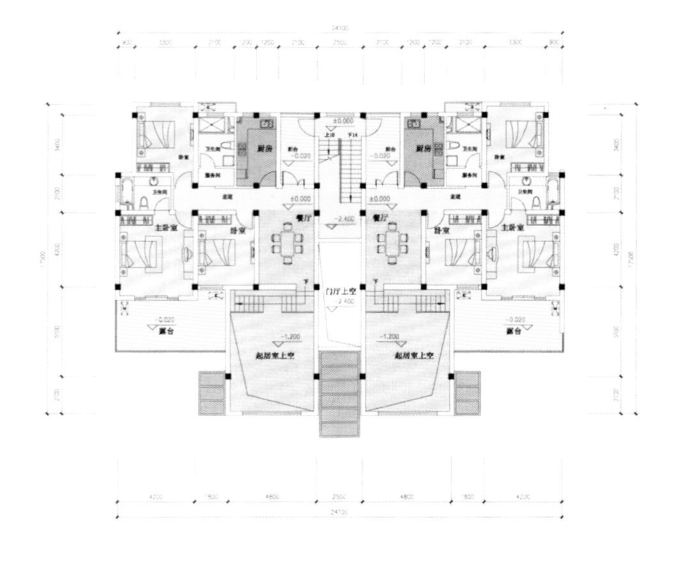

洋房南北户 1 层

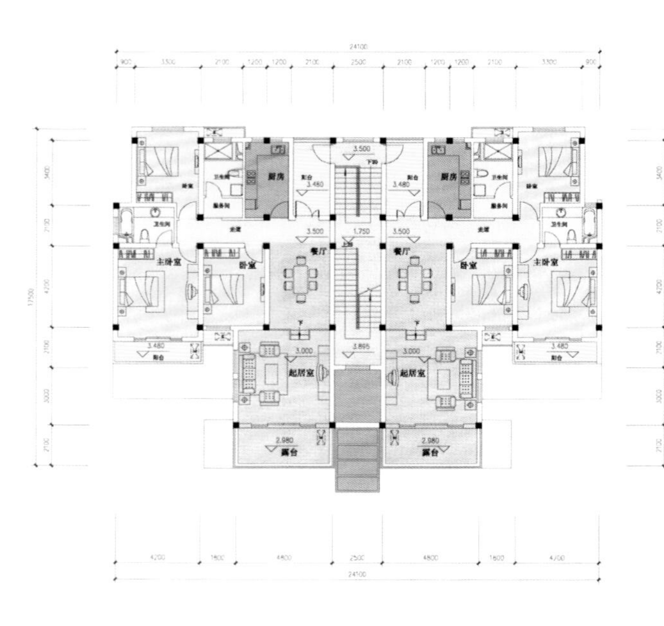

洋房北户 2 层

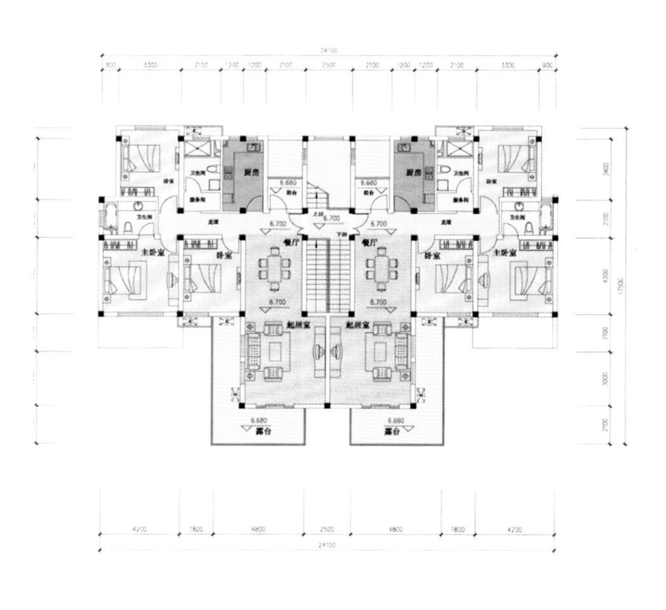

洋房北户 3 层

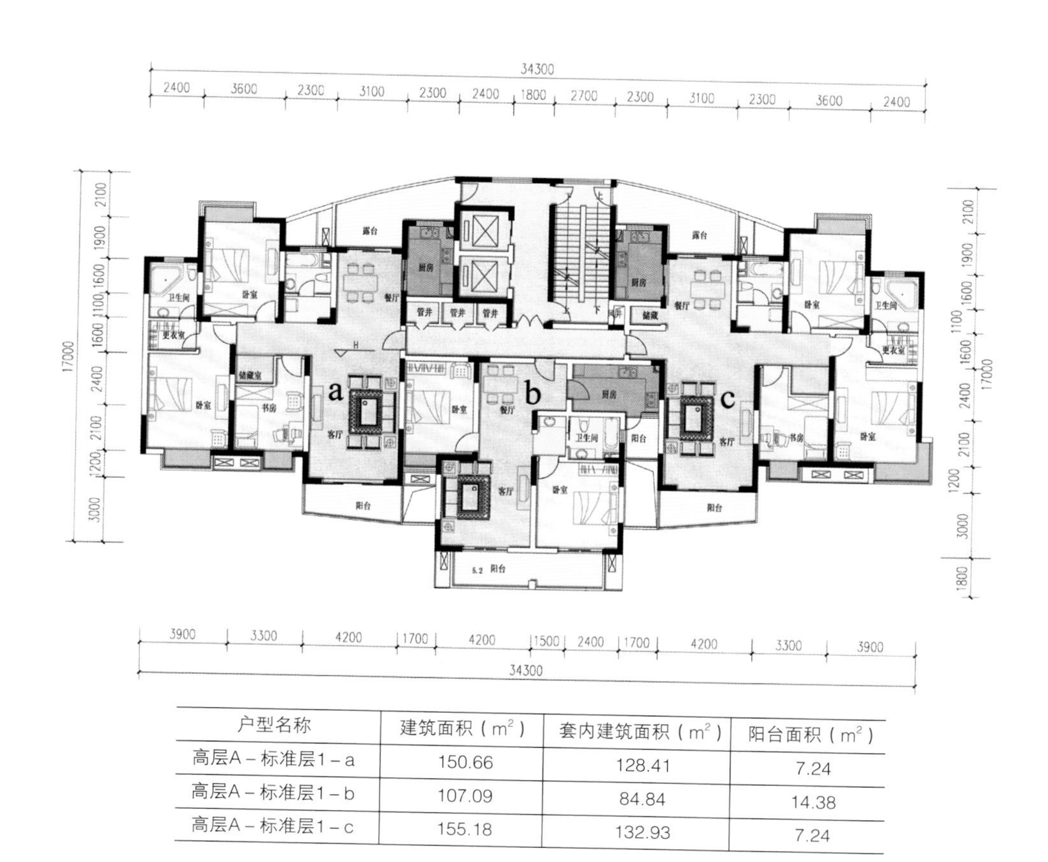

户型名称	建筑面积（m^2）	套内建筑面积（m^2）	阳台面积（m^2）
高层A－标准层1－a	150.66	128.41	7.24
高层A－标准层1－b	107.09	84.84	14.38
高层A－标准层1－c	155.18	132.93	7.24

一梯三户标准层平面图

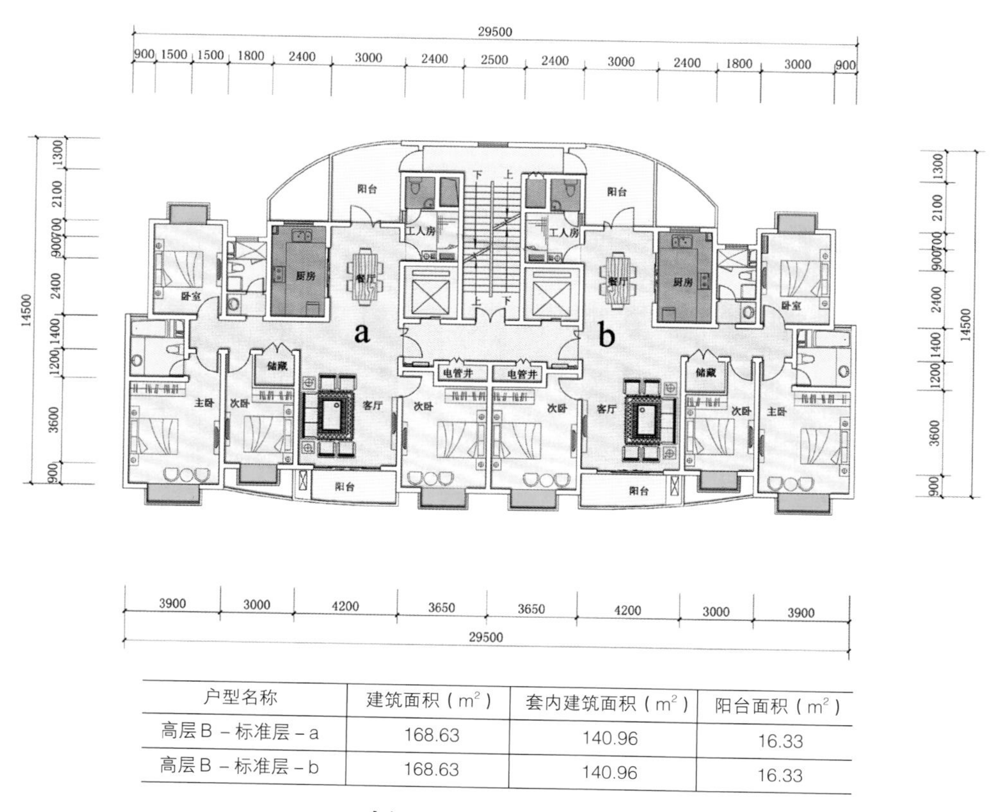

户型名称	建筑面积（m^2）	套内建筑面积（m^2）	阳台面积（m^2）
高层B－标准层－a	168.63	140.96	16.33
高层B－标准层－b	168.63	140.96	16.33

一梯两户标准层平面图

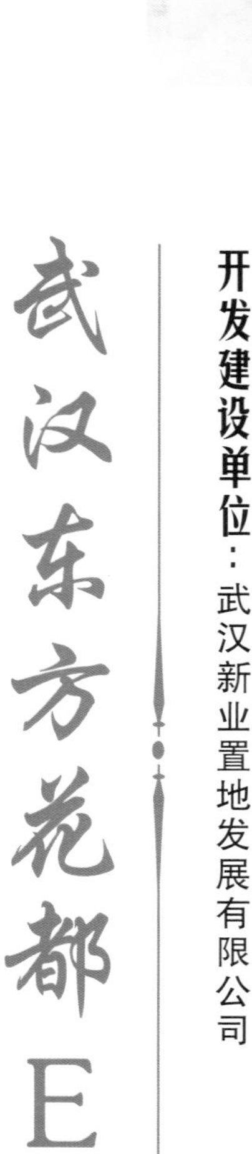

规划设计单位：中南建筑设计院

开发建设单位：武汉新业置地发展有限公司

专家评审意见

总体评价

1. 东方花都E区规划按组团庭院的理念进行规划和布局，四个组团庭院环围中心公共绿地，全高层建筑，错落有致，塔板式结合，空间富有变化，布局结构清晰、合理。
2. 小区道路交通规划了一个U字形交通系统，三个出入口与城市道路相连接，道路线型流畅，功能清晰，交通方便。小区机动车停车主要以地下停车为主，地面停车为辅，停车率达60%，较好地解决了机动车的停车问题；住宅建筑都按南北入口的办法组合为宅前庭院，平时不进机动车，较好地避免了机动车对居民生活的干扰，为居民创造了一个安全、安静、优美的居住环境。
3. 小区中心公共绿地规划布局于小区中央地段，由北向南把四个组团庭院很好地连接成一个有机的绿色系统，并规划了适当的水面，增加了空间的变化及亲水的乐趣，小区绿化系统居民享用方便，布局合理恰当。
4. 小区公共服务设施配套齐全，布局合理。
5. 小区技术经济指标基本符合国家有关规定。

总平面图

几点意见

1. 要尽可能打破原高压线走廊对小区所造成的空间分割与单调的问题，应强化中心公共绿地的功能，在适当的位置应做些小品处理，以便解决原高压线走廊穿过小区之弊。原高压线走廊的通道只能是宅前应保证的日照间距，可充分绿化和可适当停车即可。
2. 小区主干路线型建议作适当调整，从原高压线通道由小区主路向东增加一个主路出入口，并建议小区道路交叉口不应作转盘处理。小区组团庭院小路要按既是宅前路又要通行消防车的要求严格确定线型，要按规范到位、简捷、清晰。9、10、11号楼北面曲线路建议取消，宅前路各自从主路引出为宜。
3. 会所、幼儿园、公寓三个主要公建，应在空间上充分协调，空间组合有机，各得其所，并与小区北入口紧密结合，以取得更好的环境景观效果。
4. 建议 22、23号楼最好合并为一栋楼，并适当向南错动，东面再布置沿街公建，以组成一个较好的宅前庭院。

主要经济技术指标

项目	单位	数值
总用地面积	m^2	132677
规划用地面积	m^2	110857
地上总建筑面积	m^2	312120
其中住宅	m^2	265086
小区公建	m^2	16634
公寓	m^2	30400
建筑占地面积	m^2	28246
容积率		2.8
建筑密度		25.48%
地下室建筑面积	m^2	43458
其中兼人防面积	m^2	16300
总户数		2340
总人口		8190
地上停车位		98
地下停车位		1142
停车位／户		0.5
绿地率		35%
架空层面积		2810

注：1. 总用地范围含代征道路面积；

2. 4至12号楼及22号楼底层架空。

公建服务设施设置

		建筑面积（m^2）	区内设置
其中	①幼儿园（6班）	1760	主入口附近
	②商业服务	13495.31	1、2、3、4、5、17、18、19、23号楼底层
	③会所	1378.95	主入口附近
	其中 ④物业管理用房	301	会所内
	⑤治安联防	21	会所内
	⑥文化活动站	400	会所内
	⑦公厕	50	会所内
	⑧居委会	80	会所内
	⑨社区服务中心	220	7号楼底层
	⑩变电室	40	地下室
	⑪垃圾收集点	20	小区内适当位置（服务半径不大于70m）
	⑫小型超市	88	1号楼底层
	⑬储蓄所	130	5号楼底层
	⑭邮电所	120	5号楼底层
	⑮非机动车停放	1300	8、9、10、11号楼底层
	⑯净菜市场	250	1号楼底层

注：商业服务用房中含三产设施。

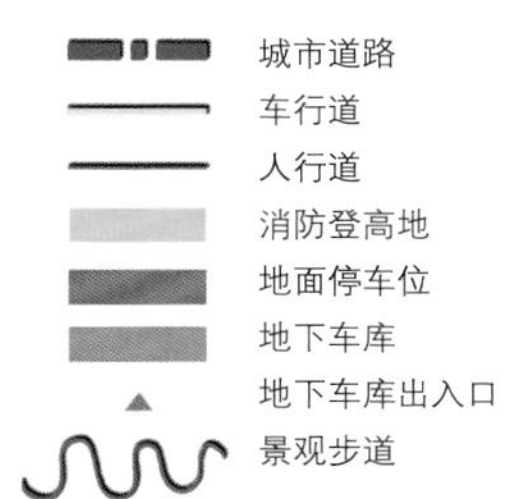

交通分析图

一梯三户住宅平面图

一梯四户住宅平面图

滨河湾城市花园

规划设计单位：长安大学工程设计研究院

开发建设单位：山西临汾多利多房地产开发有限公司

专家评审意见

总体评价

1. 滨河湾城市花园位于临汾市主要干道滨河路，小区选址得当，是个适宜居住的地方。
2. 小区布局按三个组团进行规划，并适当围合宅前庭园，布局结构较清晰、合理。
3. 小区机动车停车主要以地下停车为主，地上停车为辅，停车率达60%以上，较好地解决了机动车的停车问题。宅前不停车，避免了机动车对居民居住生活的干扰。
4. 小区绿地率达42%以上，小区公共服务设施配套齐全。

几点意见

1. 小区日照间距较小，建议一定要按国家规定的日照分析软件进行日照分析，一定要保证住户按国家规范规定满足大寒日2 小时的满窗日照要求。
2. 小区公共绿地不足，道路过密，建议一定要按国家规范要求做好用地平衡。
3. 小区容积率、建筑密度偏高，建议进行调整。
4. 建议小区道路可按组团级道路及宅前路二级设置。宅前庭园要作为南北入口，便于邻里沟通与交流。
5. 靠滨河路地块，西面入口做成入口广场，而非居住区入口的做法，占用了太大的居住区的生活空间，建议进行调整。
6. 建议按照高层建筑防火规范的要求做好设计，满足高层居住建筑的消防车道到达建筑的长度及登高面的要求。
7. 小区环境景观规划,建议增加地域文化的内容。大地块组团北面宅前要按小区环境绿地设计，不宜做较大圆形硬铺装广场。

经济技术指标

项目		数值
总用地面积		71288m²
总建筑面积		268867.1m²
地上建筑面积		209343.1m²
其中	住宅面积	184386.1m²
	商业面积	18438m²
	幼儿园面积	2823.8m²
	会所面积	3698.2m²
地下建筑面积		59524m²
容积率		2.94
建筑密度		22.9%
绿地率		42%
停车位		870个
其中	地上停车位	152个
	地下停车位	718个
总户数		1292个
居住人数		4134个
户均人数		3.2人／户

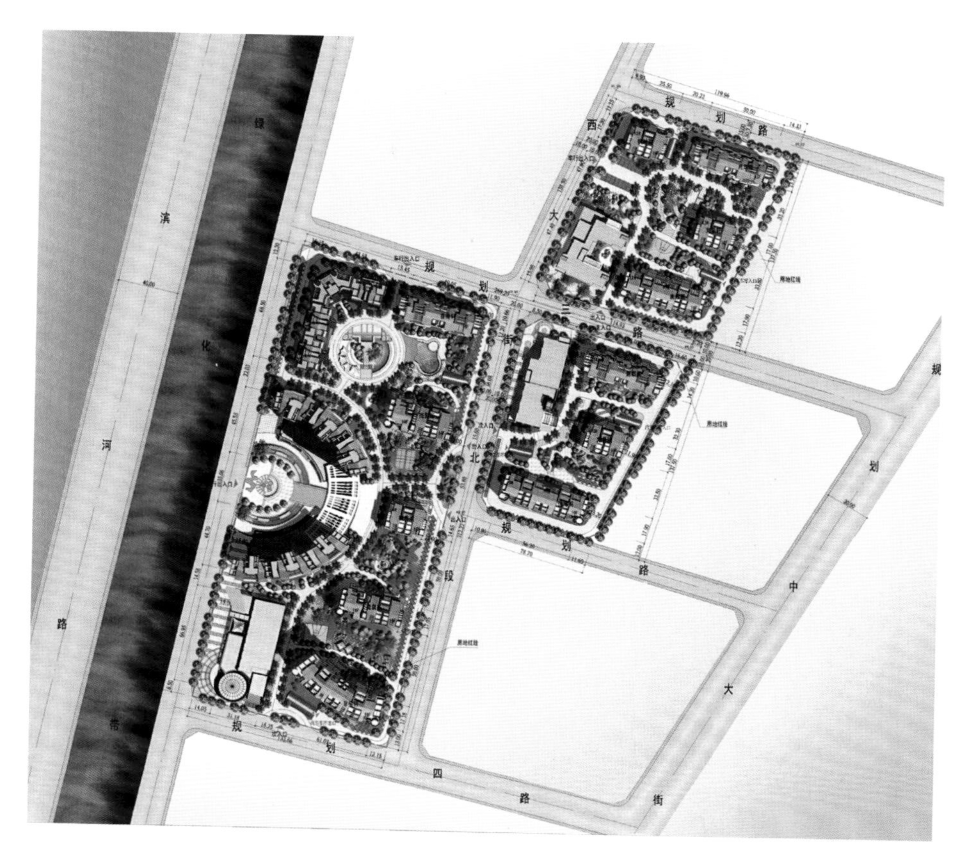

总平面图

沿滨江路立面

车行道路系统（兼消防）
应急车行道路系统（兼消防）
人行道路系统
地下车库出入口

交通分析图

主入口透视图

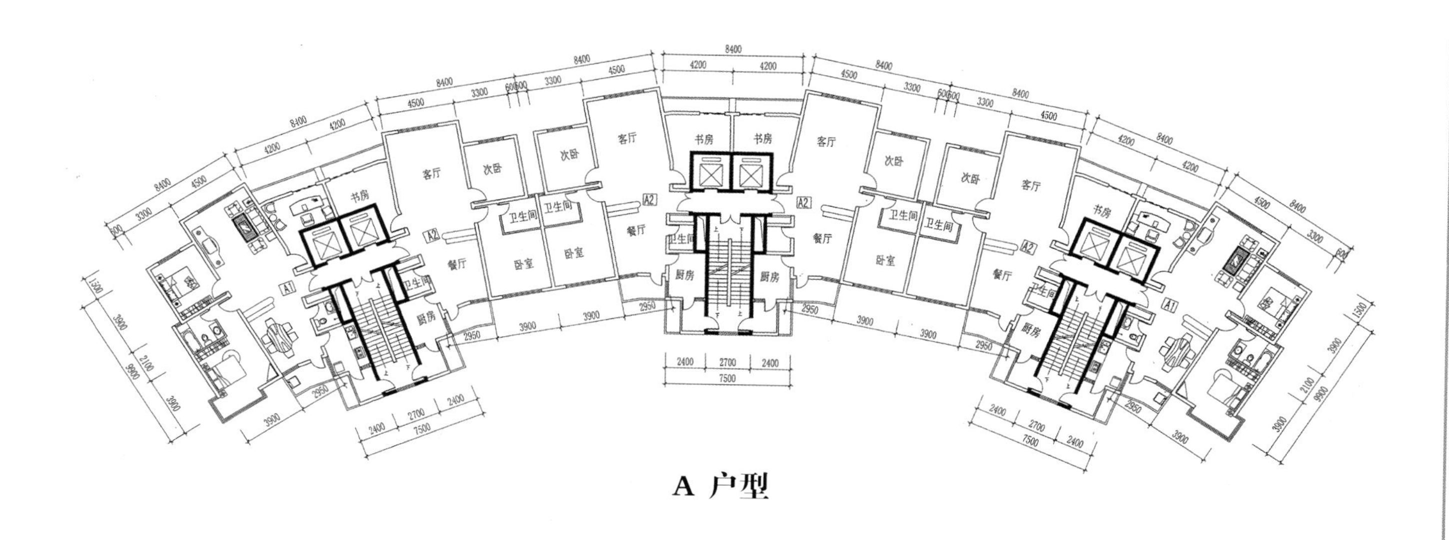

A 户型

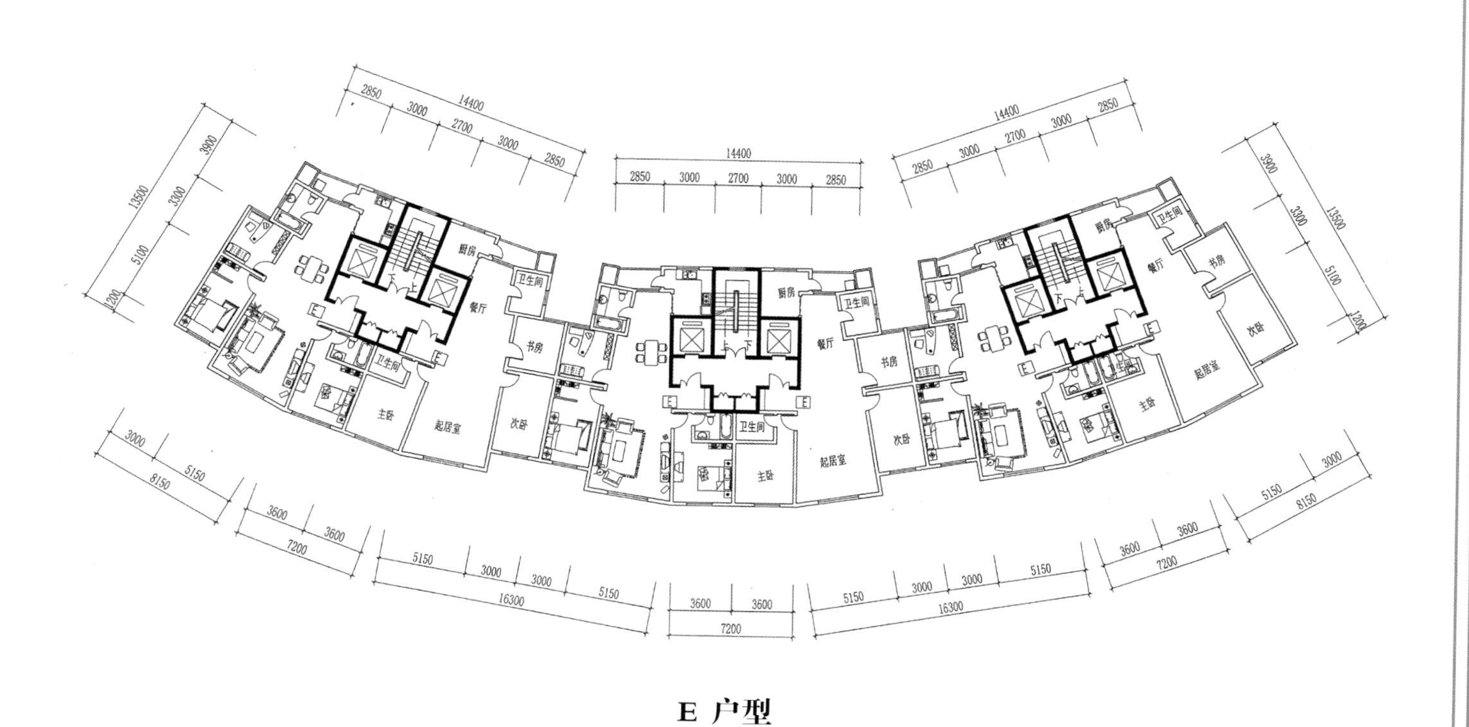

E 户型

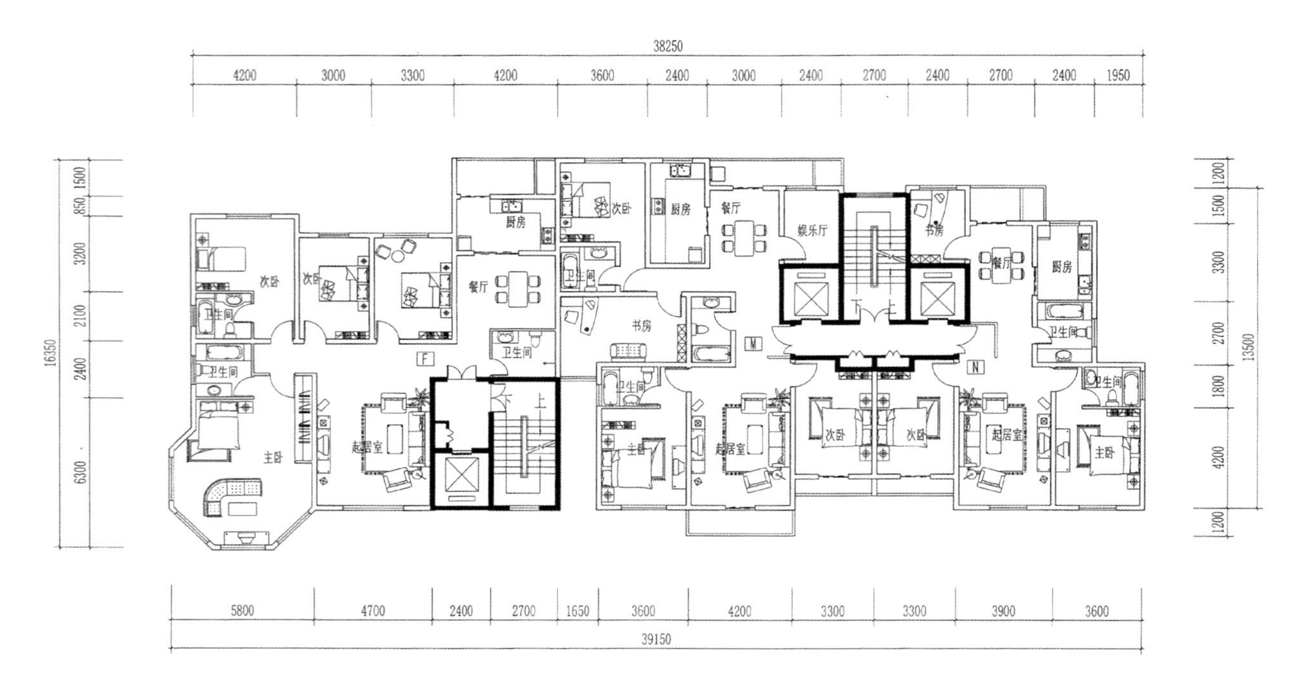

F、M、N 户型

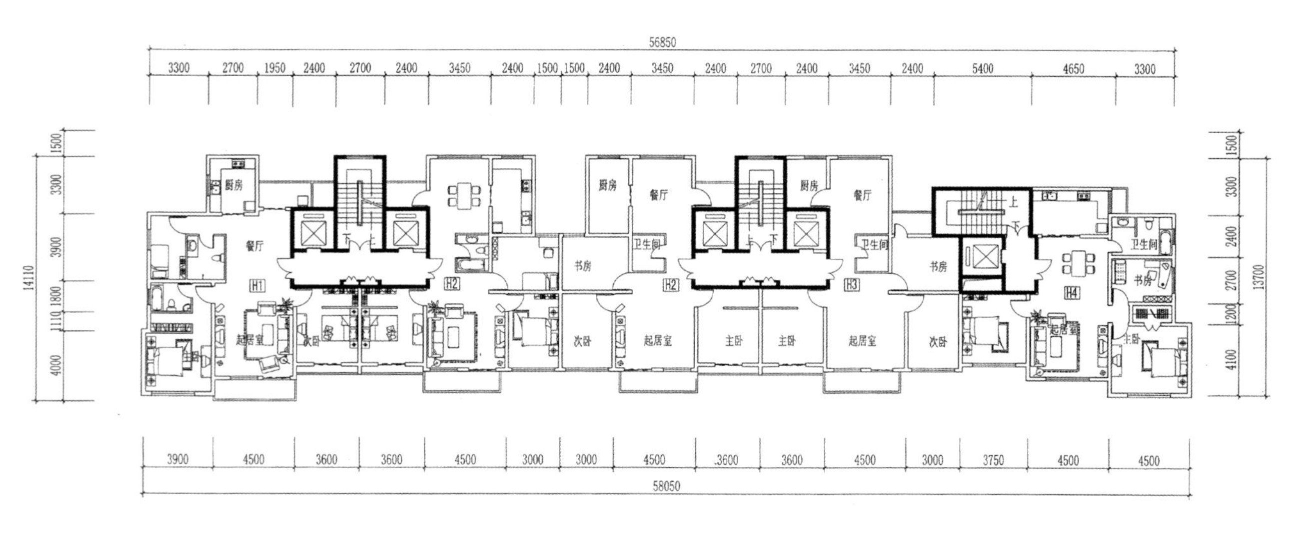

H 户型

淮安亿力未来城

规划设计单位： 南京市建筑设计研究院有限责任公司

英国UA国际建筑设计有限公司

开发建设单位： 江苏省亿力房地产有限责任公司

专家评审意见

总体评价

1. “亿力未来城”一期，总体结构布局合理、清晰，形态富有变化，结合用地区位优势，创造了良好的生活园区。
2. 道路规划设计采用环形放射状路网，系统通畅合理，与周边城市路网有很好的连接。
3. 建筑空间组织合理丰富，结合景观设计手法，给居住者带来了良好的生活及室外活动空间。
4. 公共配套设施基本齐全，满足了居住者的生活需求。

几点意见

1. 建议一期东北侧环路往南移，使北侧两排住宅形成组团，再与一期西侧南北道路交叉处以北形成纯步行系统，交叉处以南作为小区交通主干道，形成完善合理的路网。
2. 结合环路的调整，部分调整住宅布局，从而增大公共绿地面积，建议幼儿园向南移一排，使幼儿园有更好的室外活动场地。
3. 建议复核日照分析，要使每户日照均满足国家规范要求。
4. 建议变配站、调压站等配套设施与地下室设计相结合，尽量布置在地下，以增加绿化面积。
5. 地下车库布局作适当调整，避免过于分散；增加停车位，以方便使用。

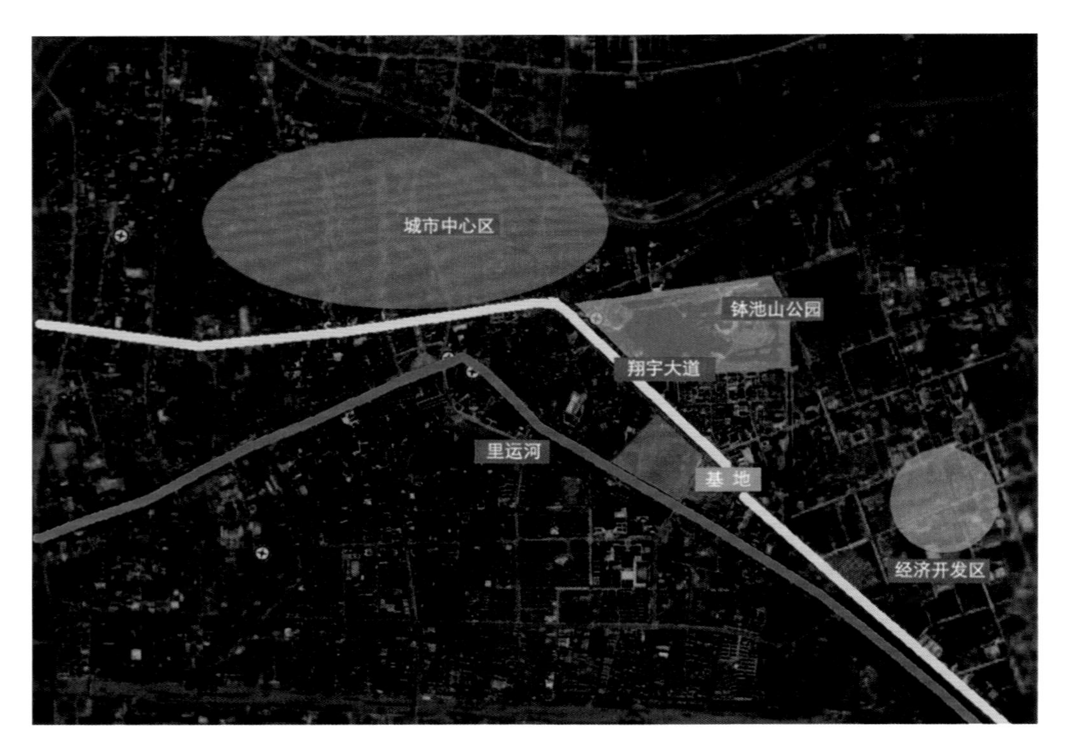
城市中心区
钵池山公园
翔宇大道
里运河
基地
经济开发区

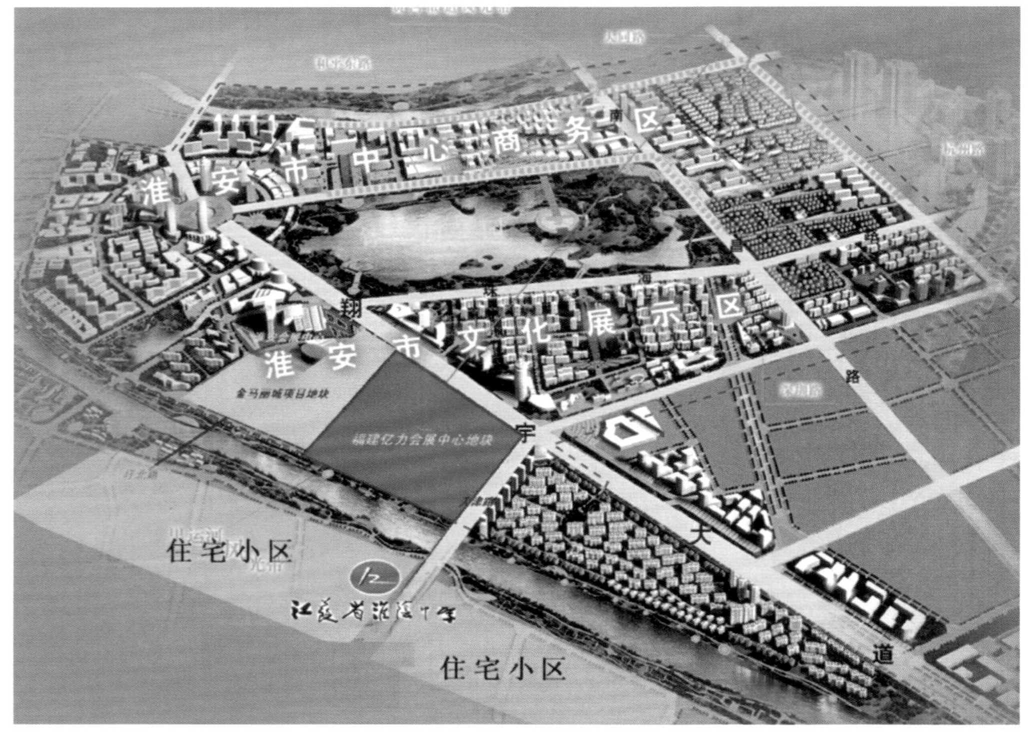
淮安市中心商务区
淮安市文化展示区
翔宇大道
金马丽城项目地块
福建亿力会展中心地块
住宅小区
住宅小区

区位分析图

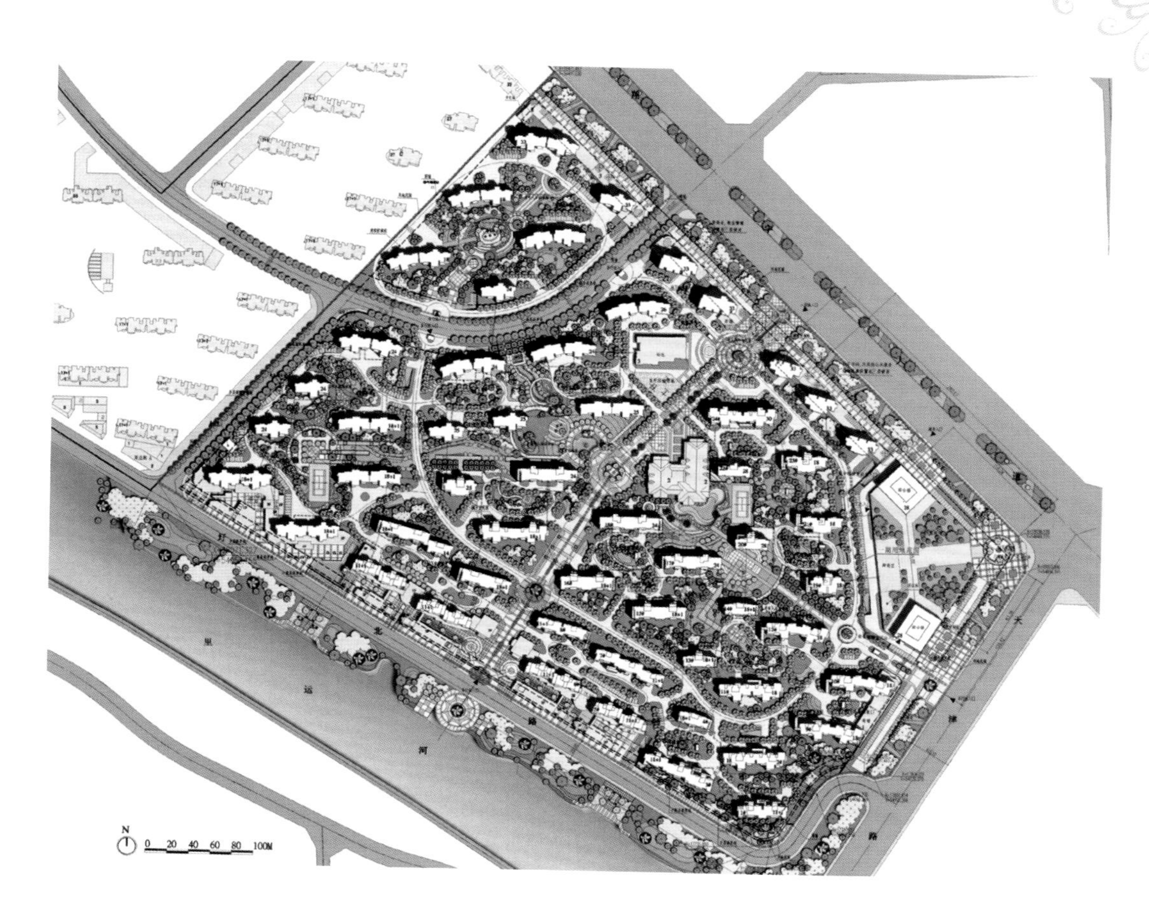

总平面图

项目			指标	单位
规划用地面积			301386.9	m^2
总建筑面积			861798.54	m^2
容积率			2.5	
地上建筑面积			753467.84	m^2
其中	住宅建筑面积		613527.84	m^2
	商业及办公建筑面积		132891.41	m^2
	其中	办公	30000	m^2
		酒店式公寓	30000	m^2
		大卖场	33000	m^2
		会所	3182	m^2
		其他商业	36709.41	m^2
	公共服务设施配套建面积		7048	m^2
	其中	幼儿园	3000	m^2
		物业管理	2500	m^2
		社区活动	300	m^2
		菜场	结合在卖场内部	
		卫生站	120	m^2
		居委会	250	m^2
		邮政储蓄	150	m^2
		垃圾站	60	m^2
		开闭所	300	m^2
		煤气调压站	8	m^2
		配电站	330	m^2
		治安管理	30	m^2

综合技术经济指标系列一览表

项目		指标	单位	备注
架空层面积		5074.36	m^2	
地上建筑面积		103256.93	m^2	100%
其中	地下车库面积	73470	m^2	71.15%
	地下自行车库及其他地下室面积	29786.93	m^2	28.85%
住宅户数			5130	户
人数		16416	人	
绿化率		35.2	%	
建筑密度			21.9	%
机动车停车位		3362	个	1.00%
其中	住宅停车位（按每户0.5个计算）	2565	个	
	商业及办公（按1万平方米60个）	797	个	
其中	地面停车	713	个	21.21%
	地下停车	2649	个	78.79%
非机动车停车位		16905	个	
其中	住宅停车位（按每户2个计算）	10260	个	
	商业及办公（按1万平方米500个留足停车面积）	6645	个	

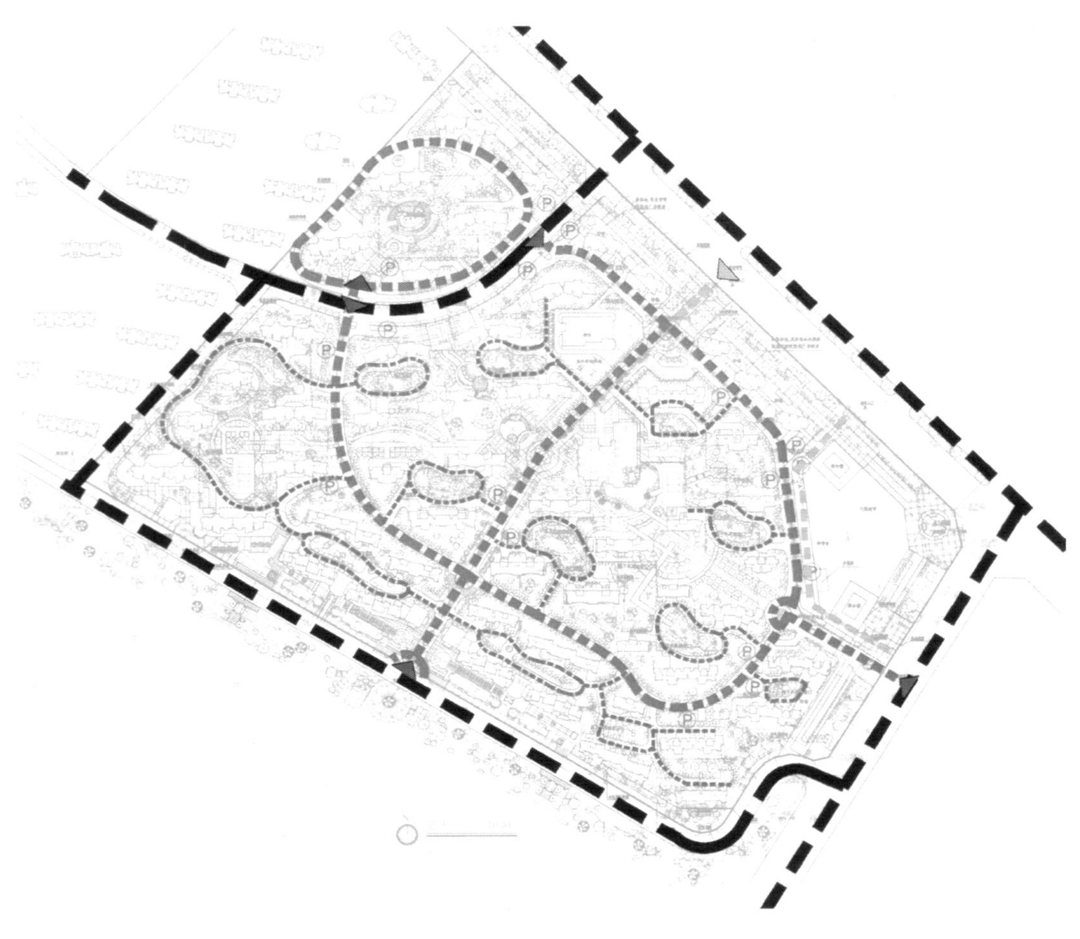

交通分析图

沿翔宇大道效果图

日照分析图

建筑透视图

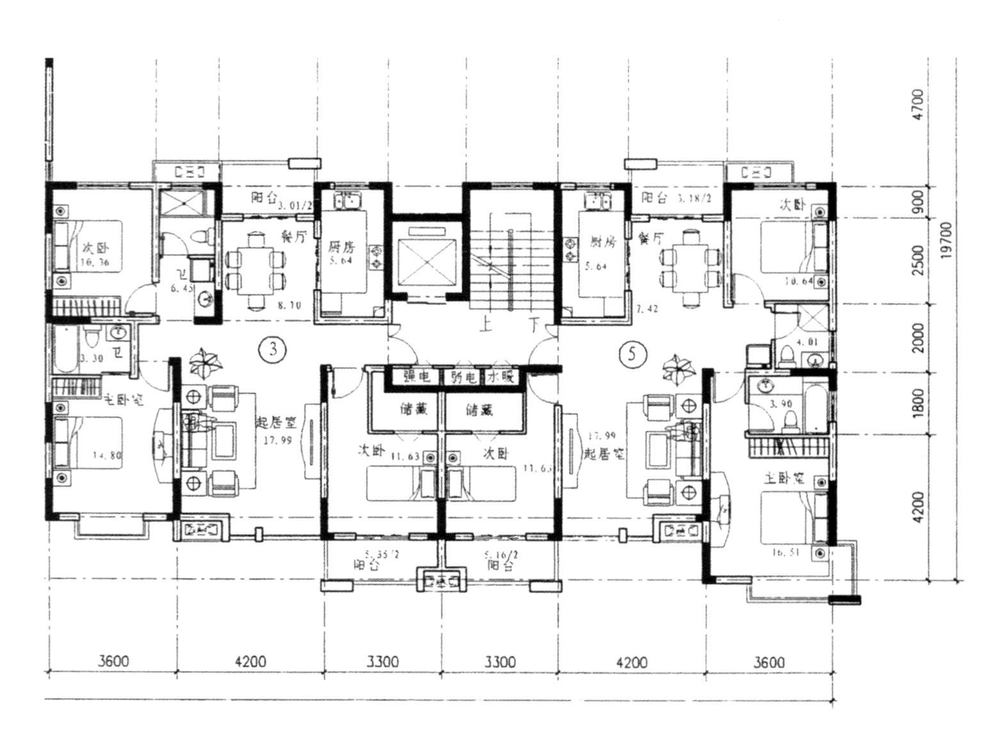

一梯二户单元平面图

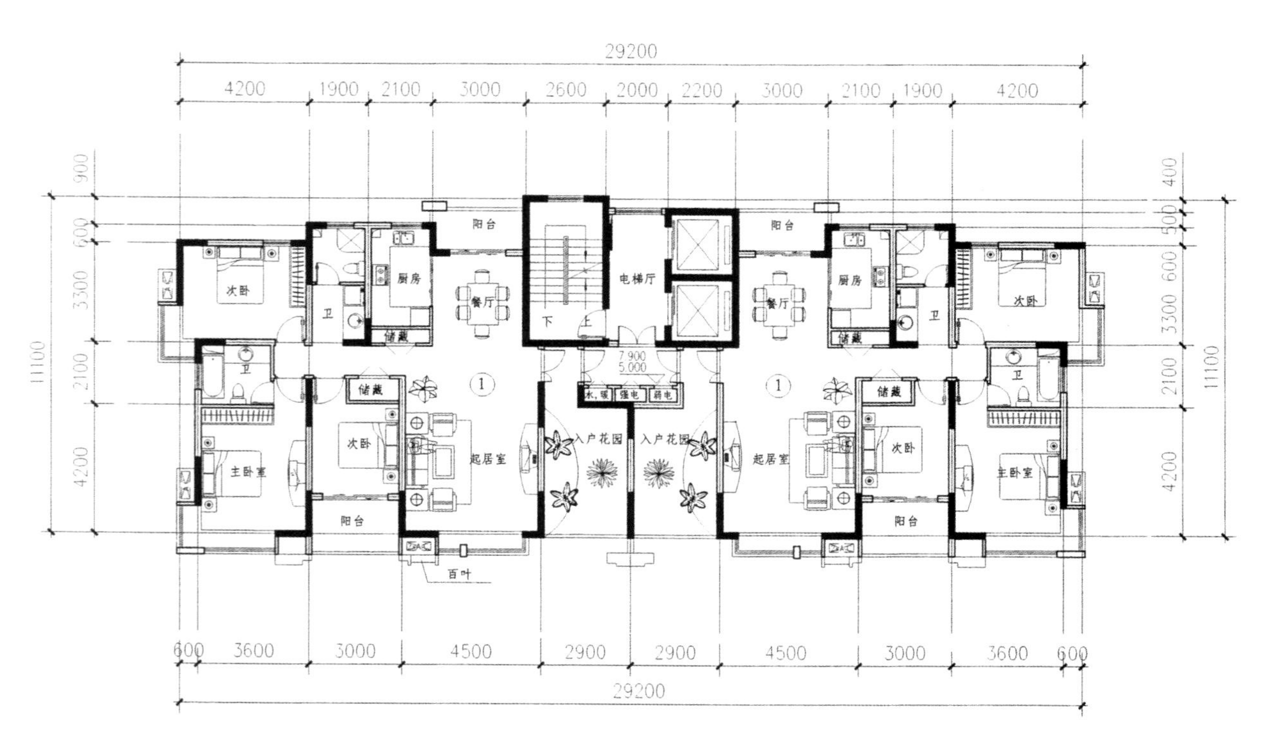

一梯二户含入户花园单元平面图

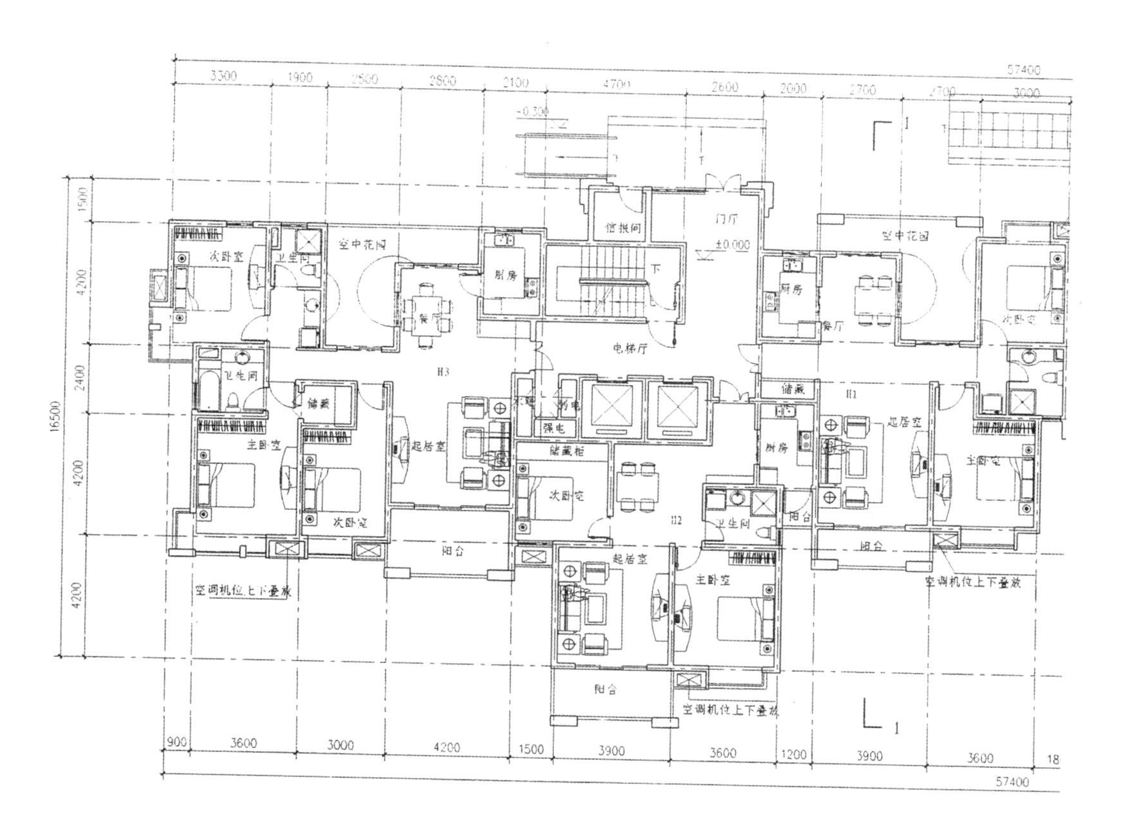

一梯三户单元平面图

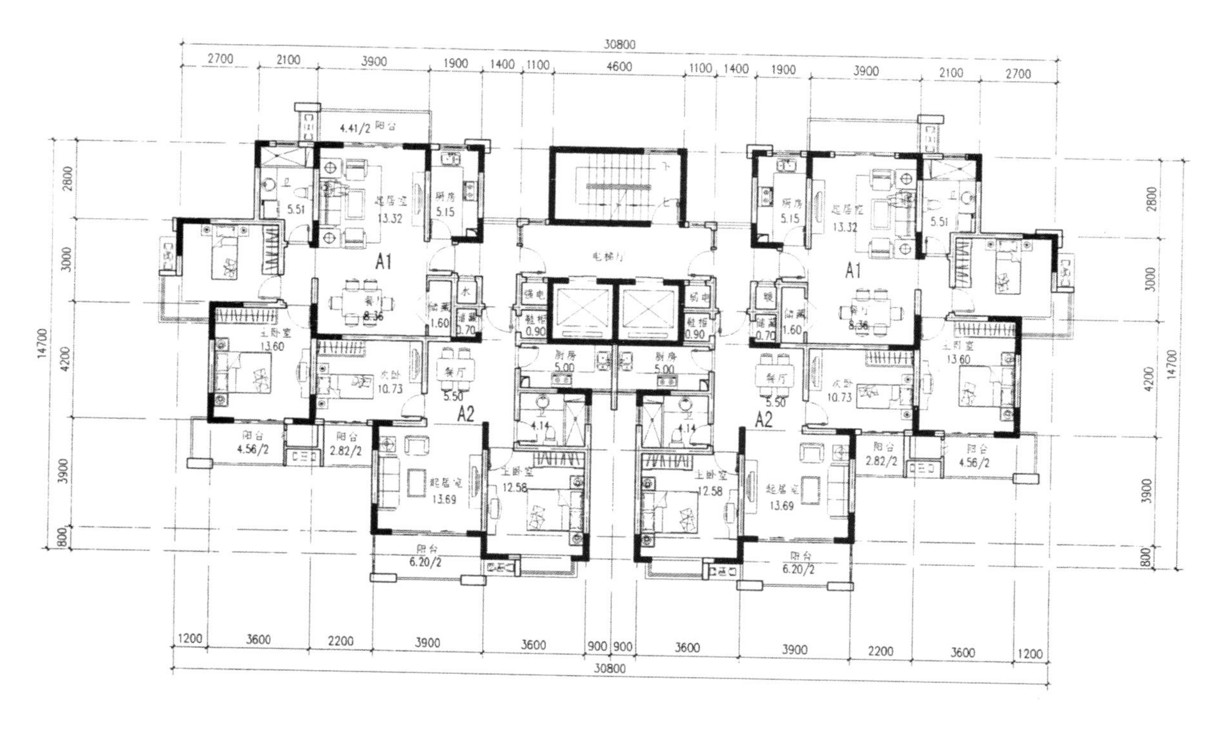

一梯四户单元平面图

金湖金诺墨香苑

规划设计单位： 瑞士VIEWSWISS工程设计顾问有限公司
同济大学建筑设计研究院

开发建设单位： 江苏金诺房地产开发有限公司

专家评审意见

总体评价

1. 金诺墨香苑小区位于金湖县城中心，与金湖县老城区联系方便，占地7.61hm^2。本项目按照规划规定为相对独立的A、B两地块，地块平整、规则，交通便利，周边商业教育和公共市政设施配套比较齐全，是一个适宜居住的地区。
2. 金诺墨香苑小区依据金湖县城市总体规划确定的原则和要求，结合地形、地域气候特点，规划采用南北朝向排列组合、户户朝阳，满足日照采光通风要求。A、B地块分别以“一心、一环、一轴、三片”和“一心、一环、两轴、六片”划定，规划结构清晰，功能分区明确，用地配置基本合理，较好地体现了居住环境的宜居性和均好性。
3. 金诺墨香苑小区A、B 地块道路框架清楚，规划采用部分人车分流，减少了人车干扰，车行通达便捷，动静交通组织基本合理。小区主次入口选择适当，与城市交通有较好的衔接。
4. 金诺墨香苑小区A、B地块均采用东西、南北开敞的绿色景观主轴、点线面结合的手法，与组团院落绿地相融通透流畅，为居民营造良好的邻里交往、休闲健身的户外活动空间。

几点意见

1. 建议补充无障碍设计。
2. 本项目容积率突破了规划设计要点规定的上限，B区绿地率不足，应做相应调整。
3. 建议深入优化A区、B区的中心绿地景观的环境设计。A区中心景区水面偏大，建议调整中心绿地景观，强化功能性、实用性；B区中心景区应按集中公共绿地要求对相关建筑进行调整。
4. 建议将西侧临城市道路交叉口处规划建筑向内退，创造良好的城市空间和沿街景观。
5. 建议按消防规范对消防通道开口位置进行调整。
6. 建议对地下、地面停车位进一步调整，合理布局。
7. 应在总平面图上标明垃圾收集点、配电房等市政服务设施的位置。
8. 应在总平面图上注明物业管理用房，社区管理用房和社区活动用房等公共设施的位置和面积。

区位分析图

A 地块中心景区透视图

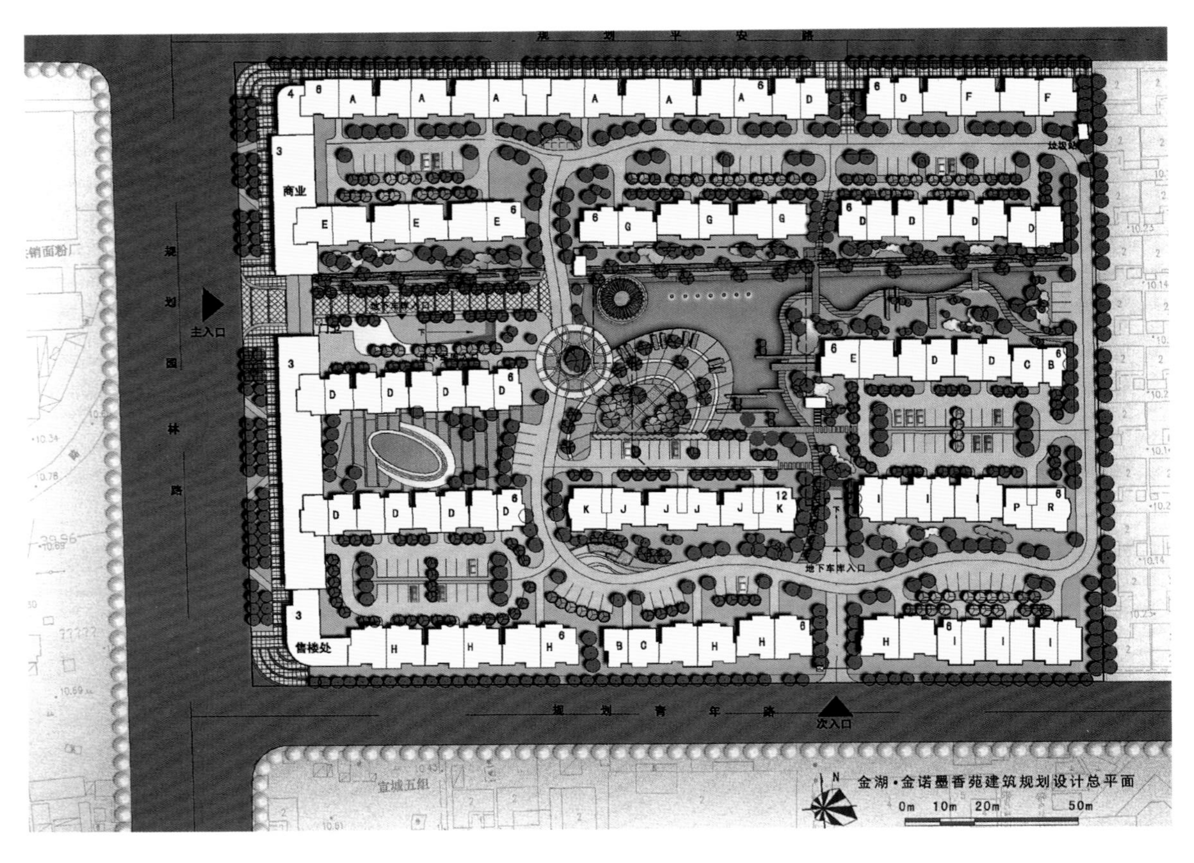

A 地块总平面图

经济技术指标

项目		计量单位	数值
居住户（套）数		户（套）	592
居住建筑套密度（毛）		套 / hm^2	128.5
居住人数		人	2167
户均人数		人 / 户	3.6
人口毛密度		人 / hm^2	470.6
总体	用地面积	hm^2	4.60
	建筑面积	m^2	76895
	容积率		1.67
	建筑密度	%	32.9
	绿地率	%	39.6
住宅	用地面积	hm^2	3.11
	住宅建筑面积	m^2	65804
	其他配套设施建筑面积	m^2	500
	容积率		1.44
商业	用地面积	hm^2	0.50
	沿街商业建筑面积	m^2	5961
	容积率		13
地下车库		m^2	4300
室外	室外	个	118
	地下	个	137

A地形经济技术指标

项目		用地面积（hm^2）	比例（%）	人均面积（m^2/人）
居住区用地（R）		4.60	100	21.2
住宅用地（R01）		3.11	67.5	14.35
用地（R02）公共建筑	沿街商业建筑用地	0.50	10.8	2.3
	其他建筑用地	0.04	0.8	0.18
道路用地（R03）		0.55	11.9	2.53
公共绿地（R04）		0.40	8.6	1.84

城市干道

小区主要道路

小区支路

小区步行道

地上机动车停车

A地块交通分析图

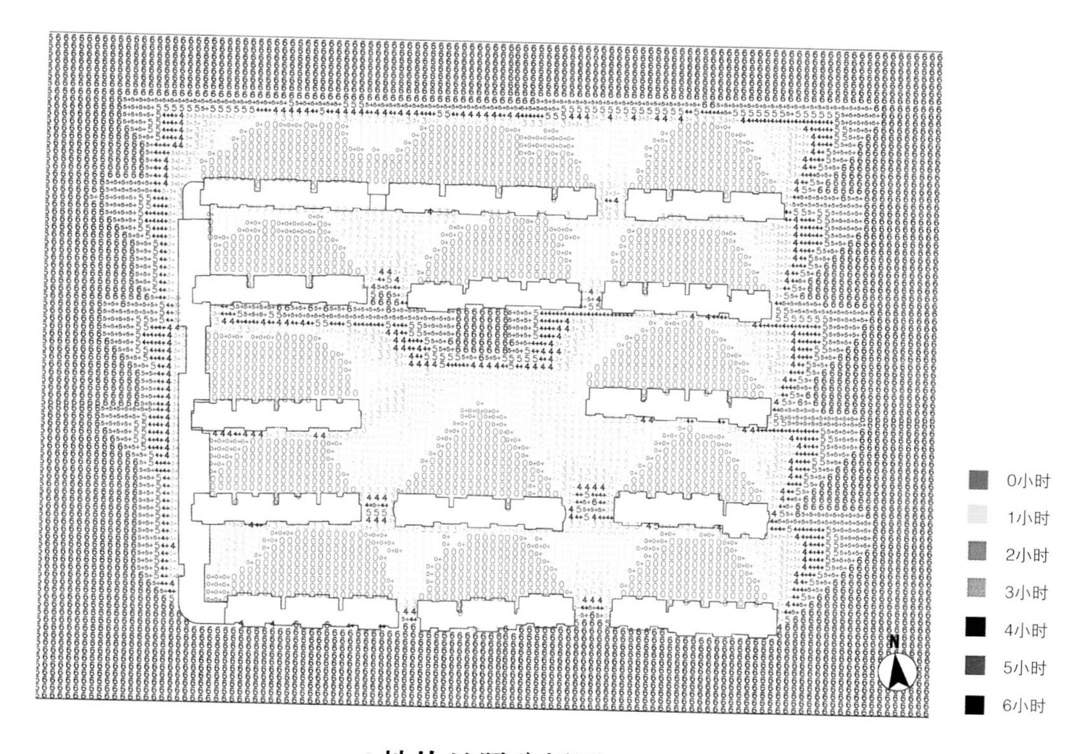

A地块日照分析图

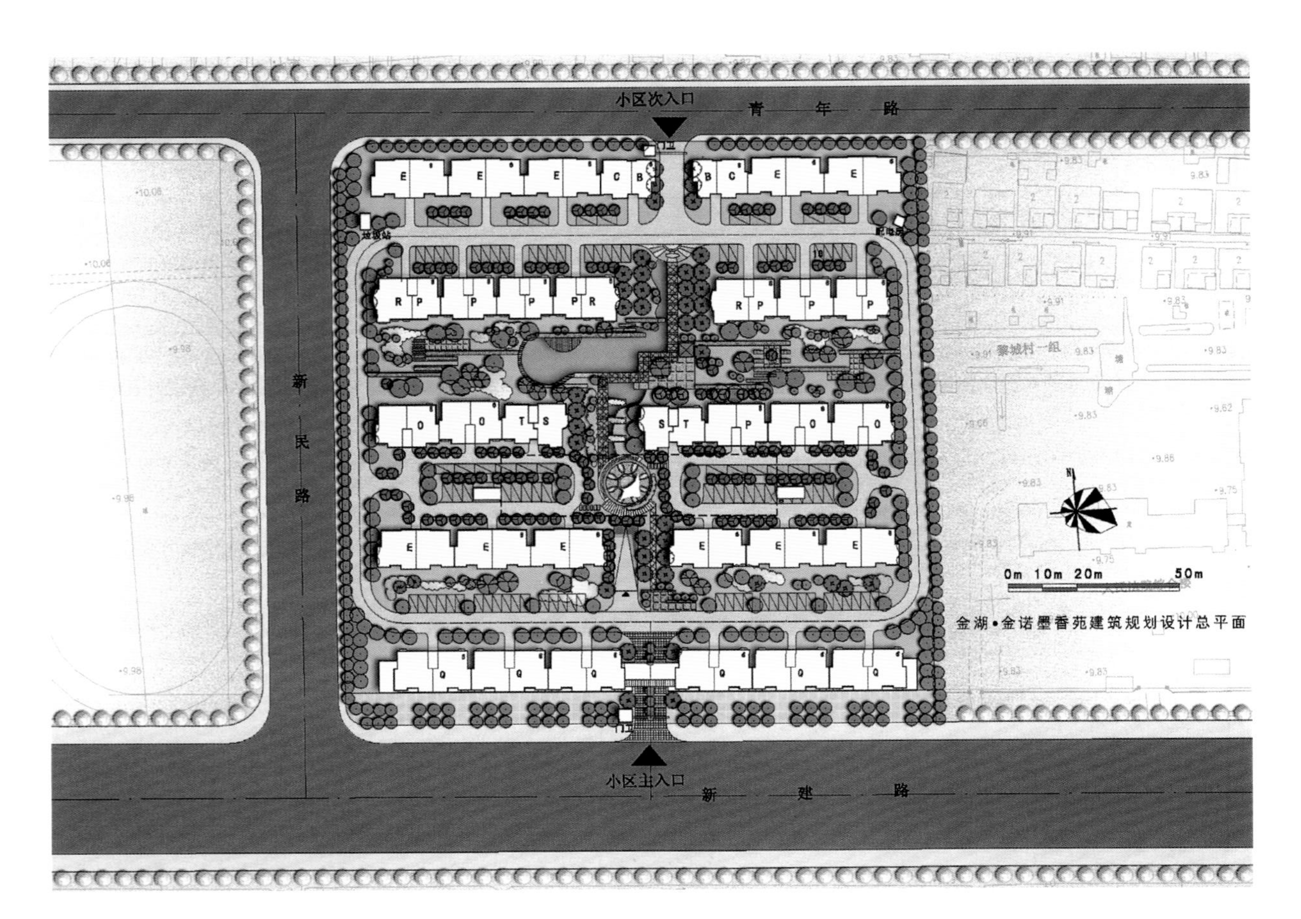

B 地块总平面图

经济技术指标

项目		计量单位	数值
居住户（套）数		户（套）	384
居住建筑套密度（毛）		套/hm²	127.5
居住人数		人	1650
户均人数		人/户	4.3
人口毛密度		人/hm²	548.1
总体	用地面积	hm²	3.01
	建筑面积	m²	46146
	容积率		1.53
	建筑密度	%	24.2
	绿地率	%	32
住宅	用地面积	hm²	2.01
	住宅建筑面积	m²	43846.6
	其他配套设施建筑面积	m²	400
	容积率		1.46
商业	用地面积	hm²	0.23
	沿街商业建筑面积	m²	1970
	容积率		0.65
地下车库		m²	1720
室外	室外	个	102
	地下	个	50

B地形经济技术指标

项目		用地面积（hm²）	比例（%）	人均面积（m²/人）
居住区用地（R）		3.01	100	18.2
住宅用地（R01）		2.01	66.7	12.1
用地（R02）公共建筑	沿街商业建筑用地	0.23	7.6	1.39
	其他建筑用地	0.04	0.13	0.24
道路用地（R03）		0.45	11.9	2.72
公共绿地（R04）		0.28	9.3	1.69

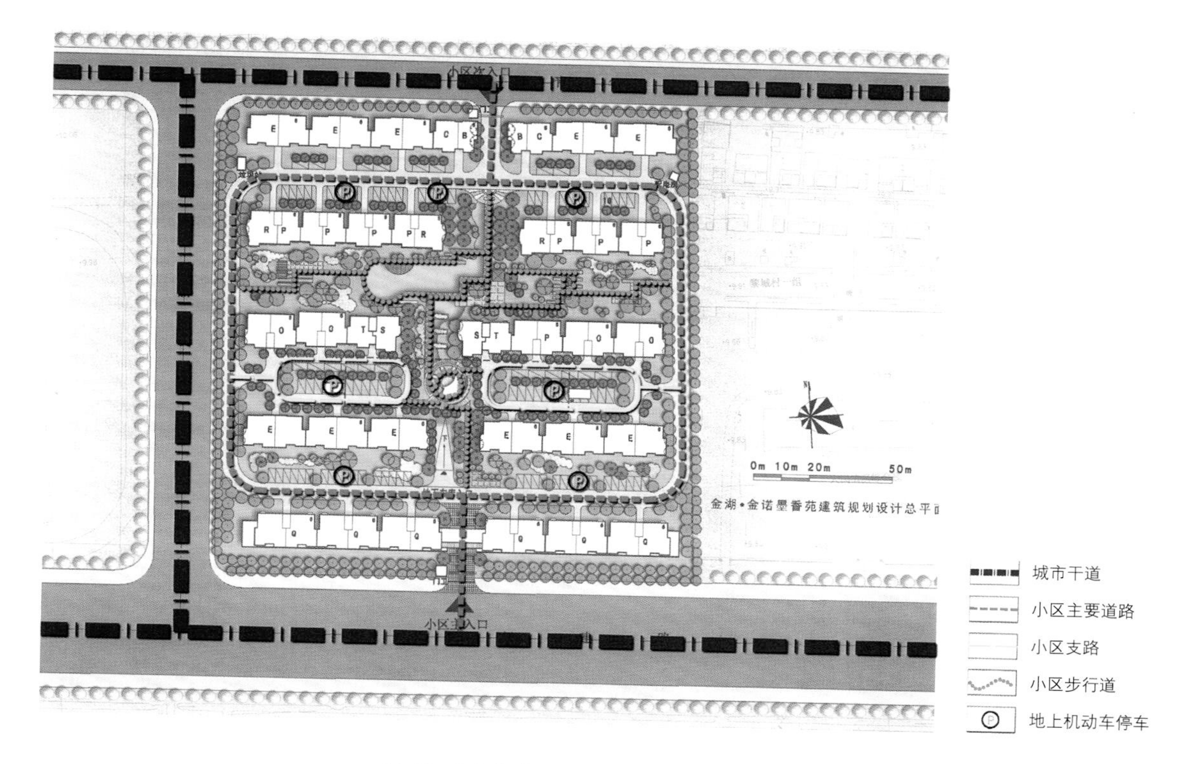

B地块交通分析图

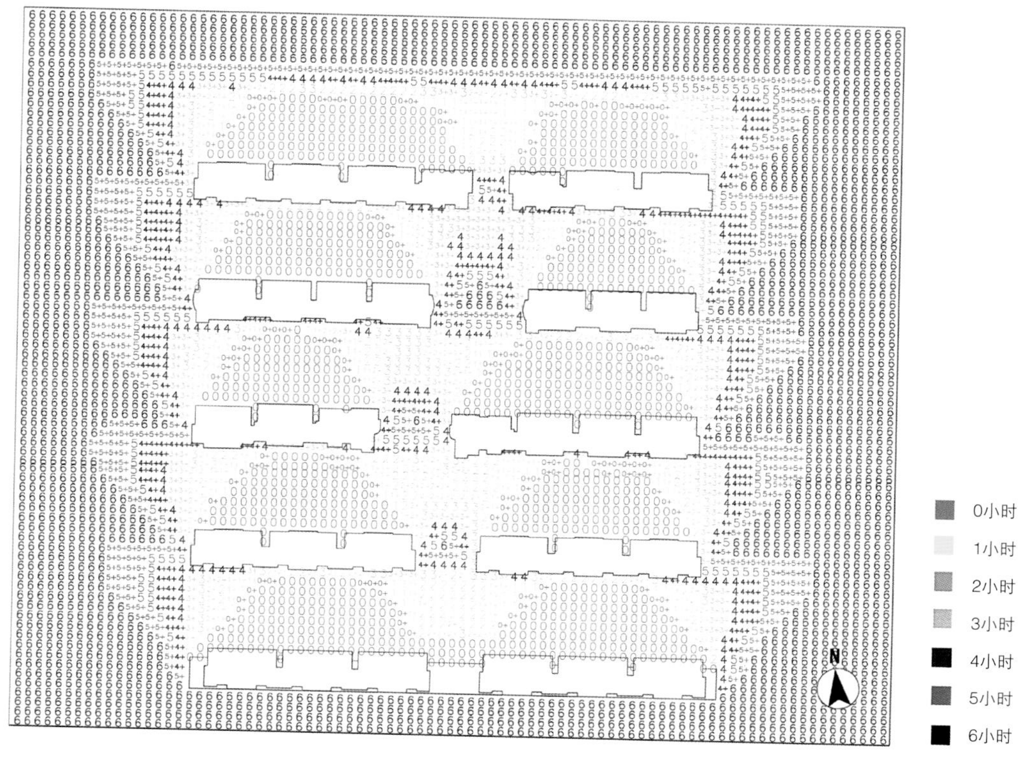

B地块日照分析图

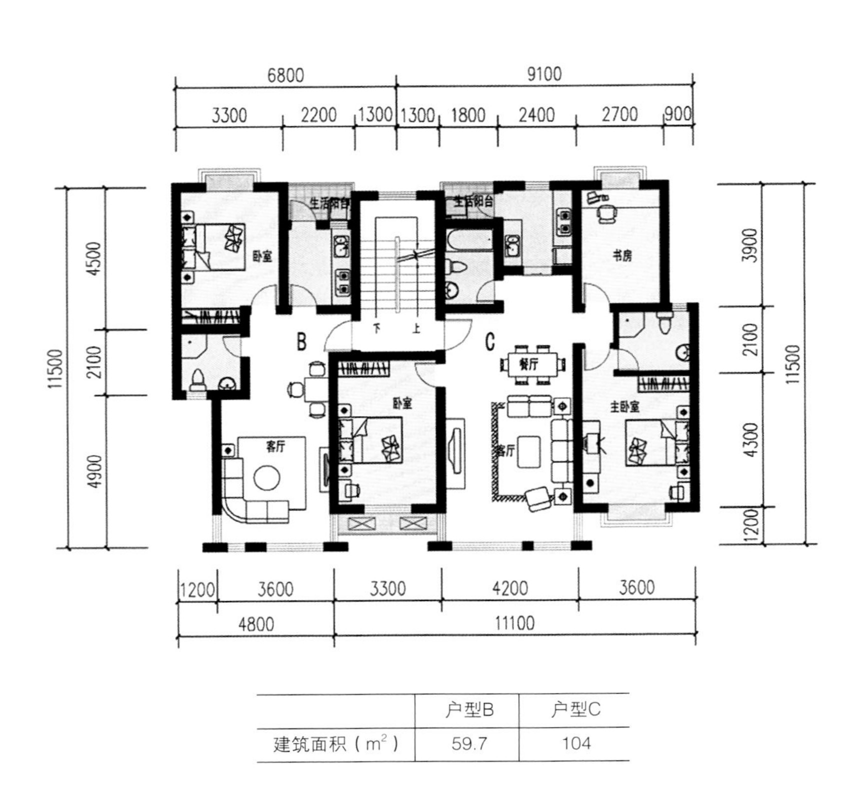

	户型B	户型C
建筑面积（m^2）	59.7	104

2-2 室户型组合单元平面图

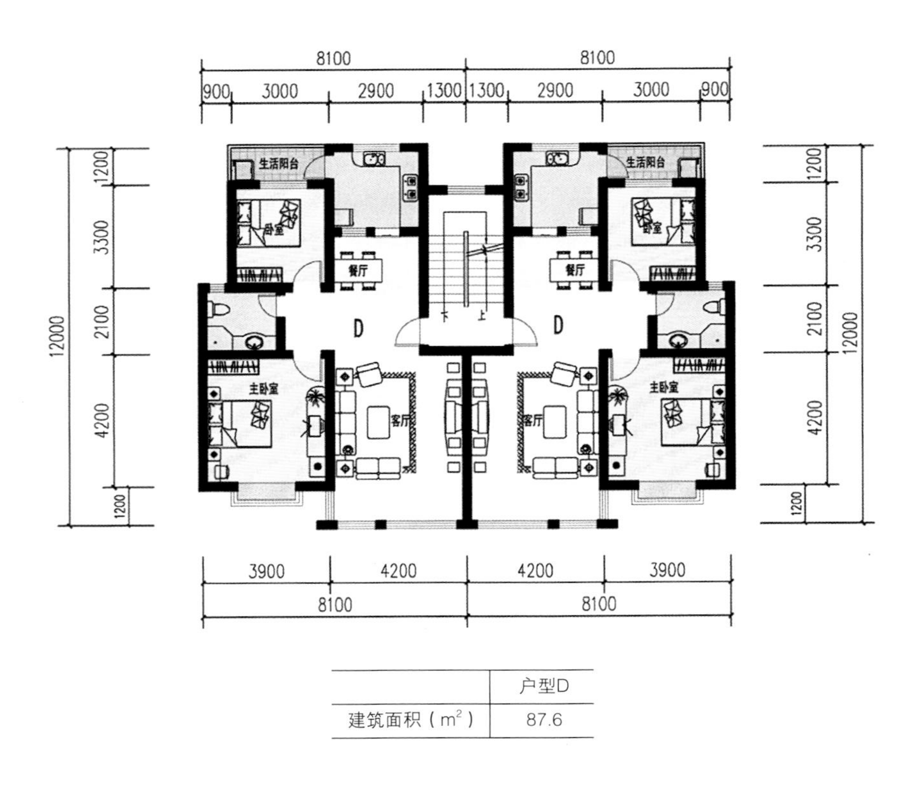

	户型D
建筑面积（m^2）	87.6

2-2 室户型组合单元平面图

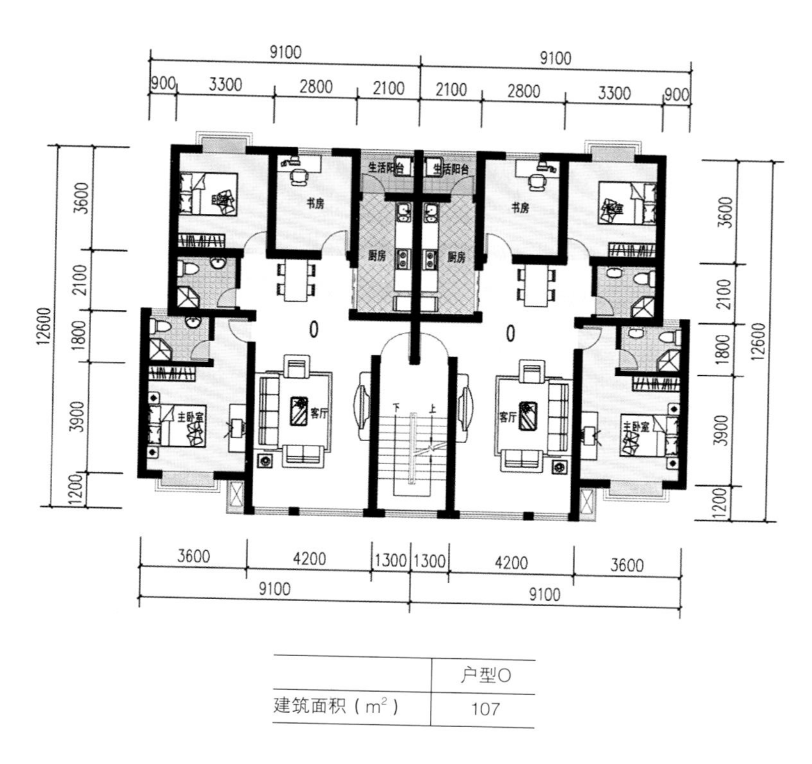

	户型O
建筑面积（m^2）	107

3-3 室户型单元组合平面图

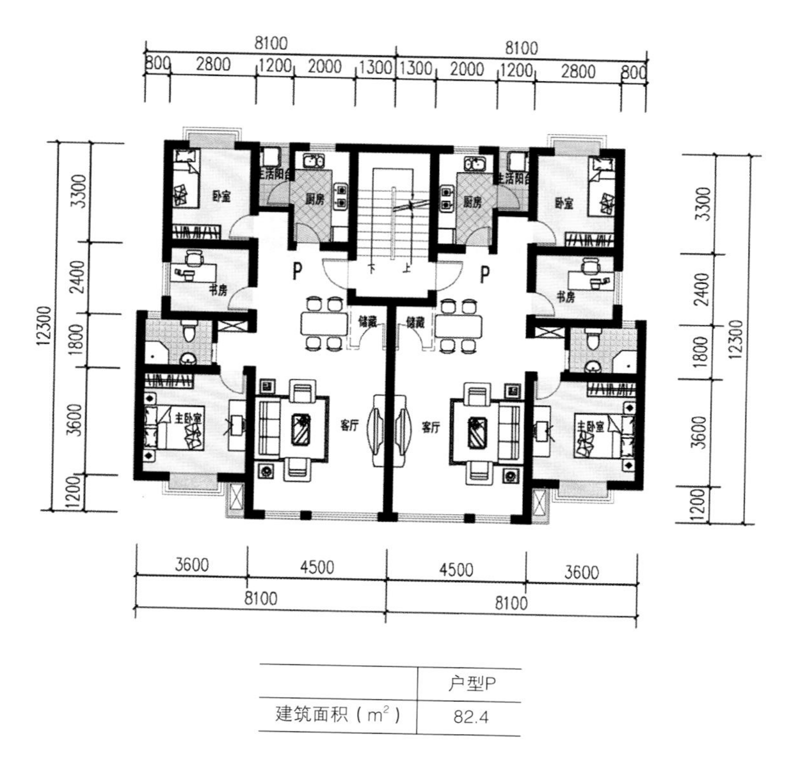

	户型P
建筑面积（m^2）	82.4

3-3 室户型单元组合平面图

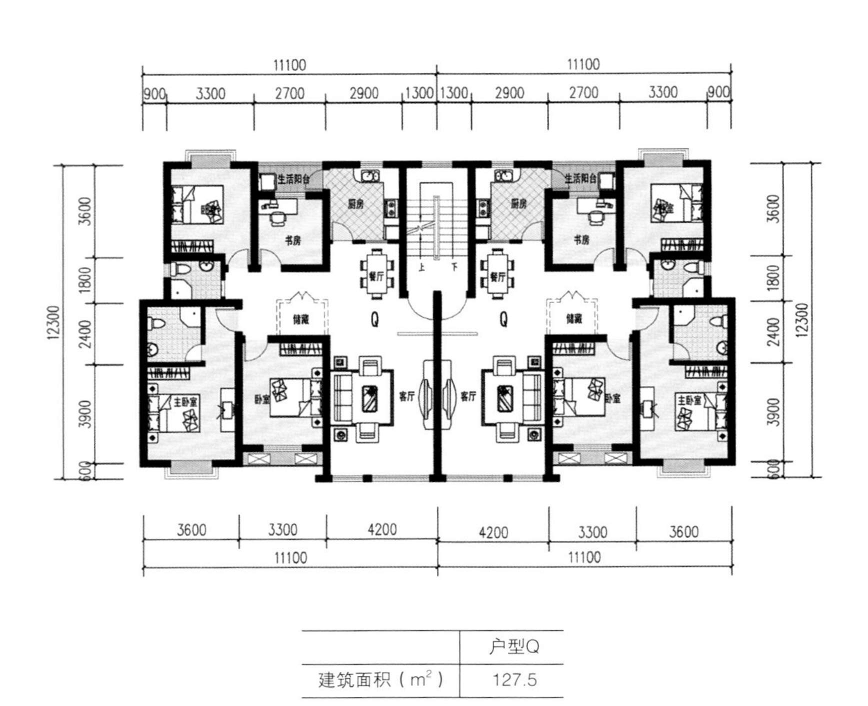

	户型Q
建筑面积（m^2）	127.5

3-4 室户型组合单元平面图

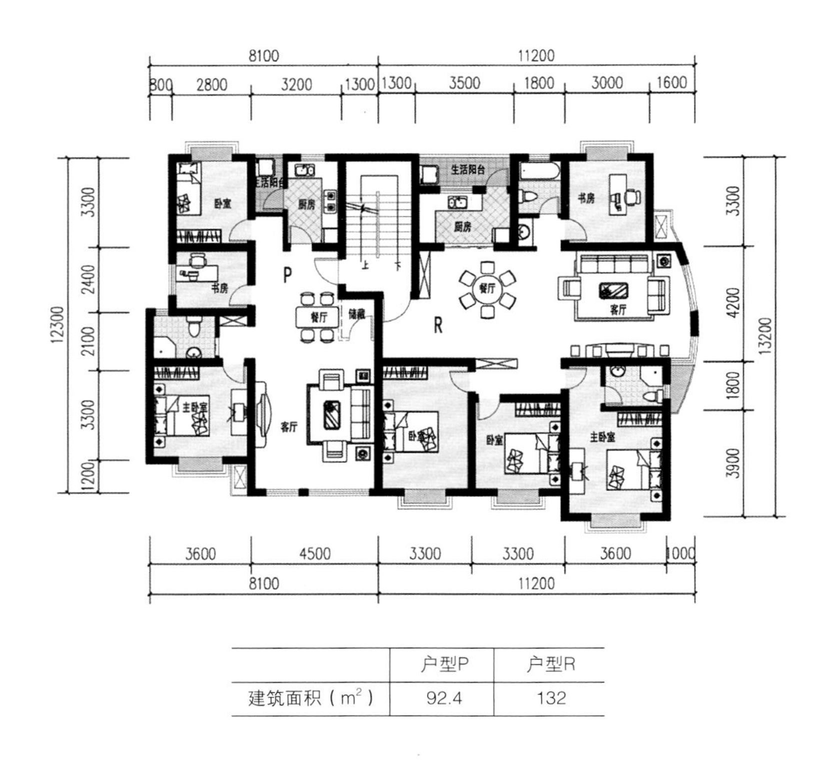

	户型P	户型R
建筑面积（m^2）	92.4	132

3-4 室户型组合单元平面图

南通欣利都市

规划设计单位：上海华东建设发展设计有限公司

开发建设单位：江苏南通欣利置业有限公司

专家评审意见

总体评价

1. 华新一品小区规划布局按行列式的方式，并适当闭合，布局结构清晰，空间有变化，通风好，朝向佳。
2. 小区道路交通采用了一个环路交通系统，三个出入口与城市道路相连接，出入方便。小区机动车停车以地下为主、地上为辅，停车率达80%以上，较好地解决了机动车的停车问题。
3. 小区规划了一个集中的中心公共绿地及宅前普遍绿化，绿地率达42%，取得了较好的居住环境。
4. 小区公共服务设施配套较齐全。

几点意见

1. 小区道路交通未能很好地解决机动车对居民居住安全、安静方面的干扰，小区共19幢建筑，有8幢建筑单元门前是停车场人车混杂，不够安全，不够安静，也大大影响居民就近的户外活动。建议缩小环路，建筑按南北入口围合成六个庭院，平时庭院中不进车，小区地上停车设置在消极空间及主环路上的平行停车，能较好地解决机动车对居民的干扰问题。
2. 建议适当增加一些地下停车，减少现在的地上停车数量，地上停车在10% ~20%为佳。对于小区西区公建的三个小型地下车库，则建议与两个大地下车库合并，南区可向中间平移，这样居民在使用时更加方便。

3. 小区沿城市公共绿地的公共建筑进深过大，面积过多，影响西面四幢建筑的消防车道可到达建筑周长及登高面的要求。小区中有不少建筑消防通道都存在问题，建议宅前路应兼消防道，并严格按照《高层民用建筑设计防火规范》的要求进行修改。
4. 小区建议设置一个幼儿园，以方便居民。小区建筑密度较高，建议减少一些公建面积，建筑密度应控制在规定的20%内。
5. 地下车库布局作适当调整，避免过于分散，增加停车位，以方便使用。

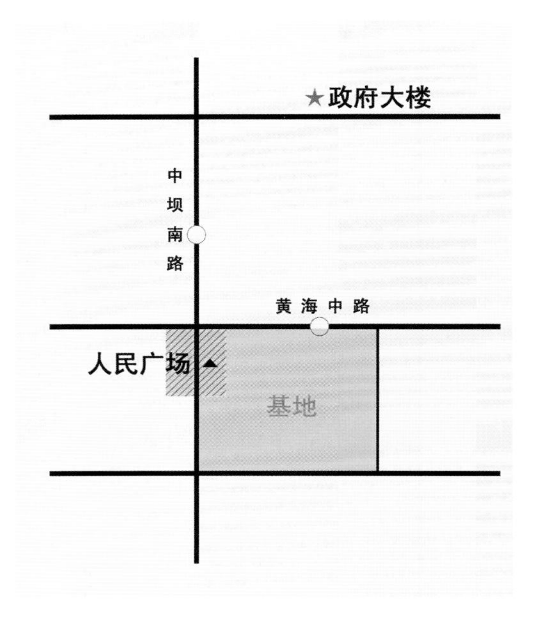

区位分析图

小区中心透视图

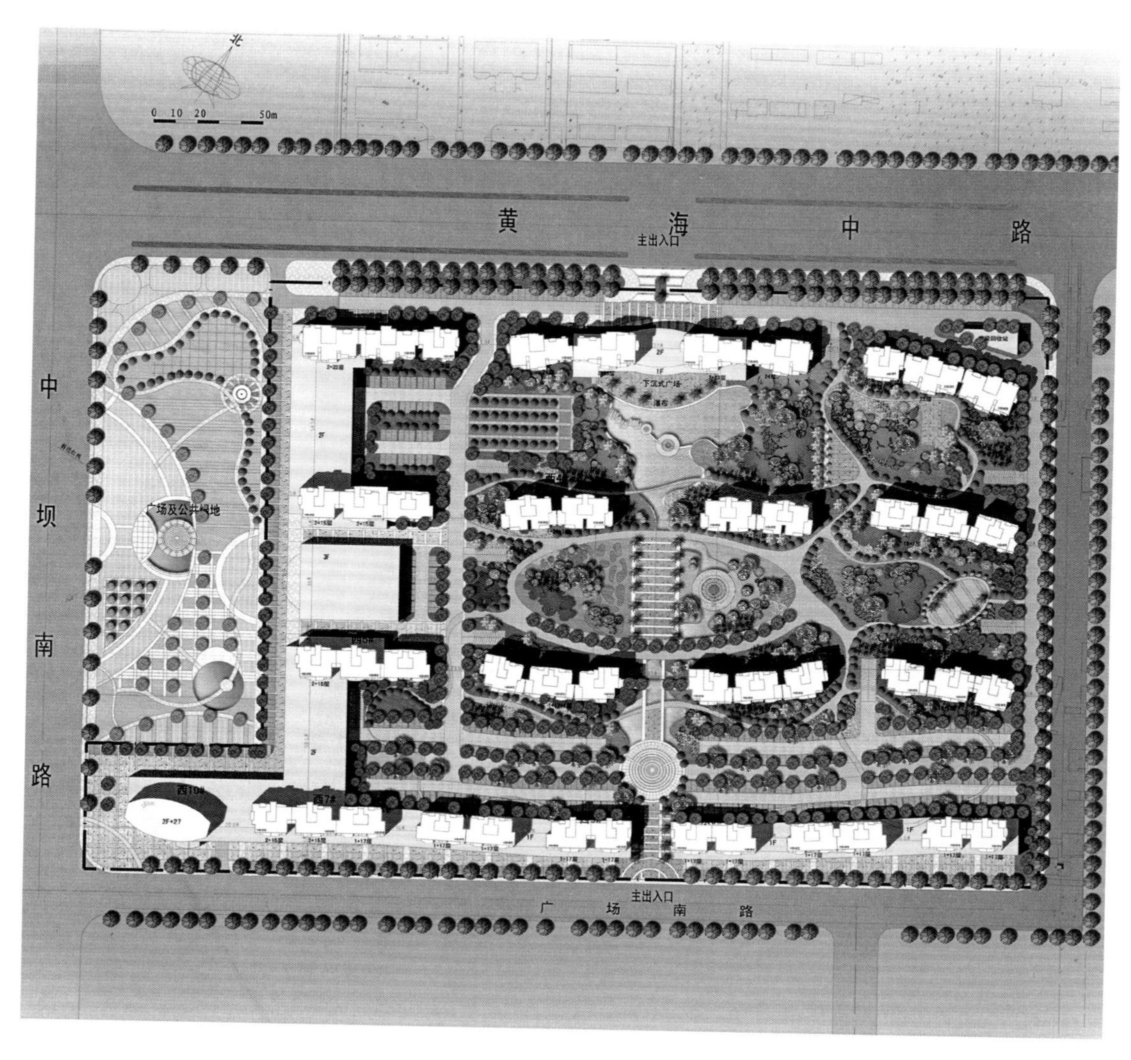

总平面图

综合经济指标

总用地面积	104012m²
地上总建筑面积	291200m²
住宅建筑面积	263750m²
沿街商业	26000m²
会所、物管用房	1400m²
公厕	50m²
地下总建筑面积	46800m²
地下汽车库面积	35000m²
地下非机动车库及储藏室面积	11800m²

总住宅户数	1945户
容积率	2.8
建筑密度	23.0%
绿化率	42%
机动车车位数	1700辆
地下	1050辆
地上	650辆
非机动车位数	
地下	3600辆

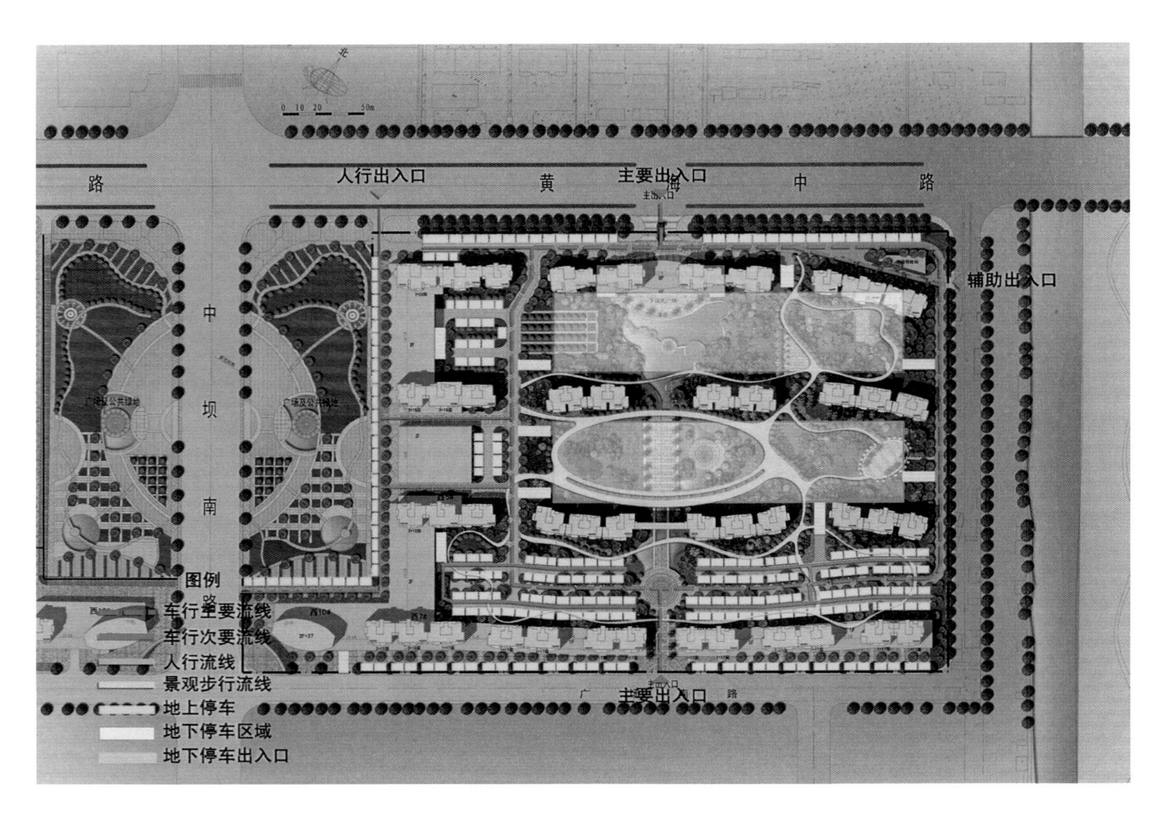

交通分析图

累计日照分析
计算标注日：大寒日3小时
计算起始时间：8：00～16：00
计算点维度：南通 纬度：32度1分
经度：120度52分

日照分析图

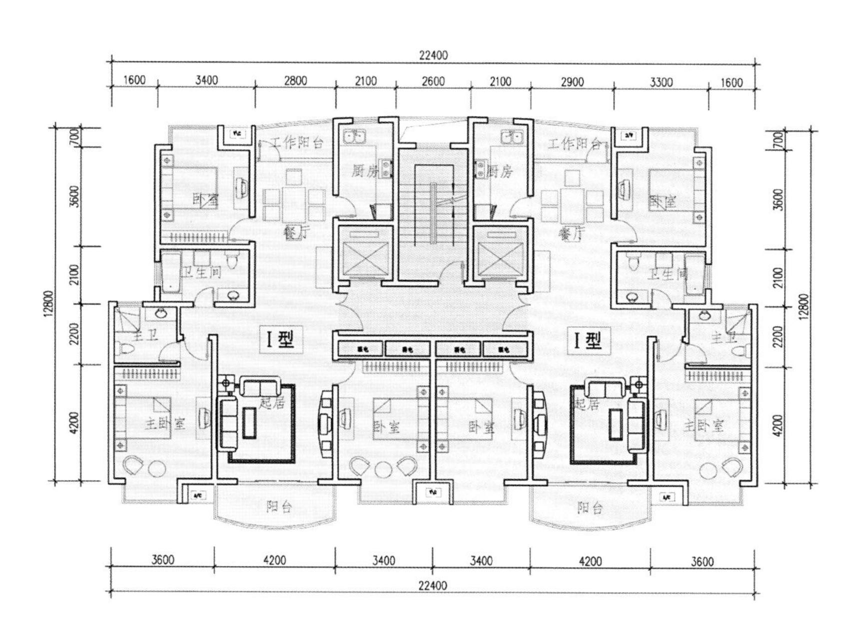

3-3 室户标准单元平面图

18层A房型	套内建筑面积（不计阳台）	阳台（一半计）	公摊	总建筑面积（m^2）	得房率
Ⅰ型（三房二厅二卫）	113.2m^2	5.0m^2	20.5m^2	138.7m^2	85.3%

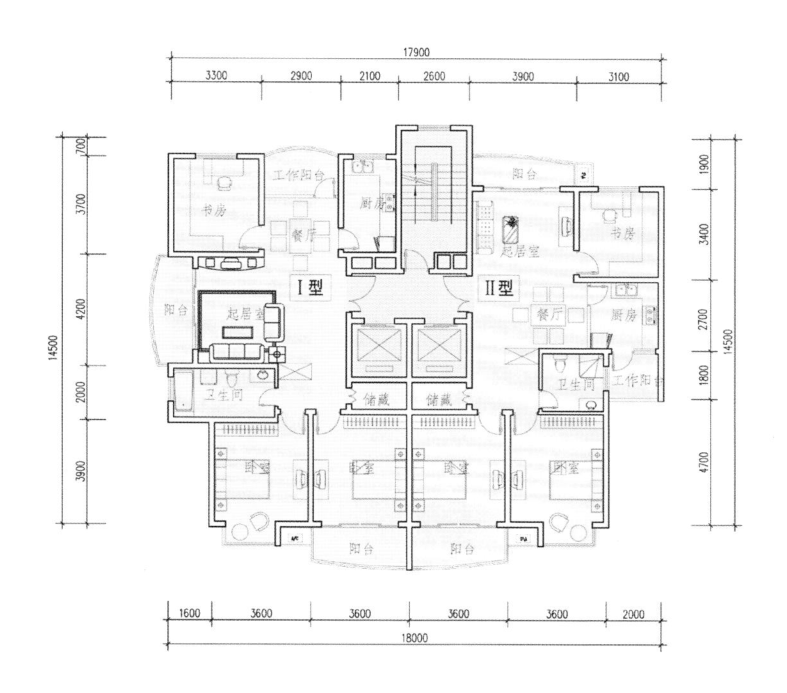

3-3 室户边单元平面图

22层B房型	套内建筑面积（不计阳台）	阳台（一半计）	公摊	总建筑面积（m^2）	得房率
Ⅰ型（三房二厅一卫）	99.0m^2	8.1m^2	18.3m^2	125.4m^2	85.4%
Ⅱ型（三房二厅一卫）	90.5m^2	6.6m^2	16.6m^2	113.7m^2	85.4%

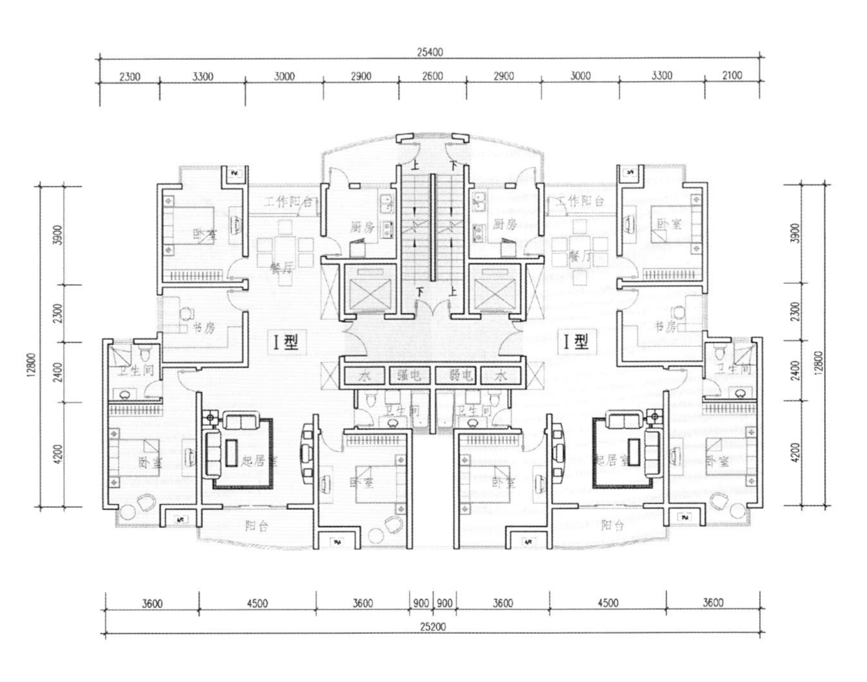

4-4 室户标准单元平面图

22层A房型	套内建筑面积（不计阳台）	阳台（一半计）	公摊	总建筑面积（m^2）	得房率
Ⅰ型（四房二厅二卫）	132.4m^2	7.7m^2	24.2m^2	164.3m^2	85.3%

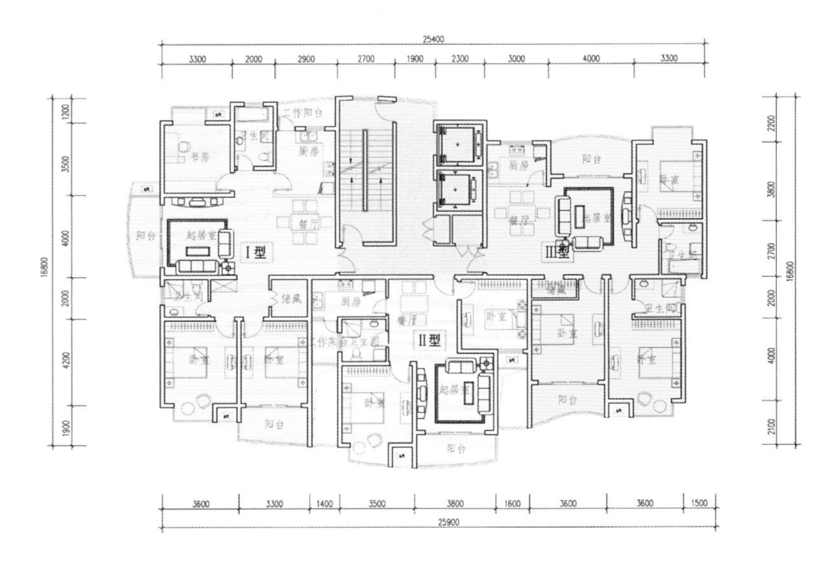

3-2-3 室户标准单元平面图

22层B房型	套内建筑面积（不计阳台）	阳台（一半计）	公摊	总建筑面积（m^2）	得房率
Ⅰ型（三房二厅二卫）	110.8m^2	7.8m^2	22.7m^2	141.3m^2	83.9%
Ⅱ型（三房二厅一卫）	70.5m^2	4.2m^2	14.3m^2	89m^2	83.9%
Ⅲ型（三房二厅二卫）	105.8m^2	6.7m^2	21.6m^2	134.1m^2	83.9%

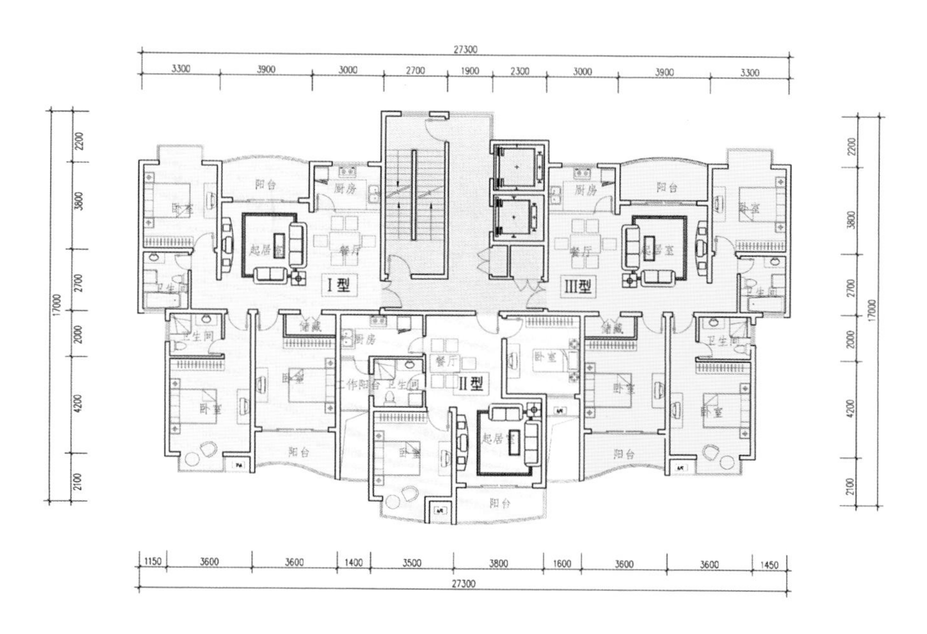

3-2-3 室户标准单元平面图

22层C房型	套内建筑面积（不计阳台）	阳台（一半计）	公摊	总建筑面积（m^2）	得房率
Ⅰ型（三房二厅二卫）	107.1m^2	6.1m^2	22.9m^2	136.1m^2	83.1%
Ⅱ型（三房二厅一卫）	68.0m^2	4.2m^2	14.6m^2	86.8m^2	83.1%
Ⅲ型（三房二厅二卫）	107.1m^2	6.1m^2	22.9m^2	136.1m^2	83.1%

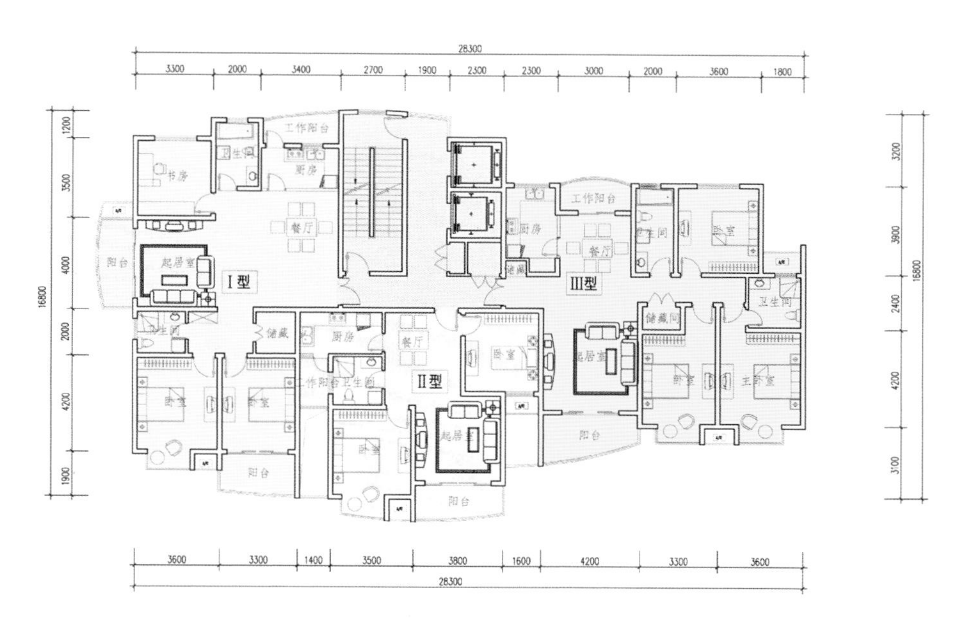

3-2-3 室户边单元平面图

22层D房型	套内建筑面积（不计阳台）	阳台（一半计）	公摊	总建筑面积（m^2）	得房率
Ⅰ型（三房二厅二卫）	113.0m^2	8.2m^2	22.0m^2	143.2m^2	84.3%
Ⅱ型（三房二厅一卫）	70.5m^2	4.2m^2	13.7m^2	88.4m^2	84.3%
Ⅲ型（三房二厅二卫）	117.7m^2	5.1m^2	22.9m^2	145.7m^2	84.3%